# 地域特征与上海城市更新

## ——上海近代建筑选评

夏明 武云霞 编著

中国建筑工业出版社

**图书在版编目（CIP）数据**

地域特征与上海城市更新——上海近代建筑选评/夏明，武云霞编著. —北京：中国建筑工业出版社，2010.7
ISBN 978-7-112-12264-6

Ⅰ.①地… Ⅱ.①夏…②武… Ⅲ.①城市建筑-研究-上海市 Ⅳ.①TU984.251

中国版本图书馆CIP数据核字（2010）第134384号

城市化与建筑现代化标志着人类社会的发展水平，也随之产生诸多方面的问题，如地域特征的丧失、传统文化的破坏、环境污染等，“千城一面”已成为中国城市化进程的通病。

本书从建筑评论的角度，以上海近代建筑为主要研究内容，将石库门住宅、近代产业建筑、装饰艺术风格、西班牙式住宅等作为切入点。研究侧重城市与建筑并涉及地域文化、经济、审美观念、生活方式及中西文化交流等方面。每章都记录了典型实例的现状，分析当前面临的主要问题，进而指出其历史价值及现实意义，以期对未来的城市更新提供参考依据。我们希望能以点带面，阐明地域特征在上海城市发展进程中的重要作用，引出对上海城市化进程健康发展的思考和前瞻。

本书不仅可用作中国高校城市规划、建筑院系及其他相关专业本科、研究生教学的参考书，而且可供建筑设计、建筑管理人员和主管建设的领导参阅，同时也是提高公众修养的必备书目。

责任编辑：唐 旭 吴 绫
责任设计：李志立
责任校对：姜小莲 陈晶晶

**地域特征与上海城市更新——上海近代建筑选评**
夏 明 武云霞 编著
*
中国建筑工业出版社出版、发行（北京西郊百万庄）
各地新华书店、建筑书店经销
北京嘉泰利德公司制版
北京云浩印刷有限责任公司印刷
*
开本：787×1092 毫米 1/16 印张：16 字数：380 千字
2010 年 9 月第一版 2010 年 9 月第一次印刷
定价：**49.00** 元
ISBN 978-7-112-12264-6
(19520)

# 目录

# 绪言　关于建筑评论

“评论”（Criticism）一词通常又译为“批评”，其含义是分离、筛选、区别和鉴定。因此，更为确切地说，评论应当是一种判断、区别和评价。它可以是正面的；也可以是反面的，既可以表示赞成、喜爱，也可以表示反对、批评。❶“建筑批评是对建筑、建筑所赖以存在的社会与环境，对建筑师的创作思想与过程，以及所有涉及支撑建筑师、培养建筑师的制度与体系的鉴定与评价”。评论与创造是建筑实践过程中相互联系、相互影响、相互促进的两个基本方面。❷建筑评论是建立在专业知识基础之上的一种批评形式，既要有专业深度，又要考虑社会的“阅读”能力；既影响着设计师思维，又影响着社会大众的审美情趣。评论者所付出的心血及所带来的影响和价值并不亚于建筑创作本身。

## 一、建筑评论的本质

建筑评论运用相关理论及方法，通过对建筑师、建筑作品及创作过程的分析、评价和鉴定，判断设计作品的“优劣”；解释建筑的意义；倡导预测主流健康的设计思想；以此来影响设计师的价值判断，并通过媒体形式展现给社会公众，以期提高社会公众的审美修养，优化创作环境。一般而言，建筑评论涵盖了认识和实践两个方面，并根据实际需求而有所侧重。对于某个时空或区域而言，建筑评论的兴衰可以直接反映出建筑发展的轨迹。

关于建筑的本体思考是建筑评论的根本。建筑的本质乃是在苍天之下，大地之上，为人类提供一个生存的“立足点”。建筑的物质属性确定了建筑

❶ 罗小未，张晨．建筑评论．建筑学报，1989（8）：41.

❷ 郑时龄．建筑批评学．北京：中国建筑工业出版社，2001：1.

评论的实在性。建筑的存在始终与生存环境、使用功能、材料技术构造、审美观念及意识形态等方面紧密相关，诸多因素的取舍明显同价值意义相关联。建筑评论的首要任务就是要对这些相关因素的取舍判明是非。因此，建筑评论的本质在某种意义上就是价值意义的评价。客观真实、批判意识和创新精神是建筑评论的基本要求。

建筑评论的对象涉及建筑理论、建筑作品、建筑师及建筑观、建筑设计及竞赛过程、建筑教育、建筑师和设计市场的管理制度与体系等。建筑评论的基础依赖于蓬勃发展的建筑业；依赖于评论家敏锐的视角、扎实的专业素质及百家争鸣的整体氛围。

## 二、 建筑评论的意义

建筑评论的根本意义在于其批评和导向作用。没有建筑评论就没有建筑创作的进步，就没有设计作品的百花齐放，就没有建筑理论的繁荣。建筑评论是建筑事业健康发展的必要因素。同时，作为基础建构和批评对象，建筑理论研究和建筑创作的兴衰直接影响到建筑评论的枯荣。❶

就建筑设计而言，正确的建筑观是完美设计的开始，健康、热烈的建筑评论氛围是设计市场蓬勃发展的基础。无论是学习过程还是实践过程，设计师思想观念及设计方法的形成和发展离不开建筑评论的促进和影响。而且，个性的张扬同样需要建筑评论的监督。

就建筑理论而言，理论水平的提高同样离不开建筑评论的争鸣。借助建筑评论，设计师可以提高对建筑本质及发展规律的认识，形成系统而具有普遍意义的理论框架。思想的活跃、灵感的显现、观念的形成都可以加强建筑设计的创新性和自觉性，这是建筑设计师最可贵的品质。与此同时，建筑评论还具有归纳梳理的功效，更新或形成新的观念理论，发现新的“设计大师”。

倾听社会的呼声是建筑评论的另一重要作用。建筑空间的社会属性决定了其对生存环境的直接影响。公众的评价从某个侧面反映出建成环境对于人类生存空间的作用是否积极。建筑师的“图式思维”能否被社会大众所接受，使用者最有发言权。倾听非专业人士及公众的意见，彼此互动，也是推动建筑健康发展的重要因素。但是，社会需求的复杂性、审美水平及文化差异性等因素都制约着公众评论的实际价值。因此，建筑评论还担负着传播正确建筑观、提高社会公众审美境界的任务。

建筑评论的核心意义在于它的前瞻性，“拨乱反正”，引领正确的发展方

❶ 胡异 . 评论何为——评作为文化现象的建筑批评 . 新建筑，1998（1）：39.

向是建筑评论最重要的价值。因为，评论、总结与互动的根本目的在于更好地发展进步。建筑评论敏锐的洞察力，纲领性的文章、论著都是建筑发展过程中的里程碑。

## 三、 建筑评论的现状

从建筑出现的那一刻起，相关的“评论”也就应运而生了。国外建筑评论的历史最早可以追溯到公元前 1 世纪的古罗马时代，维特鲁威的《建筑十书》提出了坚固、适用、美观的建筑三原则，为建筑活动制定了相应的评判标准，并一直影响至今。随后的诸多建筑理论著作为西方建筑理论的发展奠定了坚实的基础。如意大利建筑师塞利奥的《论建筑》、帕拉蒂奥的《建筑四书》等夯实了西方古典主义建筑的基础。到了 20 世纪初期，柯布西耶的《走向新建筑》无疑是一部宣扬“现代建筑”思想的纲领性著作，对“现代建筑”的发展起到了相当大的影响作用。1941 年发表的吉迪翁的《空间、时间和建筑》同样是“现代建筑”的宣言式著作，它与布鲁诺 · 赛维的《建筑空间论》等著作构成了“现代建筑”理论的主体框架。第二次世界大战之后，西方经济的高速发展促进了建筑的发展，建筑理论著作也随之而勃兴。1966 年出版的罗伯特 · 文丘里的《建筑的复杂性与矛盾性》被认为是自《走向新建筑》之后最重要的建筑理论著作之一，奠定了“后现代建筑”的理论框架。1980 年，弗兰姆普敦发表了《现代建筑：一部批判的历史》，确定了作者在当代建筑理论界的核心地位。诺伯格 · 舒尔茨等人以“存在空间”理论为基础的一系列论著则将建筑理论的研究引入了一个新的高度，将建筑空间研究同“支持人类存在”联系起来。当代建筑理论的研究更是从“可持续发展”、“绿色建筑”、“低碳生活”等方面入手，在更高的层次和更广的范围上关注和引领建筑的健康发展。

正因为有着坚实的理论基础，国外建筑评论的健康发展就不足为奇了。在西方发达国家，建筑评论在一般报刊、媒体中都占有相当的篇幅，设置建筑评论专栏的目的是帮助非专业的普通公众树立正确的建筑观和环境观，同时也向设计师传达了社会及公众的愿望。建筑评论与建筑创作形成了密不可分的促进关系。例如：美国的《时代》周刊每期都有“设计”专栏，《纽约时报》在星期日辟有专栏来评论建筑，由专业人士撰写相关文章。保罗 · 戈德伯格就是其中最为著名的一位，他不仅是建筑学专业出身，而且还主讲过建筑历史课程，专业功底扎实，其评论自然“一针见血”，影响颇大。

西方社会对建筑设计和建筑评论同样报以极大的关注。英国王子查尔斯对建筑及城市的发展研究都十分敏感，曾发表了一系列关于建筑的评论。法国总统更是顶着压力钦点并支持美国华裔著名建筑师贝聿铭主持设计罗浮尔宫的扩建工程。黑川纪章在日本是一位家喻户晓的人物，他不单单设计建筑、当建筑设计竞赛评委，还经常在媒体上露面、发表言论和看法，其影响不亚于影视明星。公众参与并影响城市设计与建筑设计已成为人们的普遍共识。显然，建筑评论在国外已不再依附于建筑创作而具有相当的独立性，成为建筑创作活动的重要组成部分，并反过来影响建筑活动。专业人士及社会公众都对建筑评论报以极大热情，建筑评论日趋广泛、热烈而有深度，而且作用相当明显。

同国外健康、完善的建筑评论体系相比，我国的建筑评论历史短且长期处在初期的发展阶段。我国古代建筑界沿用的是师傅带徒弟制，所留著作较少。《周礼 · 考工记》是我国古代城市规划理论中最早、最权威、最具影响力的一部著作，提出了城市，特别是都城的基本规划思想和城市格局，但带有“范例”的味道。12 世纪初编写的《营造法式》实际上是各种建筑的设计、结构、用料和施工的“规范”。崇祯年间的《园冶》阐述的是计成的造园主张和明末江南一带的造园技术，更多的还是一些具体做法。“样式雷”是图纸做法……中国历史上皇权至高无上，无人敢妄加评论，从未有过“杂音”的介入，因此我们对自己的建筑缺少理性的反思。

建筑评论作为建筑理论的一个重要组成部分，理应有其独立的地位，但在很长的时期内并未引起中国建筑界的充分重视。建筑理论、建筑史和建筑评论应是“三位一体”的关系，而我国建筑理论及建筑史的相对弱势也使得建筑评论无法获得坚实的基础。在中国，理论与实践的脱节已严重影响了建筑事业的健康发展，搞理论研究的很少涉及具体的建筑设计项目，搞工程设计的似乎永远无暇读书，这其中更缺少将理论与创作相联系的建筑评论。柯布西耶、文丘里、黑川纪章等大师都是既做设计又注重理论思考，因而在某个层面引领了建筑设计的发展方向。

20 世纪 80 年代以来，随着改革开放的开展，我国的经济发展迅猛，建筑实践活动无论数量上还是质量上都有极大的扩展。建筑评论也一改传统的局限和专业圈内的孤芳自赏，日益成为社会公众关注的热点。但是，大众媒体的评论者由于缺少专业修养和对建筑本质的深刻认识，常常把握不住建筑评论的本质，从而缺少具有专业水准的建筑评论。实际上，真正意义的建筑评论更多的应是专业人士的理性思考和深入探索，这样的评论更具有现实的指导意义和深远的历史意义。

国内有识之士自 20 世纪 80 年代起，倡议并开展了一系列的建筑评论活动。从早年对贝聿铭香山饭店的评论，到金茂大厦、国家大剧院、央视新楼、“鸟巢”、“水立方”等相关建筑的评论以及对我国“适用、经济、美观”建筑方针的讨论等，涌现出一批相关的论文，以郑时龄教授纲领性的《建筑批评学》为代表的专著也相继问世。可以说，我们今天的建筑评论已上了一个新台阶，达到了一个新阶段。但是，应该看到我国建筑评论的发展仍未尽如人意，相关评论多是“导游式”或“注释性”的介绍，缺乏有深度、有建设性和前瞻性的建筑评论。而且，从形式上分析的较多，从更深层次、全面分析评论的文章并不多见。一方面，社会对建筑评论价值的认识还有待提高；另一方面，建筑评论本身更应做大做强。因此，有思考、有责任感的建筑师应该肩负起建筑评论主力军的使命。

网络时代的来临使得民间的评论和影响得以快速扩散，网上报道、网评、网络投票、网上调查的开展改变了传统建筑评论的单一模式。诸如 ABBS 这样的专业网站都有专门的论坛，迅速报道消息，方便网民发表看法，提出意见和建议。但是，建筑界对这些新手段的利用还不够充分。新时期的建筑评论应该充分利用多元媒体的手段，扩大评论的影响力。

## 四、 建筑评论的标准

任何评论都离不开标准，没有标准的评论是不可想象的，建筑评论也不例外。虽然建筑的“复杂性”与“矛盾性”使得建筑评论的标准难以统一，但理论上的共识还是存在的。在人类历史的不同时代，文化的传播与积淀会形成一种“约定俗成”的共同心态、意识或愿望，在建筑观的层面同样也存在着某些共同的价值观和统一性。在这个“统一性”的表面，不同地域、不同文化的建筑共同构成了人类世界丰富多彩的建筑及城市场景。

同时要注意评价标准的“相对性”。同丰富多彩的社会生活一样，建筑现象也呈现出复杂、生动和丰富的形态。建筑因其功能、类型的多样，历史传统及气候地理的不同而显示出多样性的可能。而且不同的经济条件、不同的文化观念等又使得这种多样性进一步加强。建筑的这些特殊属性造成了建筑评论的标准不是一成不变的，会不断地发展、更新和完善。既定的评价标准应顺应时代价值观的变化而改变并深刻反映出文化、经济、技术、艺术及社会等多方面的综合影响。因此建筑理论及评论不应以单一的标准去观察，而是应以多角度、多层次、多元化的方法去研究、评析复杂的建筑现象。

从建筑历史的发展历程来看，每个时期都有其各自的特点。维特鲁威从建筑的本质与特征出发，提出实用、坚固和美观的建筑三要素，认为良好的建筑正是这三要素的完美结合。在相当长的时间内，维特鲁威的“三要素”决定了人们的建筑观。18、19 世纪，形式美和艺术性被认为是主宰建筑设计的主要因素。到了 20 世纪初，路斯喊出了“装饰就是罪恶”的口号，直接向传统的建筑观念宣战，对之后的建筑设计产生了巨大影响。随后，柯布西耶的名言“住宅是居住的机器”则表达了“现代派”建筑的价值观；高效率、大生产、工业化是当时较为普遍的评价标准。20 世纪 50 年代后，空间作为建筑的本质被建筑界广为认同，建筑的精神功能也日益为人们所注重。“后现代”、“存在空间”、“可持续发展”、“绿色建筑”等一系列的观念随着人们对建筑的不断思考而统治着不同时期的价值观。因此，不同的时空对建筑评价的标准会有所变化，相同的时空对不同建筑也会有不同的标准，甚至相同时空对同一幢建筑的评价也会有所不同。

但是，建筑的本真含义并不会随着历史的变迁而改变，建筑评论的标准也始终是围绕着这一原则来发展的，适用、坚固和美观也一直是建筑存在的基本要素。注重整体环境意识、注重地域特征、注重功能性和经济性仍然是评价建筑设计优劣的基本原则。

总之，建筑评论的标准不应用某种固定不变的框框去束缚它，应当允许不同的价值观和评价体系共存。正所谓“和而不同”、多元共存，强化争鸣的特征。更重要的是，要相信历史终究会给予公正的评价，“普遍性”终究要大于“特殊性”。

## 五、 建筑评论的基本构成

一般而言，完整的建筑评论应该由三个部分所组成，即描述、标准和评价、启迪。[1]当然，由于评论对象及评论环境的不同，各部分的侧重可以有所不同。此外，建筑评论文章还要注意自身结构的整体性和逻辑性，褒贬评判，雅俗共赏。

首先是客观真实的介绍和描述。评论者通过对评论对象具体信息的收集整理、客观分析和准确描述，掌握第一手认知材料，切忌主观臆断。作品描述是开展评论的前提，也是读者了解评论对象的主要渠道。而且，描述的切入点可以体现出评论者的视点及专业水准并影响到整个评论的社会效果。还有一点需要注意的是，介绍和描述部分应充分关注评论对象所处的历史环境背景，关注特定的制约因素。描述的手段通常多采用图纸、照片及文字等，现代多元媒体技术也可以选用。

第二部分是评价及标准。评价是建筑评论的重要表现特征，建筑评论的真正意义就在于是否有独到的、有借鉴意义的评价，“是非分明”，观点明确。这就要求评论者既有敏锐的视点，又要有扎实的理论基础。深入浅出、易被大众所接受也是好的建筑评价的基本特点。评价的标准则是建筑评论的关键点，因为，“辨明是非”需要判断的标准。建筑的意义、环境的价值、国家的相关政策和规范、审美原则等都可以成为评判的标准；而且，这些标准还应尊重全面、科学和系统的原则并顺应时代的潮流。

---

[1] 朱大明．建筑评论的基本要素．华中建筑，2003（2）：21.

第三部分是启发和前瞻。建筑评论的积极作用就在于它的借鉴和启发，并由此加强评论的说服力和影响力。建筑评论不能单单是某个设计项目的总结或评价，而应由点及面提出整体的论点和理论，发现问题、解决问题、整体提高。评论的真正价值就是这个“论”，要有“批判”的意识。建筑评论应该站在更高的层次来审视建筑设计及建筑发展的进程。评论家理应站在设计师的前面而不是追随其后，这就是前瞻的意义。理想的模式应该是设计师由评论得到启迪激发创新，社会公众由评论获得熏陶提升境界。这些都将对今后的建筑创作和创作环境起到积极作用。

建筑评论的最困难之处是对未来的发展提出前瞻，通常的建筑评论往往难以达到该层次，这一使命常常就落在那些杰出的建筑评论家肩上。

## 六、 建筑评论过程容易出现的几个问题

- **注重评论的“批评”性**

建筑评论切忌“无关痛痒”，“大而空”的论述、评价，而是要彰显评论的价值,评出水平。评论的最终目的就是区分“优劣”,在“平淡”之中发现“惊奇”，带有批判性的评论最具有价值。当然，虚怀若谷的情怀是听得进中肯、不同意见的前提。但是，传统的“礼仪氛围”和“论资排辈”使得国人不善于审视和反思自己的创作，也不太喜欢对他人的作品提出真知灼见的批评，这是建筑健康发展的大忌。因为，善意的批评和评价有利于建筑师的思考和提高，也有利于创作环境的不断改善。

- **注重评论的实际价值**

选题不宜大而泛。建筑评论不必过分追求全面、系统的论述，在符合大政方针的前提下，不妨直接切入主题，采取“一事一议”或“一题一议”，逐步展开。评论的“切口”要“小而深”，直击“要害”，注重评论的实际应用价值。建筑评论应更多关注社会热点问题，关注经验教训的总结，注重实际案例的运用。

- **关注非专业人士的意见**

了解非本专业人士及公众的见解，是促进建筑进步与发展的重要因素。建筑的社会属性决定了它与社会、经济、技术、历史和环境等多方面的紧密相关，具有文化、哲学、美学等多种内涵；与社会公众的生活、工作及活动关系密切。关注非专业人士的意见，可以倾听社会对于设计作品的反馈，了解使用者的呼声，形成相互联系的纽带。

- **关注评论标准与特定的背景**

建筑评论与其他文艺评论有着很大的不同处。文艺评论的对象大多可读可见，读者可以直接面对；而建筑评论的对象多由实体组成，有复杂的构成

背景，观众难以个个亲临。评论者应尽可能地深入实地考察了解，身临其境全面掌握资料，这是进行评论的前提。

建筑的复杂性确定了评论标准的相对性，即所谓的“绝对标准”和“相对标准”。建筑的根本目的是在物质的基础上运用艺术的手段、构筑理想的生存空间，使人类的生活更美好，这是评价建筑永恒的通用标准，是建筑评论的“绝对”标准部分。但是，同样一个项目可以出现多个基本正确的设计方案，这就是复杂性和多元价值观、审美观的体现。设计师从自己的角度去体现功能、技术、经济、环境与美学等方面的价值观，而评论家又可以按照自己的价值观与侧重点去观察、评价，双方的局限性和相对性都在所难免。因而，确定统一的评价标准是不合实际的。所以，建筑评论的标准又有一部分是“相对”的。于是，我们就可以理解对于同样一个建筑会存在截然相反的评价。考虑到探索和创新是建筑发展的原动力，我们应当允许“片面”甚至是“偏激”建筑评论的存在。

## 七、建筑评论论文写作的规范性

建筑评论首先应立足于建筑学专业的范畴，借助相关学科的帮助，敏锐观察、深入思考，提出建设性的批评。论文的题目不宜过大、过泛，而应结合实际，突出重点难点。论文的中心思想要明确，结构应简单合理、条理清晰，论述应如同剥笋般环环相扣、逐步深入。图文并茂是建筑评论文章、论著的基本特点，图片、表格应附解释，并注明拍摄、绘制时间。此外，应当注意论文的格式及引文、参考文献标注的规范化。

建筑评论论文应该含有论点、论据和论证三个方面。论点是作者对议论的问题所持的看法或主张。有的建筑论文只有一个论点，叫作中心论点；有的论文除中心论点外，还有几个从属的分论点。论据是作者用来证明论点的理由和根据。它可以是事例，也可以是理论，也可以是数据。论证是用论据证明论点的推理过程和方法。论点应力求正确、鲜明；论据必须确凿、典型、恰当，有说服力，必须与论点之间有本质的、必然的联系。

在论点与论据的安排中展开论证，是建筑评论论文写作的重要环节。安排得好与差直接关系到文章的中心论点能否得到突出，能否有说服力量。安排得好，不但思路顺畅、层次分明，而且富有逻辑说服效果；相反，不但思路滞涩、层次不清，而且缺乏逻辑说服力量。可见，富有逻辑效果地安排论点、论据展开论证，在建筑评论论文的写作中是多么的重要。

# 第一章　关于地域特征与城市更新

## 1.1　从“欧陆风格”谈起

乘着改革开放的东风，中国建筑正以前所未有的速度发展着。“九五期间，每年全社会固定资产投资达二万亿左右，其中土建施工和建筑安装工作量将达上万亿元”。[1]举国上下、大江南北，到处可见隆隆的建设工地，其中“洋立面”现象即“欧陆风格”占有相当大的比例，在广阔的中华大地之上，在每一个高速发展的城镇中，这种建筑风格已成为人们所效仿的对象。中国建筑在经历了长期的对民族风格的追求之后，忽然抛开了“仿古”而转向了“仿洋”。然而，在这种繁荣的背后，我们应看到经济高速发展而文化又相对滞后所带来的一系列不良后果。

### 1.1.1　欧陆风格的具体概念及其特征

“欧陆风格”的出处，我们无法准确地把握。若干年前，当甲方提出他们的设计要求时，“欧风”这个词就一而再、再而三地出现在设计市场。在开发商和设计师的眼中，“欧陆风格”是高尚生活的象征。但实际上，它既不特指某一国家，又不特指某一时期的建筑风格，而是包括了各个国家、各个时期、各种流派的一个十足的“快餐大拼盘”。建筑师们无奈地按照开发商的设想去创作，再加上市场运作的不规范，于是乎，“欧陆风格”在中国遍地开花。

---

❶ 叶如棠．在全国高校建筑学科专业指导委员会首届建筑系系主任大会上的讲话．建筑学报，1998（2）．

诚然，“洋立面”现象体现着某种文化精神，迎合了现代人的某些需要，成为某些特定阶层或行业“标新立异”的手段。表面上看，比起那些毫无内涵的苍白的建筑而言，“欧陆风格”稍有进步的成分。中国人毕竟长期生活在缺乏内在品质的环境下，以至于对风格、形式有着某种渴望。另一方面，主管部门急于摆脱单调乏味的环境风格，复古的手段已无新意可言，于是，人们的目光便转向了“洋立面”。

面对如火如荼的建筑市场，建筑师已无暇关注建筑的深层秩序，又抵挡不住类似“欧陆风格”这个看似现实的风格的冲击，于是，出现了众多貌似新颖的作品。由于缺乏丰富的细部线脚及严谨的比例构图，今天的“欧陆风格”常常显得粗制滥造，这些作品往往缺少令人感动的内涵，无法表现其应有的意境。虽然造成这种局面的责任并不全在建筑师，但建筑师应该有义务、有责任来改变这种形势。我们并不要求所有的建筑师都从人类存在意义的高度去认识建筑或改造建筑环境，但作为一个有责任心的建筑师应意识到“欧陆风格”在中国盛行无论是从空间上还是从时间上看都是一种错位，此风不可长。

### 1.1.2 欧陆风格溯源

“欧陆风格”的造型基础源自拥有几千年文明结晶的西洋古典建筑，有着深厚的文化及美学基础，其艺术及美学价值是公认的。“欧陆风格”并不是只在今天才有市场，在中国近代建筑史中，对“西洋文明”的模仿曾多次出现，其吸收、模仿的形式主要有三种：一是照搬照抄西洋古典形式，原封不动移植；二是中西合璧，有所变异与发展；三是不伦不类，随意拼凑。从中西文化交流史中，我们可看到，自 1557 年西方文化在澳门大规模登陆，进而在沿海地区发展，随后，西方文化全面进入内陆，直到圆明园中的西洋楼建筑，“西洋楼既然落入了帝王之家，受到君主的青睐，自然也就具有正统的身份”。[1]于是，在各个通商口岸及租界地建筑中，大都以西洋楼体现西方文化。直到今天，当我们注目这些老房子时，仍能够感受到它们的某种动人之处。

### 1.1.3 欧陆风格引发的文化反思

在人类历史上曾有过以说法语为荣的时期，表明某种文化位差的存在。“欧陆风格”在中国的盛行，是对千百年来“大一统”中国传统建筑形象的挑战，也表明某种文化位差的存在，一种播化，即所谓的“西学东渐”。16 世纪以前中华文明的成就是举世公认的。中华民族对世界文明作出了巨大的贡献。然而，由于种种原因，使得中国在近代的发展滞后了。鸦片战争后，

---

[1] 张复合 . 圆明园“西洋楼”与中国近代建筑史 . 新建筑，1986（2）.

中国被迫打开国门，西方文明乘虚而入，当中国的百官们对西洋人的自鸣钟发出赞叹，平民百姓钟爱“洋布”、“洋火”、“洋钉”……时，我们就不难理解代表西洋建筑的“西洋楼”在中国流行的原因了。读一读当时的历史，通篇只有两个字——“耻辱”，其根源也是两个字——“落后”，落后就要挨打，落后就自然而然地产生崇洋。在当代的中国，我们又面临何种情况呢？1979年后，我们又一次打开国门，“欧陆风格”再次登陆建筑市场，其规模、范围要比前几次大得多。一方面，中国的建筑界尚需几代人的努力才能赶上世界水平；另一方面，高速发展的中国建筑急需某种风格，而我们的建筑还没有充分的理论准备，仿古又是死胡同。或许，最主要的原因是整个社会的文化取向问题，从音乐、绘画、影视甚至饮食业都受到了西方文明的“侵入”，人们过起了圣诞节，吃起了麦当劳……西方生活方式成了高尚生活的象征。在这种背景下，“欧陆风格”的流行就不足为奇了。然而，我们必须看到，它恰恰是我们文化贫乏的表现。更让人担忧的是，同前几次“欧陆风格”相比，如今的洋立面现象似乎没有明显的进步，在物质、技术高度发达的今天，我们的作品甚至失去了前几次“欧陆风格”的那些动人之处。应该看到，这些西方成分早已是西方淘汰的东西，已被现代建筑超越、否定。历史预示着“欧陆风格”的局限性，我们必须另谋他路。

### 1.1.4 中国建筑师的应对

“欧陆风格”的盛行激发我们加速探讨中国建筑文化的现代化进程。中国传统建筑发展到今天，正处于一个关键时期，几千年来的“大一统”模式、单一的材料和技术体系使得中国传统建筑同现代化空间模式的衔接举步维艰。对传统的尊重常常限于对建筑外形的模仿，而这种模仿又往往以牺牲现代技术和材料的优点为代价，从而失去了其美学的价值基础。我们的民族传统正面临着“全球化”趋势的挑战。中国建筑几千年来的文化积淀，在世界建筑之林独树一帜，面对今天的这种局面，中国建筑师理应肩负起中国传统建筑文化现代化的使命。在“全球化”趋势的背景之下如何发扬光大本民族的文化乃是在未来得以生存的根本。显然，复古已无出路，仿洋也非长久的良策。西方人士建议我们应减少对西方风格的依赖，多注重中国传统建筑独存的风格。的确，如此灿烂文化的国家却要模仿舶来的二等货，而且抄袭来的比原样还差得多，这不能不说有些遗憾。

我们的近邻日本在这方面作出了可贵的实践。日本人在西方文明冲击的初期，也曾建造过各式洋房，在传统与现代的争论中，日本建筑师逐渐走向成熟。如今，他们成功地运用现代技术，对传统的表达是自然的流露，再无大量模仿“欧陆风格”的市场。他们成功的经验之一就是处理好了本国文化的现代化问题，他们将日本传统建筑中的内在精神加以现代体现，从而形成了独具魅力的日本现代建筑。传统不是僵死不变的形式，而是富有朝气、有意义的内涵。对建筑而言，传统的精华并不是大屋顶、四合院、斗栱等表面形成，而是这些形式所拥有的设计思想和艺术精神。因此，中国传统建筑文化的现代化，或者说如何在设计中保存民族传统，就要表现中国传统建筑中仍有价值的内在精神。我们认为，中国式的现代建筑终将由中国建筑师们依据中国人的需求创造出来。愿更多的建筑师意识到“仿洋”的局限性，努力创造有地方特色的中国现代建筑，用自己的努力促使新时代的来临。

## 1.2 地域文化的价值

长期以来，地域特征在维持建筑的地方性方面扮演着重要角色。建筑师们也一直将表达地域特征作为体现地域文化的主要手段。但是，随着世界范围内全球化的日益高涨，建筑材料与技术的不断进步，地域特征在城市更新及建筑设计等方面的表达正在逐步减弱。一方面，相同的建筑形式可以出现在世界上不同的国家和地区，地域文化与城市空间形态及建筑风格之间内在联系的稳定性正在动摇，由此造成新建城区的城市空间大多没有表达出典型的地域特征；另一方面，快速发展的城市化进程也使得地域特征的局限性和相对性得以显现。信息时代迅速而便利的文化交流使地域的“阻隔”相对减弱，而且，由现代建筑材料与技术所构筑的“生存空间”已经可以完全不必考虑所处地理区域的不同。于是，我们不禁要问，地域特征究竟在多大程度上还能影响到我们的城市更新与建筑设计？

同样引起人们担忧的还有外来建筑师在中国的作为和影响。近一段时期，中国敞开国门，提供场地和资金，让外国建筑师试验他们的词汇和想象。这是一个多么让人感慨的场景啊！以荷兰建筑师库哈斯的央视新大楼、瑞士建筑师赫尔佐格与德梅隆的“鸟巢”为代表的“个性作品”影响着整个中国建筑设计的语境。其中部分极端想象的空间同人类生存的实际需要相去甚远。其实，库哈斯、赫尔佐格等人的走红恰恰表明了这样一个事实，就是中国建筑正在被“掏空”，正在被换成别人在他们国土上不可能实现的东西。这使我们产生了这样的疑问：我们的建筑词汇到哪里去了？

### 1.2.1 中外建筑的不同发展策略

显然，造成这种局面的原因有许多方面，但根本原因在于西方强势文化的进入和我们自身观念的落后。众所周知，中国的设计人员大多面临着发展与保护并举的难题。一方面，中国有着悠久的历史文化传统，需要发扬光大；另一方面，在“发展是硬道理”的旗帜下，城市更新就简单地沦落为“拆是硬道理”，形成所谓的“建设性破坏”，传统的空间形态及城市肌理丧失殆尽，形成“千城一面”的局面。这是我们所不愿看到的，也不符合全球化发展的本意。与此同时，存在着一个奇怪的现象，那就是，在号称西方文明大本营的欧洲大陆，“现代化”的城市形象并未过多地呈现在人们眼前。展现在我们面前的当代欧洲虽然不乏高楼林立的CBD，但更多的是一片片山清水秀的传统自然风貌：绿色的山峦，清澈的河水，幽静的村落，高耸而宁静的教堂、城堡，到处洋溢着浓郁的“场所精神”。当代欧洲常常让我们怀疑自己是否回到了浪漫的工业社会之前，当然如今这些欧洲“传统村落”的室内都是十分现代化的。看来，现代化可以是高科技，同时也可以很传统、很自然、很有地域特色。同样，传统也可以是很现代的，传统的老房子里一样可以有现代生活。中国的城市化及现代化道路应该有所改变。

### 1.2.2 地域性建筑在中国的可贵实践

从地域特征入手，国内的一些建筑师已做出了可贵的实践。如北京市建筑设计研究院设计的中国美术学院将中国传统建筑的特色，在一定的空间序列组织下的屋—院体系，加以现代诠释。屋—院体系这一简单却变化万千的构图方式，与现代技术、现代生活并不矛盾，在今天的部分建筑类型中仍具有良好的适应性。此外，王小东主持设计的新疆国际大巴扎对空间、材料及形象的追求，同样充分地体现了地域特征和传统文化。地域特征还可以在现代材料和技术的支持下得以显现，这就要求建筑师有着更高的修养和驾驭现代材料和技术的能力。如上海金茂大厦的设计师，从中国传统佛塔的建筑造型中得到启发，从形态上进行概括提炼，随后运用钢与玻璃等现代材料和技术加以表现，最终的成果在具有强烈现代气息的同时，也洋溢着浓郁的地域特征，受到普遍好评。

的确，地域性建筑学中所蕴涵的科学因素是有生命力的，它应是我们创作当代建筑的立足点。已经有越来越多的建筑师意识到，地域性建筑必将成为未来中国建筑师摆脱创造力贫乏的努力方向。地域性建筑是我们可以作为的方面，这是文化传承所要求的，而且可能也是中国建筑师们唯一可以大有作为的地方。

然而，在中国高速发展的城市化大潮中，这些优秀建筑在中国城市中显得凤毛麟角，难以形成气候。看来，完全由建筑师承担表达地域特征是不现实的。欧美的成功实践，让我们把眼光投向城市设计及文化重建上。

### 1.2.3 地域性建筑的非物质化表达

经过长期的探索和实践之后，我国城市的地域特征正在有效地通过一种非物质化的形式表达出来，并以此来同以往的表面的、僵化的注重物质手段的做法相区别。这里的非物质化所指的是内在的、非景观化的形式，如生活方式等。生活方式构成了地域文化的基本内容同时又成为“场所精神”的载体。它反映了人们社会生活的基本需求和价值取向，并直接反映在城市形态及建筑空间中。因此，为某种生活方式而存在的建筑空间及城市形态就很自然地烙上了“地域之印”。

受现行设计体制和社会机制所限，再加上城市化高速发展的压力，我国现阶段的城市设计及建筑设计更多地重视外在形式要素而忽视了内在的东西。实际上，西方现代城市设计的理论正在被更多元化、更人性化的设计思想所修正，以挪威建筑理论家诺伯格 · 舒尔茨等人的强调场所及文脉的倾向、以环境行为学领域的奠基者之一的拉普卜特为代表的重视社会文化价值延续性的倾向，都在实践中得以运用，并取得了良好的社会、经济效益。因此，我们要创造富有生机与活力的城市与建筑，就不能仅仅注重形态、外表等物质层面的东西，还应该从文化的深层结构入手，研究我国城市居民的生活方式及其发展需求，进而提炼出更为本质的生活模式来与物质形态互动，在深层次上促进地域特征的表达。

### 1.2.4　上海地域文化价值的再发现

城市与建筑表达着不同地区人们所选择的不同的存在方式，因而必然体现着不同的地域文化特征。因此，有必要在全球化的背景下，重新审视地域文化的价值，找到一个彼此共存的结合点。一旦人们有了这种意识，必然会促进上海建筑的健康发展。

为满足我国社会发展的需求，城市更新与转型要有新的思维，要关注文化氛围。就目前而言，西方发达国家正从工业社会城市向后工业社会城市转变。上海这个中国的特大城市，虽然还达不到此层次，但应该成为内陆工业城市与发达国家后工业城市之间的连接点。上海不可能是传统的工业城市，它必将是集金融、信息、教育、文化、医疗、高科技和国际交流为一体的新型城市，服务业要远远超过制造业。随着时间的推移，这个城市会分化出产业阶层，白领阶层与食利阶层将逐渐占据统治地位。白领阶层的意识形态将影响整个城市的发展，给城市带来压力和挑战。因为，白领阶层的意识形态不同于蓝领阶层，他们工作的选择余地大，创造性强，对居住地的环境和文化要求很高。因此，未来的上海能否实现转型就在于它能否成为文化中心，能否成为白领阶层首选的居住城市。而地域文化的保存和发扬无疑对提高城市文化氛围具有相当大的影响。很难想象一个缺少地域文化的城市能够发展成为未来的文化中心城市。

就上海的城市空间而言，大量拆除石库门、老洋房及老厂房，城市的尺度和肌理就变了，文化底蕴就减弱了，那么文化中心城市从何建起？就城市整体而言，更高的层次应该是侧重一个城市能给居民提供什么样的生活环境，而不是简单地企业提供什么样的投资环境。因为，后工业社会的经济主动力来自“创造阶层”，而不是企业、公司的高楼大厦。传统意义上的城市硬件如写字楼、商业中心、道路、服务设施等的影响力将被城市软件如文化格调、生活方式等所取代。这里，文化格调是否高雅则直接同有无一流的博物馆、图书馆，有无一流的大学、文化机构和文物古迹，有无发达的媒体、社区的国际性和多样性等紧密相连。

上海市区的高层建筑已超过 4200 幢，交通四通八达，十分之一的人口从市中心区迁出，城市硬件已初具规模。但问题是上海的整个城市文化氛围和城市肌理已受到破坏，生活环境与白领阶层的理想之间的矛盾日益凸显。这是个硬伤，而且不是短时间内所能改善的。所以，上海要真正步入世界级城市的行列还有待努力，还须在文化层面上做大量工作。“当全世界千城一面的时候，唯有文化保存能给一个城市以特色与个性”。在这方面，上海的“新天地”项目作出了一些探索。在“新天地”开发之前，基地是一片拥有近百年历史的石库门里弄建筑，改造后，重点保留了部分老建筑，又注入了诸多时尚的商业元素，最后建成的“新天地”成为一个集餐饮、购物、娱乐等功能为一体的场所，它既适应了现代社会发展和人们的新生活需求，又在一定层面上传承了历史文化（图 1–1、图 1–2）。尽管“新天地”并不是石库门住宅改造的唯一方向，尽管作为个案具有不可复制性，但它无疑是成功的，“新天地”已成为上海的一个新地标。

进入 21 世纪后，区位、气候等自然条件对建筑的影响力逐渐减小，经济、政治的影响力逐渐加大，再加上上海的历史短，于是近年来上海可以“毫无顾忌”地飞速发展。人们在应接不暇之余，越来越多的有识之士开始质疑过快城市化，提出“如何对得起我们的后人？我们到底需要什么样的城市？一个好的城市应该有什么？城市让生活更美好了吗？”等疑问。

图 1–1 “新天地”内景一

图 1–2 “新天地”内景二

无论是历史悠久的英国，还是仅有200多年发展史的美国，众多发达国家的经验证明：在过去的30年中，经济发展最成功的城市，往往是拥有遗产数量最多的城市；反之，那些遗产数量很少的城市，往往吸引和保持投资的影响就小很多。我们甚至可以将城市建筑遗产的保护和利用作为城市建设的“文化名片”，来更好地推动城市的发展，不仅体现在经济增长，更着眼于当代人的生活品质。

上海的近代建筑表现出强烈的包容性、时尚性和地域性。历史走到今天，如果没有外滩老建筑群，浦东的新建筑就会显得“太薄”；如若没有浦东新建筑，那么外滩又会让人感到暮气沉沉。“老房子”赋予城市以内涵，“玻璃摩天楼”给城市增添活力。历史与现代在这里和谐交融。上海的城市更新应充分发扬其近代建筑的价值，这样才能在高速发展的城市化进程中凸显城市个性。

# 第二章　关于上海近代装饰艺术建筑

上海许多老房子都与装饰艺术（Art Deco）有关：国际饭店深褐色的墙面和顶部层层退进的台阶式轮廓，沙逊大厦（和平饭店）的塔楼顶上冠以墨绿色金字塔铜皮屋顶，百老汇大厦（今上海大厦）的折线形形体，峻岭寄庐（今锦江饭店南楼）的镶嵌着优雅白色装饰线条的深色墙面，南京路西藏路口的大新百货公司（今第一百货公司），大光明电影院，百乐门舞厅……这些经典的老建筑赋予上海城市形象独特的个性。

今天我们再一次发现，Art Deco 的建筑语言和元素在一系列新建筑中复活了：上海标志性建筑金茂大厦（图 2–1、图 2–2）、新天地、淮海路的第一

图 2–1　金茂大厦外观（左）

图 2–2　金茂大厦中庭俯视（右）
（图片来源：http：//www.abbs.com.cn/bbs/）

高楼“香港新世界大厦”（图 2-3）、353 广场（图 2-4）、金茂凯悦内部设计、外滩三号的内部设计……上海许多时尚的建筑和那些高档昂贵的楼盘已经贴上了 Art Deco 的标签（图 2-5）。目前包括上海绿地、和记黄浦、华润置地、恒平置业等，约有 20 来家房产开发商正研究 Art Deco 风格的建筑，试图将其再一次推上历史舞台。许多新建筑打着怀旧、经典的旗号，刻意营造一种 20 世纪 30 年代上海的奢华气氛：洋房高耸、商店林立、货物山积、车水马龙、摩肩接踵、流光溢彩的都市风情，还有衣求华贵、食求精细、住求敞雅、行求快捷、乐求刺激尽兴的生活方式。

尽管许多房地产商打着 Art Deco 的旗号宣传自己的新建筑，但比例恰当、

图 2-3　上海香港新世界大厦

图 2-4　上海 353 广场重现 Art Deco 建筑风格

图 2-5　静安紫苑

富有生命力的新作品却较少，新作远不如70年前的老建筑耐看精致。20世纪20~30年代上海的Art Deco建筑代表了一个时代，是上海历史记忆中不可或缺的一部分，其中所蕴含的思想和方法对于如今的上海城市发展仍有重要的启示作用。

## 2.1 装饰艺术风格对上海近代建筑的影响及其现代意义

### 2.1.1 装饰艺术建筑在上海的兴起

自上海开埠后，在这个远东最富有活力的地方，伴随着租界的建设，殖民者将西方城市的模式移植过来，近代世界的物质文明和先进的科学技术也随之输入上海。在西方文明的冲击下，西方的建筑风格开始进入上海。西方的建筑理念和风格逐步取代了中国传统的建筑样式，在上海近代建筑的发展中占据了主导地位。20世纪初期在欧美盛行的复古思潮在上海早期的近代建筑上表现得淋漓尽致，例如银行、商业等新兴类型建筑的风格均带有古典复兴的影子。但从20世纪20年代后期开始，伴随摩登的装饰艺术风格在欧美流行，Art Deco对上海的建筑产生了重大影响，并构成了上海近代城市形象的主要轮廓线。到20世纪30年代后期，上海的城市发展已和世界最先进的城市基本同步。

20世纪30年代，上海的时局稳定、经济发达、工商业繁荣，文化娱乐行业也很兴盛。江、浙一带的大量移民涌入上海，使得城市人口激增、劳动力价格低廉，从而导致地价、房价飞涨。因此，大批商人把投资目标定在建筑行业，为城市的扩建发展提供了充裕的资金。作为国际大都市的上海，来自欧美的建筑师和“海归派”建筑师带来了世界先进的建筑理论、形式和建筑材料。而西方现代建筑文化及思想通过报刊杂志、教育交流等方式在国内广为传播，为展示西方现代建筑提供了舞台。同时，“在上海这个半殖民地城市中，崇尚西方文化一直是一种时髦，对于那些西方也很摩登的新时尚在上海自然很快也会流行起来”[1]。由此可以感知，最初Art Deco更多是作为一种时尚而受到追捧的，人们更多关注的是它的时髦而非形式。因此当Art Deco建筑一登陆上海滩，便顺理成章地被接受了，并在上海发扬光大，成为上海滩所特有的一道风景线。当时的上海民众崇尚租界中属于西方文明的生活方式及艺术形式，以至于对Art Deco建筑的认同成为一种集体无意识的表现。

Art Deco在上海的最早出现要数1920年霞飞路（今淮海路）一带的商业橱窗布置和店面装饰[2]。这一时间几乎与巴黎早期的装饰艺术派店面设计

---

❶ 郑时龄.上海近代建筑风格.上海：上海教育出版社，1999：257.

❷ 钱宗灏.20世纪早期的装饰艺术派［D］.同济大学，2006：13.

同步。之后不久，在 1923 年建成的汇丰银行的室内设计中则明显表达出 Art Deco 的风格。1924 年赉安洋行设计的法国总会外观虽为新古典主义风格，但其室内装饰，如舞厅内的彩色玻璃顶棚，侧面入口的楼梯，人像雕塑等都显现出强烈的 Art Deco 风格[1]。

Art Deco 在建筑外观上的表现是从 1927 年建成的海关大楼开始的，它顶部层层收进的立方体钟塔所表现出的体积感和高耸感明显表露出 Art Deco 格调。1928 年建成的德义大楼，其立面造型已完全是 Art Deco 风格。1929 年 9 月落成的沙逊大厦，标志着上海建筑开始全面走向 Art Deco 时期。 20 世纪 30 年代，上海进入 Art Deco 建筑鼎盛时期，据不完全统计 1929~1938 年的 10 年间，上海建成的 10 层以上（包括 10 层）高层建筑有 31 座[2]，除 2 座外其余均为 Art Deco 风格或带有其特征。

### 2.1.2 Art Deco 建筑的特点及影响

Art Deco 起源于 1925 年巴黎国际装饰与工业艺术博览会。其艺术风格明显受到了埃及等古代装饰风格的影响，还受到原始艺术特别是来自非洲和南美部落艺术的影响。此外，Art Deco 还受到当时刚刚兴起的工业设计的影响。它运用独特的色彩、简洁的几何造型，结合了新技术、新材料的使用，极富现代气息（表 2–1）。

**影响 Art Deco 风格的因素　　表 2–1**

| | | |
|---|---|---|
| 原始艺术 | 古埃及文明 | 1922 年英国考古学家 H · 卡特（Howard Carter） 发现的埃及吐坦哈蒙法老陵墓（Tutankhamun）作为 20 世纪重大的考古发现引起了整个社会对于古埃及的古老异国情调产生浓厚的兴趣，古墓中抽象的几何图形，金属器具的光泽，陶器上的黑白色，古建筑的装饰纹样等，致使来自古埃及的纹样、造型成为一种时尚 |
| | 非洲原始部落 | 非洲部落舞蹈面具的象征性和夸张特点，非洲雕塑，特别是木雕的明快简练 |
| | 玛雅文明及阿兹特克文明 | 美洲大陆的玛雅文明和阿兹特克文明中艺术装饰纹样的简练、神秘精神化，阶梯状金字塔和充满神秘色彩的石雕等 |
| | 东方文明 | 对中国、日本等东方国家古代艺术的追捧 |
| 舞台艺术 | 俄罗斯芭蕾 | 舞台布景充满梦幻气氛，壮观宏大，赋有戏剧性，服装色彩绚丽 |
| | 爵士乐 | 节奏鲜明而特殊，韵律感强烈，独特的表演方式 |
| | 好莱坞电影场景 | 电影中大都会背景，充满享乐主义的奢华场景，充满异国情调和神秘色彩的场景 |
| | 灯光效果 | 灯光的戏剧性变化和装饰作用，营造充满幻想神秘色彩的气氛 |

[1] 郑时龄 . 上海近代建筑风格 . 上海：上海教育出版社，1999：267.
[2] 伍江 . 上海百年建筑史（1840—1949）. 上海：同济大学出版社，1997：115.

续表

<table>
<tr><td rowspan="4">先锋派艺术</td><td>构成主义（Futurism）</td><td>研究建筑空间，采用理性的结构表达方式，将结构当成设计的起点，认为材料和有机组合的造型是一切设计的基础</td></tr>
<tr><td>未来主义（Constructivism）</td><td>强调抽象、变形和简化，对新世界的向往、对新生活充满热情</td></tr>
<tr><td>立体主义（Cubism）</td><td>追求碎裂、解析、重新组合的形式，形成分离的画面，物体的各个角度交错叠放造成了许多垂直与平行的线条角度，在平面上表现出二度和三度空间，甚至表现出肉眼看不见的结构和时间</td></tr>
<tr><td>表现主义（Exprisseonism）</td><td>重视主观世界，特别是精神、情绪、思想的赤裸而强烈的呈现，不重视对外在客观事物的忠实描绘，而要求突破，关注社会现实和人类前途，显现出一股干预生活的热情</td></tr>
<tr><td>汽车工艺</td><td colspan="2">为减少空气阻力提高速度而采用的流线型风格的汽车设计，象征运动、速度、健康的生活方式。推广到商业包装设计，为提高工业产品的美学质量，具有科幻色彩光滑圆润的形式</td></tr>
<tr><td>新材料运用</td><td colspan="2">Art Deco 风格中对金属、玻璃的运用成了其灵魂所在。着重表现材料的特性，时髦而新奇，材料本身的色彩和质感成为一种装饰</td></tr>
<tr><td>几何形</td><td colspan="2">阶梯形、直线、放射状、圆弧、“V”及倒“V”字形、长方形、三角形、圆形、直角、阳光放射形、闪电形、曲折形、重叠箭头形、弧度、埃及金字塔形、怪兽、神话人物、轿子、水果、玫瑰、花束、花篮、棕榈、扇子、羽毛、盛开的鸢草、鸢草和莲花的交织等</td></tr>
</table>

Art Deco 建筑在外观上多运用几何线型及图案，线条明朗，装饰重点多在建筑的门窗线脚、檐口及腰线、顶角线等部位。装饰纹样大量运用了曲线、折线、鲨鱼纹、斑马纹、锯齿形、阶梯形等，多喜欢用放射状的阳光与喷泉形式，象征着新世纪的曙光。

Art Deco 建筑重视几何体量的构成、重复线条及曲折线的表现，向上的整体感及动态的线条表现着力量和速度。其造型的基础是建立在机械时代，反映当时快速发展的科技与机械美学。如果说爵士乐反映着新世纪的音乐精神、反映着工业文明压力下的心灵状态，那么，Art Deco 建筑则反映着人类文明从农业社会进入工业社会的乐观向上的新精神，体现着理性与浪漫的结合。

Art Deco 建筑在色彩上倾向于运用鲜艳的纯色、对比色及金属色等，形成华美绚丽的视觉效果。浓郁又不失丰富感性的色彩元素是寄托和表达情感的重要手段，多彩的建筑表达着不同的情感，使建筑不再是一如既往的灰色，充满创意和联想。Art Deco 之所以受到人们推崇和喜爱的原因之一，很大程度上是由于它五彩斑斓的色彩塑造。

除物质层面的影响外，Art Deco 还传播了一种新的生活方式、一种新的美学思维及价值观。在结合新的建筑类型方面，Art Deco 更多的与新型高层公寓、办公楼结合。而现代的生活设施、明亮宽敞的空间、摩天楼的高度无疑造就了一个梦幻世界。对普通市民来说，原有的观念受到巨大冲击，Art Deco 同“摩登”、“异域”、“高尚生活”等联系起来，成为人们向往的场景。

因而，就上海不同的地段街区而言就拥有了不同的意义。

Art Deco 风格从城市空间蔓延至日常生活，对人们的审美情趣、生活方式影响至深。

### 2.1.3 研究上海 Art Deco 建筑的现代意义

装饰艺术风格是一场承上启下的运动，它既继承传统的装饰风格，又接受了新时代产生的机械化生产方式；既反对工艺美术运动、新艺术运动的自然装饰、中世纪复古，又不喜欢单调的工业化风格。它是新艺术运动和现代主义运动之间的过渡（表 2-2）。这是一种对新世纪机械文明崇拜的乐观形态，以既传统又摩登的一种状态而存在。和“新艺术运动”一样，它涉及的范围相当广泛：从 20 世纪 20 年代的色彩鲜艳的所谓“爵士”图案（Jazz Patterns）到 20 世纪 30 年代的流线型设计式样，从简单的英国化妆品包装到美国纽约洛克菲勒中心大厦，都可以说是属于这个运动[1]。

Art Deco 风格与其他风格的比较　　表 2-2

| 项目名称 | Art Deco 风格 | 工艺美术运动 | 新艺术运动 | 现代主义 |
| --- | --- | --- | --- | --- |
| 装饰动机 | 侧重于豪华、奢侈的艺术加工和手工艺制作，采用稀有精致材料，为上层社会少数权贵服务 | 服务大众 | 为少数人服务 | 民主的、经济实用的、反装饰主义立场 |
| 对时代的态度 | 不再回避新材料和机械形式 | 对现代化、工业化形式断然否定的态度 | 对现代化、工业化形式断然否定的态度 | 积极采用新材料和机械形式 |
| 思想意识形态 | 反对古典主义的、自然的、单纯的、手工艺的趋向，不反对机械化大生产，也不排斥新的材料 | 强调中世纪的、哥特式的、自然风格的装饰，强调手工艺的美，否定机械化时代特征 | 同工艺美术运动 | “装饰”正是现代主义反对的主要内容之一 |
| 造型 | 部分来源于立体主义、东方的怪异形式、俄国芭蕾舞的舞台设计和服装设计、几何外形、古埃及等原始艺术的影响，形成了自己的特色。不利用产品的功能作为设计主题 |  | 较少强调立面风格。受到部分中世纪自然主义风格影响，大量采用花卉、植物、昆虫、女性风格特征等作为造型元素 | 强调形式追随功能 |
| 色彩 | 特别重视强烈的原色和金属色彩的运用，其中包括鲜红、鲜黄、纯蓝、橘色和金属色系列（包括古铜、金、银等色彩） |  |  |  |

[1] 王受之．世界现代建筑史．北京：中国建筑工业出版社，1999：118.

在经历短暂的繁荣之后，也许是因为第二次世界大战的迫近，也许是因为所有的时尚都必经潮起潮落的蜕变，Art Deco 渐渐收敛。总之，到了 20 世纪 30 年代后期，人们开始对 Art Deco 那些几何线条失去了热忱，它逐渐淡出人们的视野。

然而有意思的是，Art Deco 虽然退出了时尚的舞台，但每隔一段时间，它就会复兴一次，一再地成为时尚。在美国 20 世纪 60 年代，Art Deco 曾是一种很时髦的艺术复兴风格，经过 20 世纪 70 年代的沉寂，20 世纪 80 年代又重新抬头并在后现代主义风格中再次受到重视（图 2-6）。在上海，继 20 世纪二三十年代的大规模风潮之后，近年来，Art Deco 再度成为热门，装饰风格又重新回到上海。

图 2-6　巴黎奥塞美术馆艺术钟

我们应当看到 Art Deco 风格作为一种手法在各类设计领域的广泛通用性。这种通用性来源于它对世界各地艺术的学习，来源于它自己独特的简洁演绎和对新材料的积极使用，其实它代表的是一个新时代的设计理念。这样看来，Art Deco 及其各类变体风格在上海的走红就是一种必然的趋势。

近几十年来，世界各地建筑的面目变得愈发雷同，并且在“装饰即罪恶”的教条下裹足不前，缺乏细部。在追求个性的今天，人们又开始怀念 Art Deco 的建筑。如今在上海 Art Deco 再一次成了人们身份、地位、品位以及生活质量的象征和代名词。

## 2.2　沙逊大厦[1]

沙逊大厦（Sassoon House）坐落于上海南京东路外滩 22 号，1929 年 9 月 5 日落成。1949 年前是英籍犹太人、在上海素有“房地产大王”之称的沙逊的产业。沙逊大厦高 10 层，局部 13 层，另有地下室，总高为 77 米，建筑面积 36317 平方米（图 2-7）。这座上海第一幢真正意义的 10 层以上高楼，是当年其他建筑效仿的对象。它由当时上海最大的房地产商沙逊集团投资，由最负盛名的建筑设计机构公和洋行设计，采用了先进的结构体系和施工技术，并且位于全上海地价最昂贵的外滩南京路口，它的影响力自然不言而喻。沙逊大厦的建成标志着公和洋行的设计风格已从复古主义转向装饰艺术风格，也标志着上海建筑开始全面走向装饰艺术风格时期。

[1] 刘红洁参加了本节调研。本节图片为夏明拍摄于 2006 年 10 月。

### 2.2.1 立面

沙逊大厦最引人注目之处是它那高达 19 米的墨绿色金字塔铜顶（图 2-8），这使它刚建成就成为外滩的标志性建筑。这种既具有几何感，对城市空间轮廓起着强烈的控制作用，又不同于任何复古主义建筑屋顶处理手法的形体，一开始即被视为装饰艺术派摩天楼的重要造型手段。在以纽约为代表的美国很多城市，有众多与沙逊大厦差不多同时期建造的摩天楼都采用了这样一种顶部处理手法。

沙逊大厦的立面处理也表现了典型的装饰艺术风格。整体仅以竖向线条作为装饰主体，在檐部（图 2-8）及基座部分（图 2-9）使用抽象几何形装饰母题，并在各入口处使用反映业主身份的沙逊家族猎狗族徽作为装饰中心。外墙除第 9 层和顶部用泰山石面砖外，其余各层均用花岗石作贴面。更有趣的是，在金字塔顶的周围还有四个非洲原始部落图腾似的装饰物。

综上所述，虽然沙逊大厦的立面处理比古典主义建筑的处理手法简洁，但这丝毫不影响沙逊大厦的细部魅力；相反，有力的竖向线条、顶部的收分加上母题的韵律使得沙逊大厦高贵典雅、气势磅礴。

### 2.2.2 室内

沙逊大厦的室内设计为典型的 Art Deco 风格。它用色大胆鲜艳，采用草绿、金色和白色作为主色调（图 2-10、图 2-11），尤其强调顶部顶棚和灯饰

图 2-7 沙逊大厦

图 2-8 金字塔铜顶

的华美效果（图 2-12、图 2-13）。它的高贵与华丽感来自于材料本身的色彩和精美的细部和装饰题材的多样性：铜雕花的大门、大理石地面和墙面拼花图案（图 2-14）、铁质栏杆、扶手、灯具的几何形装饰等。

尽管室内装饰华丽，细看却多是简洁的几何形。沙逊大厦的室内既不失古典建筑的富丽堂皇，又充满着强烈的时代感。

图 2-9　入口之一

图 2-10　室内（1）（左）

图 2-11　室内（2）（右）

图 2-12　室内（3）

图 2-13　室内（4）

图 2-14　室内（5）

### 2.2.3　小结

沙逊大厦给我们最强烈的感觉是它设计的整体性，从外观到室内，甚至到灯具和家具的设计，它们的风格都是一致的。它使我们得以比较全面地体会 Art Deco 建筑的美感和精神。如今细看这幢 20 世纪初的建筑，它既有奢华、耀眼的古典气息，又有简洁大气的现代精神。它的奢华来自于材料、色彩和装饰题材的多样性，而它的简洁则是出自对几何形的控制。

在现代建筑理性拒绝装饰的氛围中，沙逊大厦为我们松绑。它告诉我们：简洁并不意味着排斥装饰，非功能性装饰也是为了满足人类情感的一种功能。在某种意义上，沙逊大厦为我们今天的建筑设计提供了一个反省的机会。

现在的沙逊大厦分为独立的四个部分，分别为荷兰银行、和平饭店、商场和出租写字楼。其中和平饭店占了近一半面积。仔细算来，沙逊大厦建成已有近 80 年的历史，无论是功能、结构和设备都需要呵护更新。为了适应新时代的要求，和平饭店于 2007 年 4 月 11 日起闭门谢客，开始了历时2年、花费5亿元人民币的重新装修。整修方案除进行必要的设备更新及结构加固外，将严格保留原有的Art Deco风貌，确保和平饭店的原有元素及气质得以存留。另外，饭店内原来一些不够合理的布局有望通过此次整修得到改进。

80年过去了，沙逊大厦以其独特的外形及巨大的体量始终控制着外滩的轮廓线。如果从众多上海近代建筑中选取一幢来代表上海建筑的话，沙逊大厦当之无愧。

## 2.3 上海20世纪30年代装饰艺术派风格的公寓建筑❶

在上海20世纪30年代的Art Deco建筑中，占地小、空间利用率高的公寓建筑是主要载体。公寓为上海这一城市引进了一种大众化的西方城市文明，体现了一种物质与精神的融合。短短十年间拔地而起了数十幢公寓建筑，成为上海近代城市形象的重要组成部分（图2–15）。

图2–15 上海近代Art Deco公寓分布图

上海的公寓建筑往往根据地基地形进行设计，因此形成“周边式”、“八字形式”、“一字形式”、“点状形式”等平面展布。“周边式”一般在街道转角道路沿线兴建，底层为商铺，如南京西路的德义大楼，福州路的汉弥尔登大厦（Hamilton House今福州大楼）等。“八字形式”多是大型建筑，如

❶ 本节根据颜美华硕士论文修改，所用图片除注明外为颜美华2005~2007年拍摄、绘制。

衡山路的毕卡第公寓（Picardie Apts. 今衡山宾馆），北苏州路的百老汇大厦（Broadway Mansions 今上海大厦），茂名南路峻岭寄庐（The Grosvernor House 今锦江饭店中楼）等。“一字形式”往往是见缝插针，大多南北朝向，如淮海公寓、建国公寓等。“点状形式”多因基地狭小，采用扇形或点式平面，如淮海中路乌鲁木齐中路口的麦琪公寓等。公寓多建在租界西区，法租界分布最多，质量也最好，公共租界中区数量和质量中等，沪东、沪北地区最少。

上海 30 年代 Art Deco 风格或带有 Art Deco 特征的公寓[1]　　表 2-3

序　　号：1
原有名称：华盛顿公寓
Washington Apts.
现有名称：西湖公寓
地　　址：衡山路 307 号
层　　数：9 层（1982 年加建 2 层）
竣工年份：1928
设　　计：不详
特　　征：

“周边式”公寓，地处锐角形街角，总平面略呈三角形。建筑平面沿街作“V”字形布置。标准层由 3 个单元组成，每个单元均设主、辅楼梯，以分隔主人与佣人的交通路线。每单元还另设一部电梯，是上海公寓建筑中较早使用电梯的公寓。外立面简洁明快，以湖绿色水泥拉毛饰面。在入口处和窗下墙面饰有抽象的白色玫瑰花纹浮雕装饰，大面积墙面不做附加装饰

图 2-16　现状

图 2-17　窗间墙白色玫瑰花纹

图 2-18　入口装饰

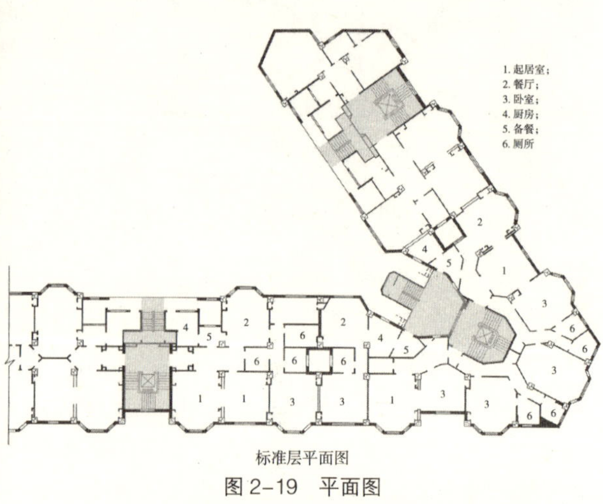


图 2-19　平面图
（根据参考书目 30 P88 图修改）

[1] 此表格参考了参考书目 7、12、21、22、30 等书。其中所列公寓为笔者目前调查收集成果，因工作量巨大，故仍有许多 Art Deco 公寓未能收入。

续表

序　　号：2
原有名称：赛华公寓
　　　　　Savoy Apts.
现有名称：瑞华公寓
地　　址：常熟路 133 号
层　　数：9 层
竣工年份：1928
设　　计：法商营造公司
特　　征：

图 2-20　现状
（更多图片参见图 2-153~ 图 2-157）

建筑平面沿常熟路和延庆路呈“L”形布局。标准层每层设 8 套住房。建筑造型简洁，立面为水泥砂浆拉毛粉刷。立面上强调由钢窗本身所形成的竖向线条，平挑檐，第九层由外檐口向内缩进。在屋檐下和二层阳台部分及入口处均有丰富的 Art Deco 特征的抽象的阳光、植物等图案装饰带。辅助楼梯处阳台挑出使立面有所变化。公寓配备了抽水马桶、煤气、暖气（热水汀）等生活设施。统一在房间里铺设了双层打蜡木地板，隔声效果极佳。在厨房和卫生间分别铺设了瓷砖和马赛克，并对房间的顶角线进行了处理

序　　号：3
原有名称：华懋公寓
　　　　　Cathay Flats
现有名称：锦江饭店北楼
地　　址：茂名南路 59 号
层　　数：14 层
竣工年份：1929
设　　计：公和洋行
特　　征：

建筑南北朝向，平面呈“一”字形，标准层每层设 8 个套间和 12 个单间，北面突出部分设服务性用房。

仿英国城堡式建筑形式，立面处理采用装饰艺术风格。采用棕色面砖间以石料窗框和垂直线条，力求取得突出高耸的效果。窗樘外口用斩假石。最显著的是方格钢窗排列，每个窗子周边用白色窗框，立面不分段，直上直下

图 2-21　现状

图 2-22　白色窗间墙装饰

图 2-23　白色窗框

续表

序　　号：4
原有名称：德义公寓
现有名称：德义大楼
地　　址：南京西路 778 号
层　　数：9 层
竣工年份：1929
设　　计：克明洋行
特　　征：

"周边式"公寓。公寓标准层平面由 3 个内廊式住宅单元和 1 个内廊式宿舍单元组成，是上海较早设单身宿舍的公寓。公寓内配有水电煤卫冷暖设备等，标准较高。

其主要立面东南、东北、西立面用褐色面砖拼贴成简洁的装饰图案；次要立面北立面采用弧形拉毛水泥粉刷。立面强调由建筑结构本身形成的横竖线条，顶部有竖向线条装饰。从第七层起层层退进。在入口、二层檐部、三层窗下均为连续几何形花岗石雕饰。转角二层窗口上作花岗石带饰，原其上有 4 座立雕人像，于"文化大革命"中作为"四旧"砸毁。

更多图片参见图 2-158~ 图 2-167

图 2-24　现状

图 2-25　顶部竖向线条装饰

序　　号：5
原有名称：林肯公寓
　　　　　Lincoln Apts.
现有名称：曙光公寓
地　　址：淮海中路 1554 号 ~1568 号
层　　数：4 层
竣工年份：1930
设　　计：中国营业公司
特　　征：

建筑为 4 层板式公寓，墙面为浅褐色面砖，竖向窗间和阳台有浅灰色饰带。每单元上部女儿墙处升起，女儿墙及檐下饰带均有几何装饰图案，对称的弧形线条上面点缀有花朵图案。每个阳台的底部都有一条半圆形立体装饰图案。装饰艺术派手法更是被广泛地运用于栏杆、隔断、门窗等细部。楼梯及栏杆也带有典型的 Art Deco 风格，楼梯的扶手上刻有精致的图案，黑色的铁栏杆铸成有序的形状

图 2-26　现状

图 2-27　公寓入口

续表

图 2-28 女儿墙装饰纹案

图 2-29 入户门抽象纹案

图 2-30 楼梯扶手

图 2-31 墙面装饰纹案

序　　号：6
原有名称：培恩公寓
　　　　　Beam Apts.
现有名称：培文公寓（妇女用品商店）
地　　址：淮海中路 449 号 ~479 号
层　　数：7 层（局部 10 层）
竣工年份：1930
设　　计：赉安洋行
特　　征：

图 2-32 现状

“周边型”布置公寓楼。主体是一幢沿街建造的长条型大楼，清水红砖外墙间以水泥墙面粉刷，竖线条红白分明，混凝土屋檐和门廊突出于外，横线条粗犷、清晰。建筑立面凹凸较多，顶层檐口很宽，与立面凹进墙体相呼应，立面中央塔楼用横宽线条处理，顶层立旗杆。褐色面砖贴面，顶部有一厚实水平压檐，檐下饰以几何形母题的浮雕装饰，此种做法为以后一批 Art Deco 风格公寓的常见做法

图 2-33 现状

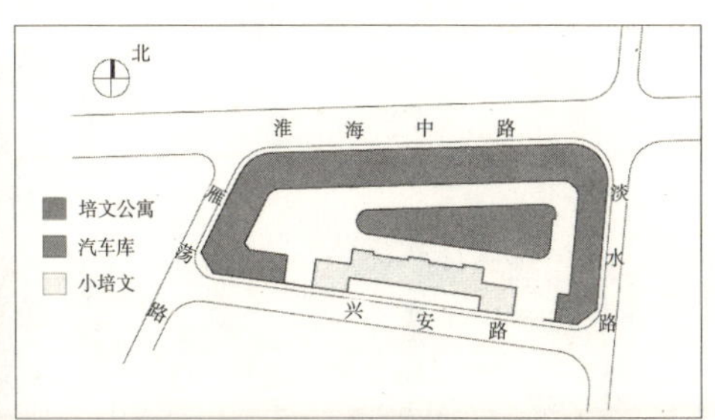

图 2-34 总平面

续表

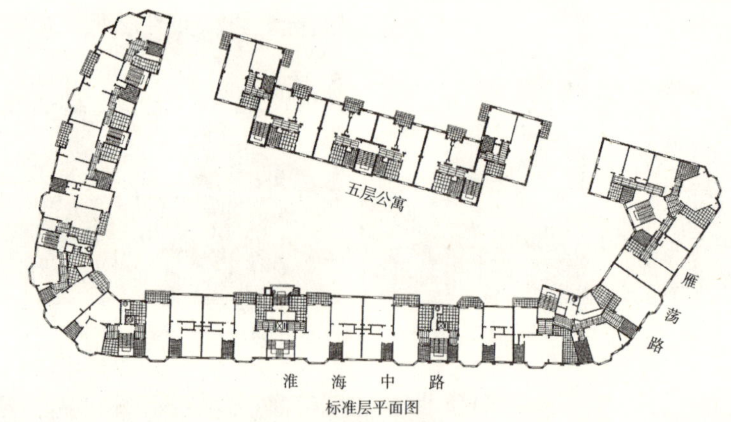


图 2-35　平面图
（图片来源：参考书目 30 P 60）

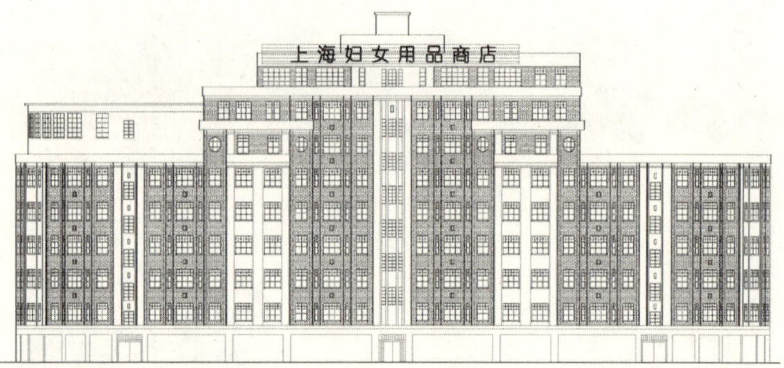


图 2-36　作者测绘立面

图 2-37　阳台细节

图 2-38　厚实水平压檐

图 2-39　楼梯扶手纹案

续表

序　　号：7
原有名称：密丹公寓
Midget Apts.
现有名称：密丹公寓
地　　址：武康路 115 号
层　　数：5 层
竣工年份：1931
设　　计：番安洋行
特　　征：

地处锐角形街角，总平面略呈三角形。外立面简洁明快，以灰色水泥拉毛饰面。在女儿墙和窗下墙面饰有抽象的花纹浮雕装饰，大面积墙面不做附加装饰。利用阳台、窗的出挑构成体块凹凸变化

图 2-40　现状

图 2-41　窗下白色浮雕装饰

图 2-42　屋顶白色曲线装饰

序　　号：8
原有名称：吕班公寓
Dubail Apts.
现有名称：重庆公寓
地　　址：重庆南路 185 号
层　　数：4 层（后加建 1 层）
竣工年份：1931
设　　计：不详
特　　征：

公寓平面沿街作“L”形布置，标准层由 3 个单元组成，设主次楼梯，主人和佣人交通流线分离。

建筑立面铺褐色面砖，在转角处出挑阳台及装饰女儿墙，做重点装饰。窗框设白色锁石

图 2-43　现状
（图片来源：参考书目 12 P14）

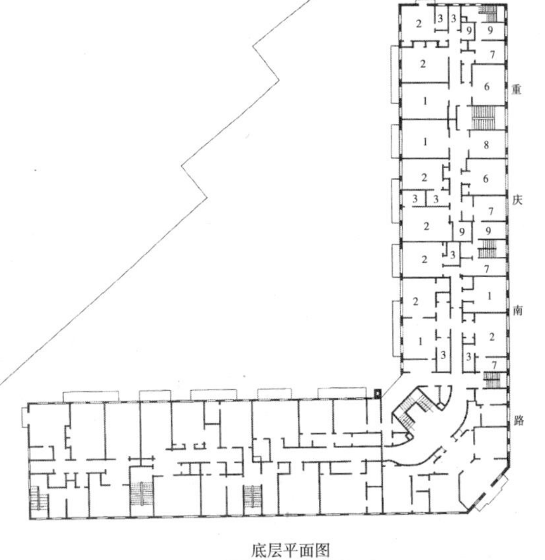


图 2-44　平面图
（图片来源：参考书目 30 P93）

续表

序　　号：9
原有名称：汉弥尔登大厦
Hamilton House
现有名称：福州大楼
地　　址：江西中路 170 号
层　　数：14 层
竣工年份：1932
设　　计：公和洋行
特　　征：

位于福州路江西中路口，一至三层为商业办公用，四层以上为公寓。

建筑立面以竖向直线条装饰为主，底层设几何形装饰带。体形自九层起向内退缩，体现宏伟气势，与其对面都城饭店如出一辙

图 2-45　现状

图 2-46　二层窗下墙面几何装饰带

图 2-47　主入口装饰带

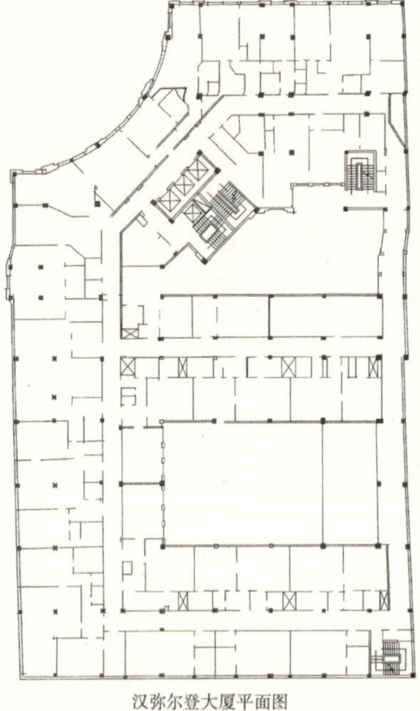

汉弥尔登大厦平面图

图 2-48　平面图
（图片来源：参考书目 30 P 134）

图 2-49　墙面竖向直线条

续表

序　　号：10
原有名称：爱文公寓
现有名称：联华公寓
地　　址：北京西路 1341 号 ~1383 号
层　　数：5 层
竣工年份：1932
设　　计：邬达克
特　　征：
建筑立面由横向窗间墙及阳台的浅色与墙体的红色形成对比，线条流畅舒展

图 2–50　现状
（图片来源：参考书目 12 P145）

图 2–51　现状
（图片来源：参考书目 12 P145）

序　　号：11
原有名称：中国银行虹口大楼
现有名称：中行大楼
地　　址：四川北路 894 号
层　　数：7 层
竣工年份：1932
设　　计：陆谦受，吴景奇
特　　征：
建筑立面强调结构本身形成的横竖线条，窗间墙饰有简洁的几何装饰纹样

图 2–52　现状
（图片来源：参考书目 12 P47）

序　　号：12
原有名称：杨氏公寓
现有名称：永业大楼
地　　址：雁荡路 10 弄 1 号 ~3 号
层　　数：6 层
竣工年份：1932
设　　计：马海洋行
特　　征：
公寓平面沿街转角作“L”形布置，由 4 个单元组成，每单元设 2 部楼梯和 1 部电梯。标准层分作一梯二户、一梯三户、一梯四户，以两室和三室户为主。

建筑立面镶砌面砖，利用凸窗和阳台体量的突出形成竖向线条，层次丰富韵律感强。顶层阳台及檐口下墙面设有装饰带

续表

图 2-53　现状

图 2-54　阳台墙面几何装饰纹案

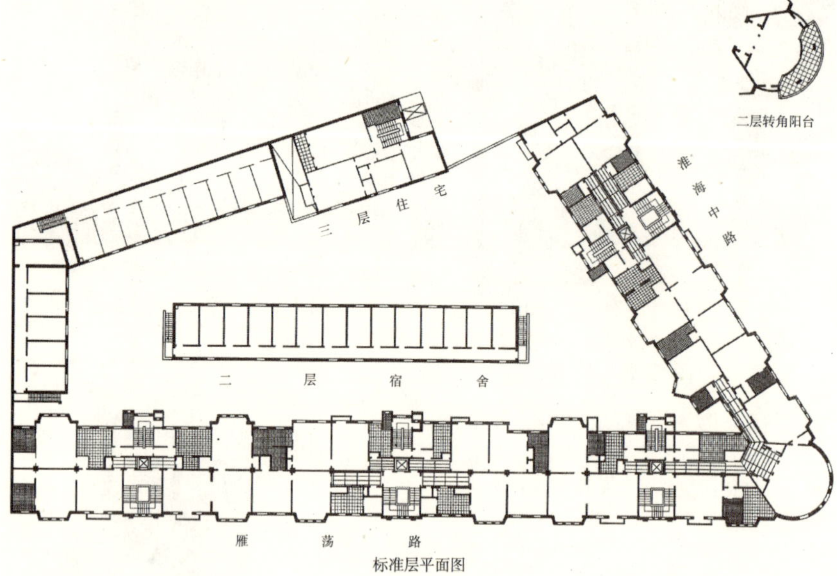


图 2-55　平面图

（图片来源：参考书目 30 P54）

序　　号：13

原有名称：阿斯屈来特公寓

Astrid Apts.

现有名称：南昌大楼

地　　址：南昌路 294 号 ~316 号

层　　数：8 层

竣工年份：1933

设　　计：列文设计

特　　征：

公寓标准层由 4 个单元组成，每单元设楼、电梯 1 部，另在单元连接处设消防楼梯。立面非常简洁的建筑，以奶黄色面砖贴面，仅在转角处中央尖塔上饰以极富特征的纯粹装饰性的浮雕图案。在入口处和檐部饰以少量同主题的浮雕装饰图案，在门窗铁花的分格和建筑室内门厅地面的铺砌上采用简洁又有装饰性的几何图案

图 2-56　现状

续表

图 2-57　入口门楣

图 2-58　女儿墙装饰

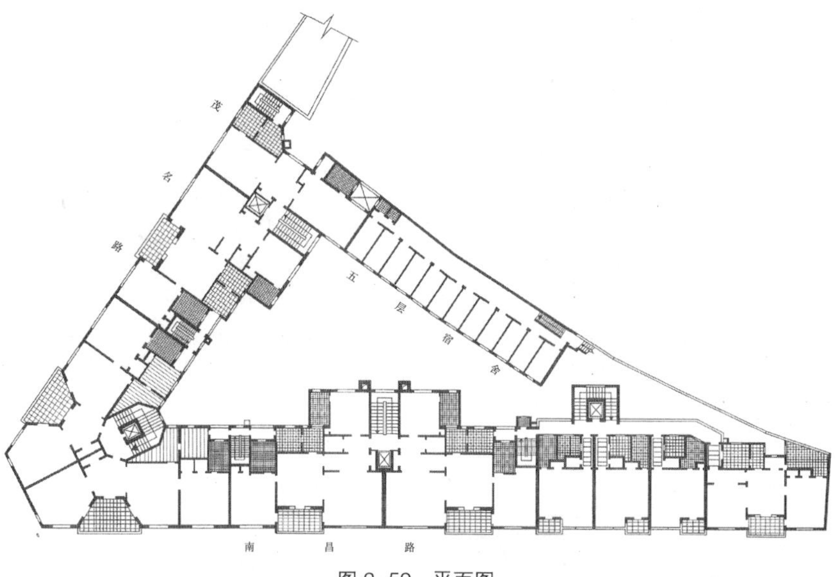

图 2-59　平面图
（图片来源：参考书目 30 P 63）

序　　号：14
原有名称：贝当公寓
Petain Apts.
现有名称：衡山公寓
地　　址：衡山路 700 号
层　　数：6 层
竣工年份：1934
设　　计：不详
特　　征：

公寓平面以楼梯为中心对称布置，外墙面用水泥拉毛处理，刷翠绿色涂料。建筑运用了几何线形及图案，在建筑门窗线脚、檐口及腰线运用了曲折锯齿图形，而在窗台下方部位装饰了正方形图案的珍珠纹。颜色统一为乳白色，与建筑的绿色搭配和谐而突出重点

图 2-60　现状

续表

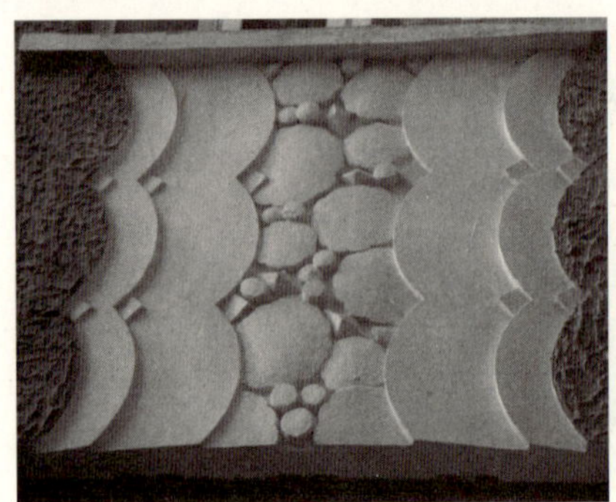
图 2-61　窗间墙珍珠纹案

图 2-62　弧形楼梯

图 2-63　门厅装饰（1）

图 2-64　门厅装饰（2）

图 2-65　楼梯俯视

图 2-66　楼梯仰视

图 2-67　阳台

续表

序　　号：15
原有名称：恩派亚公寓
Eongqiao Sanitarium
现有名称：美美百货
地　　址：淮海中路 1300 号 ~1326 号
层　　数：6 层
竣工年份：1934
设　　计：凯泰建筑事务所黄元吉
特　　征：

中国建筑师设计的有较大影响的 Art Deco 公寓建筑。位于淮海中路常熟路转角处，中部 6 层，两侧跌落为 4 层。立面由带形长窗及浅色连续窗间墙所形成的舒展的水平线条构成。转角处的中部为整个建筑的制高点，以显著的垂直线条形成构图中心，用线条来表现机械美，竖向的线条更加显出了大楼的高耸感。建筑两沿街立面设置有突起的半圆柱作为装饰，并在其上开圆形的窗作为呼应，很好地结合了竖向和水平的线条，充分体现了"装饰艺术派"强调几何形的构图

图 2-68　现状

图 2-69　立面局部

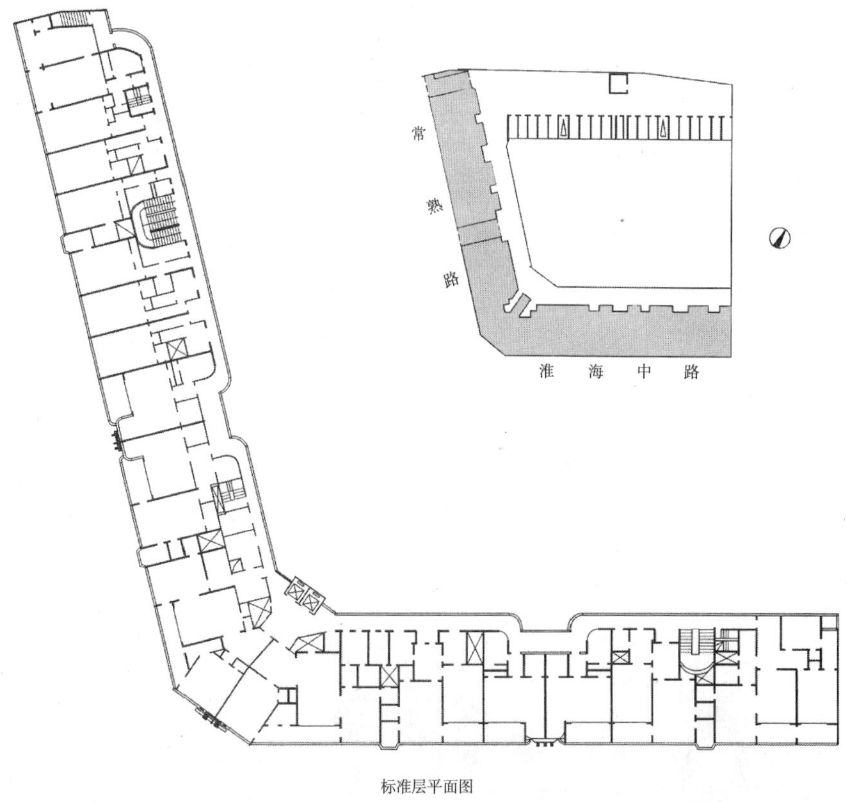

图 2-70　平面图
（图片来源：参考书目 30 P103）

续表

图 2-71　电梯内部

图 2-72　室内转角

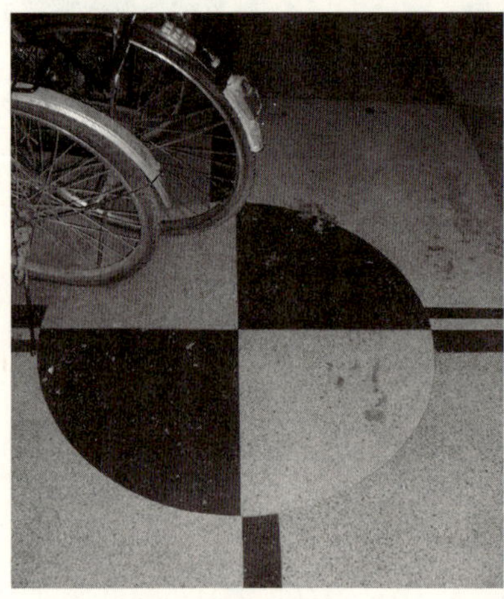

图 2-73　门厅铺地

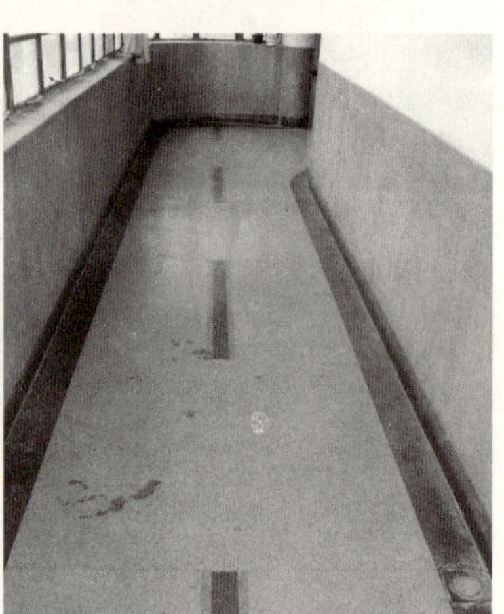

图 2-74　走廊铺地

序　　号：16
原有名称：华业公寓
　　　　　Cosmopolitan Apts.
现有名称：华业大楼
地　　址：陕西北路 175 号
层　　数：10 层
竣工年份：1934
设　　计：李锦沛
特　　征：

平面呈“H”形，标准层每层 6 户住户，设 3 部电梯及 3 部主楼梯，另设有 2 部消防楼梯。公寓设置水电煤、冷暖设备。外形仿西班牙住宅建筑风格，但装饰作简化处理，立面线条古朴、简洁。局部装饰细腻，采用西班牙建筑符号点缀

图 2-75　现状

图 2-76　檐口细节

续表

图 2-77 阳台

图 2-78 门厅顶棚装饰纹案

序　　号：17
原有名称：会乐精舍
Willow Court
现有名称：会乐公寓
地　　址：复兴西路 34 号
层　　数：12 层
竣工年份：1934
设　　计：不详
特　　征：

公寓标准层平面每层 4 户，分别为一室、两室、三室和四室，设有 1 部电梯和 2 部楼梯。

立面整体风格明快。立面以奶黄色涂料粉刷，主立面中部筑有半圆形阳台。山墙上用红色竖线条粉刷作为装饰，顶部略有变化

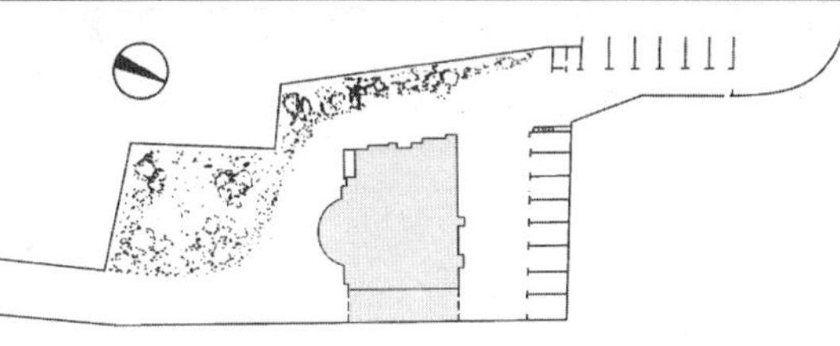
图 2-79 总平面

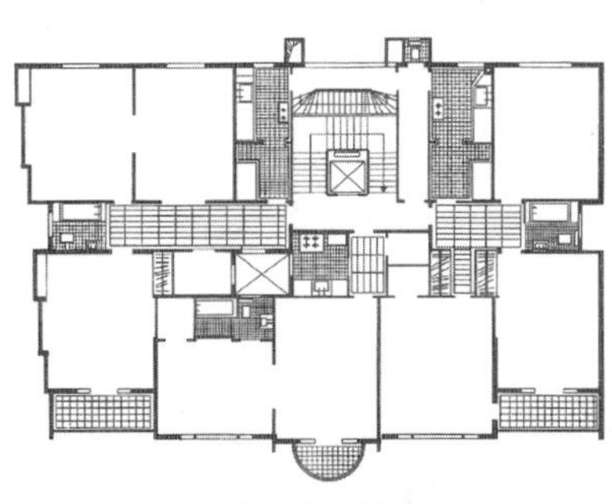
标准层平面图

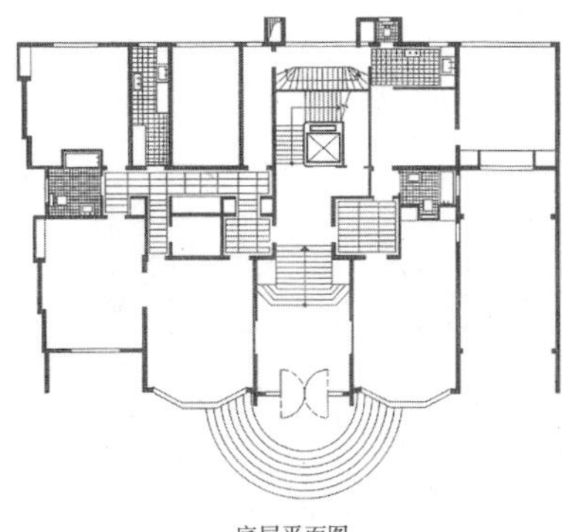
底层平面图

图 2-80 平面图
（图片来源：参考书目 30 P163）

图 2-81 现状

续表

图 2-82　山墙面

图 2-83　入口及半圆形阳台

序　　号：18

原有名称：百老汇大厦

Broadway Mansions

现有名称：上海大厦

地　　址：北苏州路 2 号

层　　数：21 层

竣工年份：1934

设　　计：业广地产公司

特　　征：

位于外白渡桥的北侧，平面为“八”字形。中部最高，两侧逐步跌落，典型 Art Deco 风格。外立面与内部装修简洁明快，气势宏伟。只在入口处和顶部有卷涡状几何化装饰，大面积墙面不做附加装饰，仅通过变换面砖砌法略作处理。各层屋顶的檐部均饰以连续装饰图案

图 2-84　顶部折线形体快

图 2-85　原貌
（图片来源：参考书目 7 P280）

续表

图 2-86　檐口装饰带

图 2-87　入口卷涡装饰

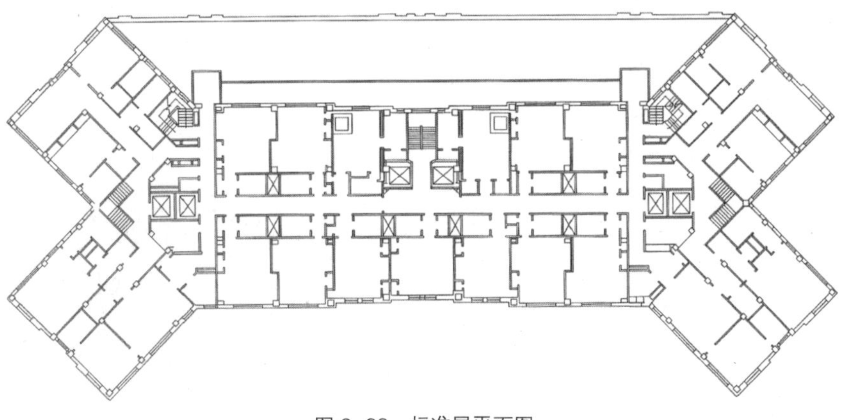
图 2-88　标准层平面图
（图片来源：参考书目 30 P174）

序　　号：19
原有名称：麦特赫斯脱公寓
Medhurst Apts.
现有名称：泰兴大楼
地　　址：南京西路 934 号
层　　数：12 层
竣工年份：1934
设　　计：新瑞和洋行
特　　征：
沿转角街坊建造，平面呈“八”字形，主立面朝东偏南。整体造型为两侧对称向下跌落的典型 Art Deco 手法，建筑立面以横线条为主，在女儿墙和底层腰线处有装饰线条，中央部分突出垂直线条，细部装饰已大为简化

图 2-89　现状

图 2-90　底层腰线横线条装饰带

续表

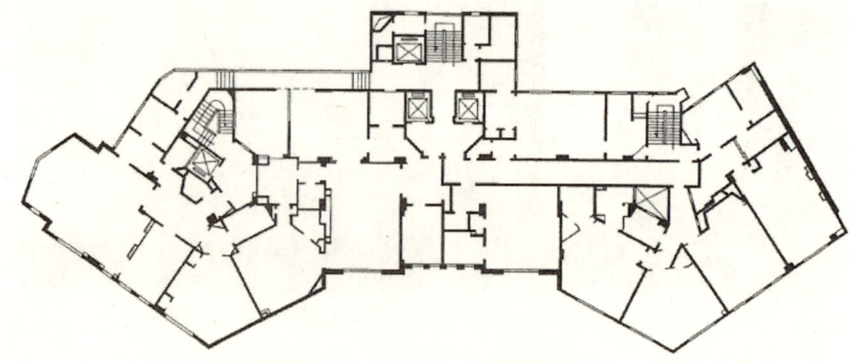

图 2-91　标准层平面图
（图片来源：参考书目 30 P165）

序　　号：20
原有名称：卡尔登公寓
　　　　　Carlton Apts.
现有名称：长江公寓
地　　址：黄河路 65 号
层　　数：11 层
竣工年份：1935
设　　计：凯司洋行
特　　征：

平面为马蹄形状，从凤阳路口一直延伸到黄河路。据考证，外墙是经过修缮的，原来的外墙面颜色参差不齐。现在外墙被修缮为统一的浅黄色调。公寓的外墙采用稠密的竖线条装饰，面砖铺贴，楼梯栏杆采用曲线形的铸铁栏杆，大楼内铺地为彩色方格图案，楼内墙裙采用方格形各色马赛克拼铺。整体造型沿街心为制高点，两侧呈阶梯状跌落，阳台采用竖向线条装饰，且错落有致

图 2-92　现状

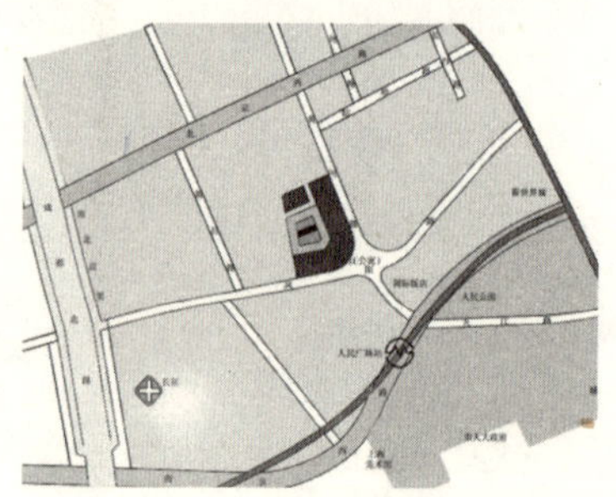

图 2-93　区位图

图 2-94　楼梯铁艺扶手

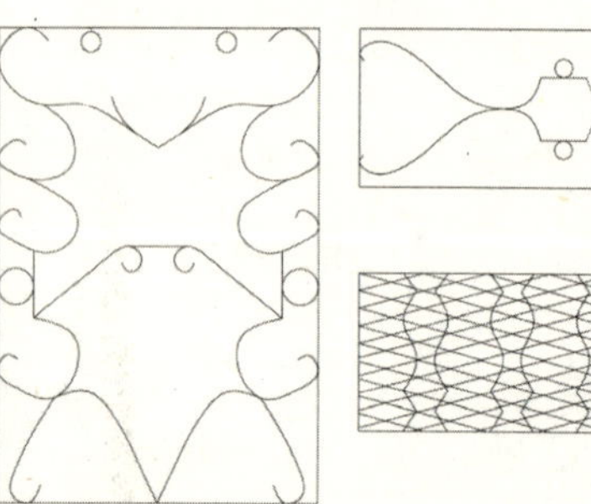

图 2-95　铁艺门窗大样

续表

序　　号：21
原有名称：河滨大厦
Embankment Building
现有名称：河滨公寓
地　　址：北苏州河路 340 号
层　　数：7 层（1978 年加建 3 层）
竣工年份：1935
设　　计：公和洋行
特　　征：

平面为“S”形，体量庞大，沿苏州河和道路连续弯转布置，围合出南北两个开放型院落。沿河立面用内阳台与开小窗的墙面形成虚实对比，转角处设八角形塔亭

图 2–96　现状
（图片来源：参考书目 12 P159）

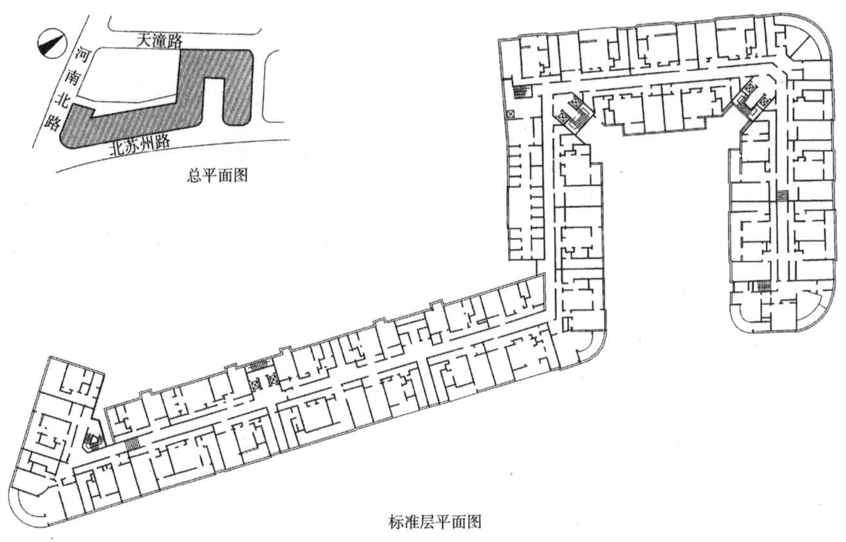


图 2–97　总平面图及标准层平面图
（图片来源：参考书目 30 P67）

序　　号：22
原有名称：峻岭寄庐
The Grosvernor House
现有名称：锦江饭店中楼
地　　址：茂名南路 87 号
层　　数：18 层（局部 21 层）
竣工年份：1935
设　　计：公和洋行
特　　征：

公寓平面呈“八”字形，中部主楼高 21 层，东西两侧从十三层开始逐渐收进。外形模仿当时流行的美国摩天大楼。由于体积庞大，没有全部采用竖向线条装饰，而是以横竖线条相交织。其中部及两端施以竖向线条，其余窗间墙则处理成水平线条，细部装饰集中在入口，装饰母题均为连续几何图案。墙面贴以棕色面砖，门厅入口处部分为大理石装饰

续表

图 2-98 现状

（图片来源：参考书目 12 P158）

图 2-99 顶部体形变化

图 2-100 门楣装饰

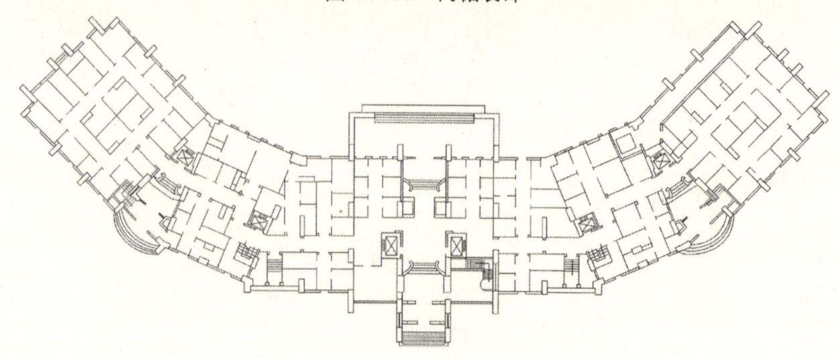

图 2-101 底层平面图

（图片来源：参考书目 30 P145）

序　　号：23

原有名称：毕卡第公寓

Picardie Apts.

现有名称：衡山宾馆

地　　址：衡山路 534 号

层　　数：16 层

竣工年份：1935

设　　计：法商营造公司

特　　征：

建筑位于路口转角处。中部向两侧层层跌落。墙面全部用水泥粉刷。主要是窗户及深色调的窗间墙形成的水平线与垂直线条形成对比，以平面凹凸墙角作为竖线条。底层作深色墙面，中部顶层竖立旗杆，整个立面效果简洁、明快、稳重

细部图片参见图 7-8

续表

图 2-102　现状

图 2-103　阳台细节

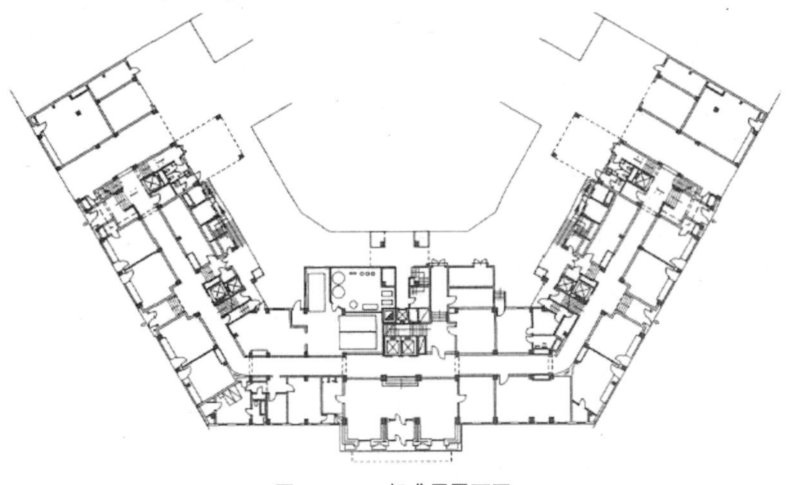
图 2-104　标准层平面图
（图片来源：参考书目 30 P147）

序　　号：24
原有名称：黑克玛琳大楼
　　　　　Carmel Court
现有名称：新乐路 21 号公寓
地　　址：新乐路 21 号
层　　数：5 层
竣工年份：1934
设　　计：不详
特　　征：
　　建筑立面简洁无多余的装饰，只在四层檐口下饰有连续的抽象植物图案

图 2-105　现状

图 2-106　檐下装饰带

续表

序　　号：25
原有名称：道斐南公寓
Dauphine Apts.
现有名称：建国公寓
地　　址：建国西路 394 号
层　　数：13 层
竣工年份：1935
设　　计：赉安洋行
特　　征：

立面以强烈的水平线条为造型特色，横向开窗，已倾向于现代主义风格。总体造型和顶部形态仍属于 Art Deco 风格

图 2–107　现状
（图片来源：参考书目 12 P154）

序　　号：26
原有名称：戤司康公寓
Gascoigne Apts.
现有名称：淮海公寓
地　　址：淮海中路 1202 号 ~1220 号
层　　数：13 层
竣工年份：1935
设　　计：赉安洋行
特　　征：

“一”字形公寓。主立面中部高、两侧对称跌落，中部为竖向垂直线条，立面有成组凹阳台，加入一些曲线墙面和弧形阳台形成流畅的视觉效果

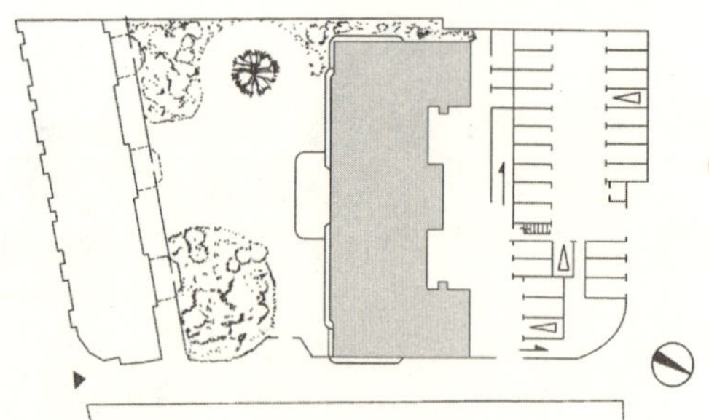

图 2–108　总平面

图 2–109　现状
（图片来源：参考书目 12 P160）

续表

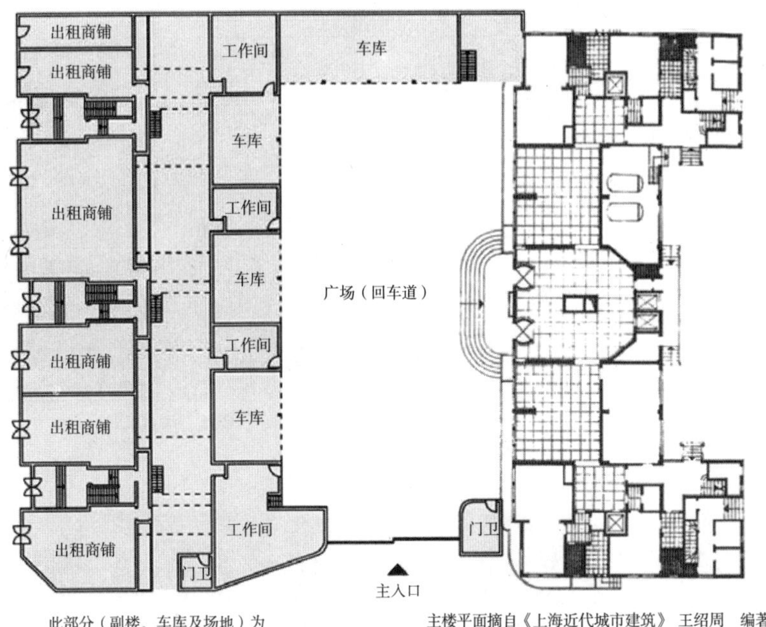


此部分（副楼、车库及场地）为
2006 年 1 月实地测绘所得平面

主楼平面摘自《上海近代城市建筑》 王绍周 编著
（1989 年 7 月 江苏科学技术出版社 P215）

图 2-110 作者测绘平面

图 2-111 作者测绘立面

续表

序　　号：27
原有名称：爱林登公寓
　　　　　Eddington House
现有名称：常德公寓
地　　址：常德路 195 号
层　　数：8 层
竣工年份：1936
设　　计：不详
特　　征：

平面呈“凹”形，两翼向后，中部竖向垂直线条与两侧长条状水平阳台形成横竖对比，入口处檐口及两侧墙面均采用水平线条作为装饰。顶部两层退台收进。局部装饰细腻

图 2-112　现状

图 2-113　入口横线条装饰墙面

图 2-114　入口信箱

图 2-115　入口铺地

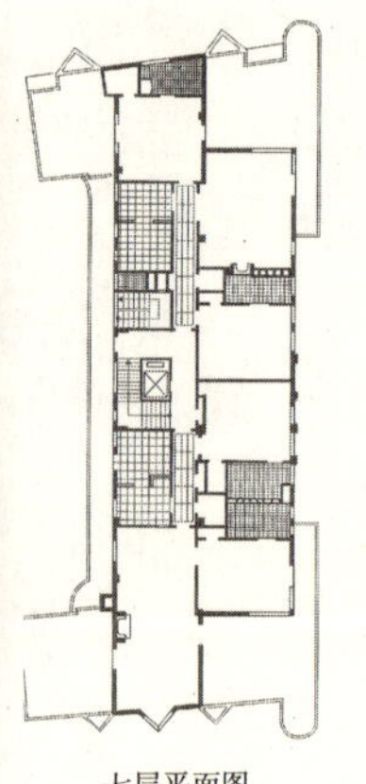

七层平面图

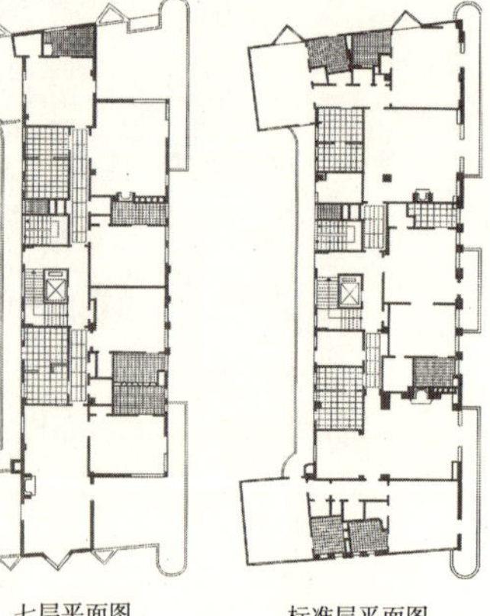

标准层平面图

图 2-116　平面图
（图片来源：参考书目 30 P141）

序　　号：28
原有名称：同孚大楼
Yates Apts.
现有名称：同孚大楼
地　　址：南京西路 801 号
层　　数：10 层
竣工年份：1936
设　　计：陆谦受　吴景奇
特　　征：

平面为半月形，立面简洁，以带形窗和连续窗间墙所形成的舒展水平线条为造型特征。北侧主楼梯从三层至九层采用了具有现代气息的竖向通窗。建筑外立面为褐色面砖拼贴成的图案，檐部和主入口有几何图形的装饰，室内的大理石拼花地面、铁栏杆及一些细部装饰，都有强烈的 Art Deco 气息

图 2–117　檐口及窗沿横线条装饰带
（更多图片参见图 2–168、图 2–169）

序　　号：29
原有名称：自由公寓
Liberty Apts.
现有名称：自由公寓
地　　址：五原路 258 号
层　　数：9 层
竣工年份：1937
设　　计：奚福泉
特　　征：

建筑立面十分简洁，平、立面均对称。外墙镶贴褐色面砖。在中央和转角阳台以及客厅窗框处用淡色调（白色）打破深色的沉闷感觉。在建筑立面顶部利用跌落处理手法，使建筑整体立面丰富

图 2–118　现状
（图片来源：参考书目 12 P136）

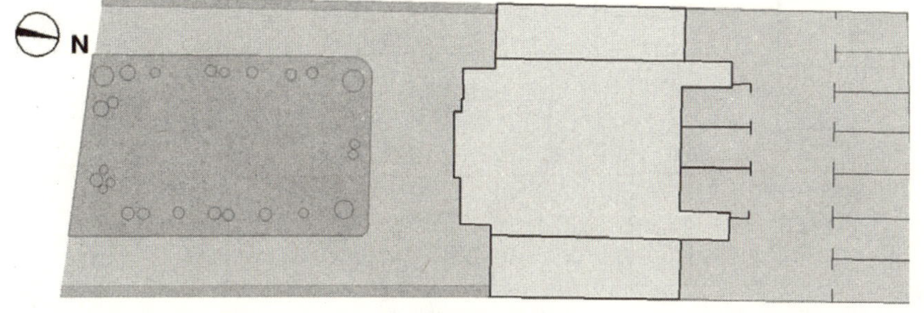


图 2–119　总平面图

续表

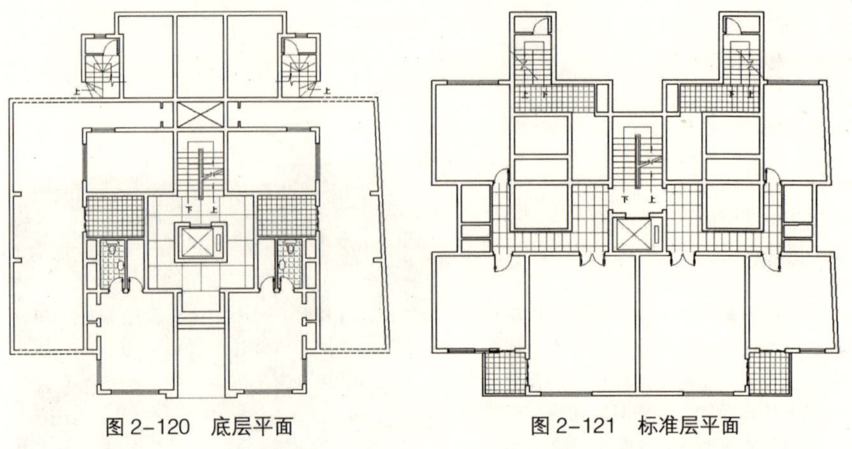

图 2-120 底层平面　　图 2-121 标准层平面

序　　号：30
原有名称：麦琪公寓
Magy Apts.
现有名称：麦琪公寓
地　　址：复兴西路 24 号
层　　数：10 层
竣工年份：1937
设　　计：不详
特　　征：

在仅 220 平方米的用地上耸立着 10 层高的公寓。建筑立面造型以转角处弧形敞开式阳台为构图中心，南侧墙面处理成弧形，与弧形阳台呼应。流畅的弧形横线条是其特征

图 2-122 现状

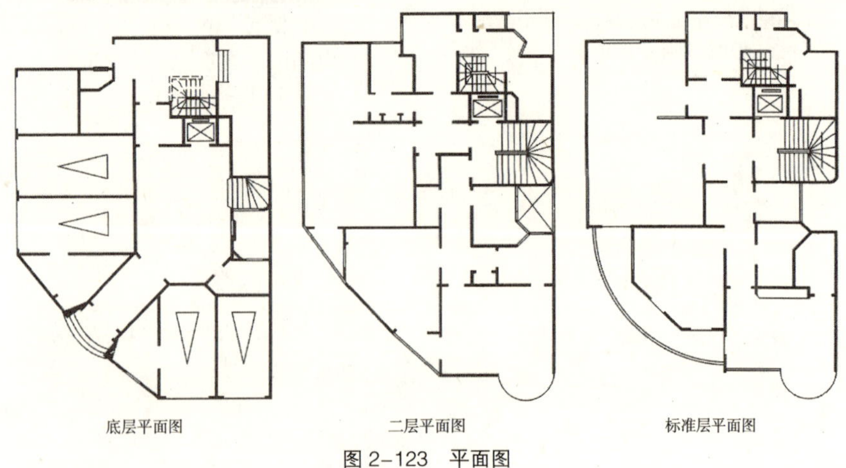


图 2-123 平面图

续表

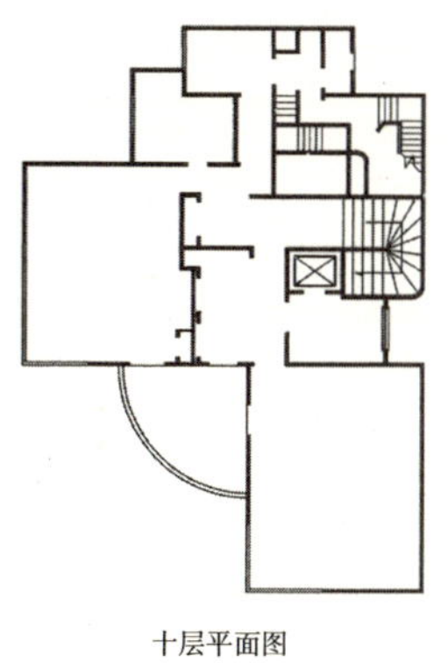

十层平面图　　九层平面图

图 2-123　平面图（续）
（图片来源：参考书目 30 P151）

序　　号：31
原有名称：亨利公寓
　　　　　Paul Henry Apts.
现有名称：淮中公寓
地　　址：淮海中路 1154 号 ~1170 号
层　　数：8 层
竣工年份：1939
设　　计：亨利地产公司
特　　征：

公寓标准层由 2 个五室户组成，七、八层为跃层，七层设露台，八层设屋顶花园，公寓水电煤及冷暖设备齐全。

建筑外墙以奶黄色面砖、细槽釉面砖及部分斩假石装饰，色彩协调、明快

图 2-124　现状

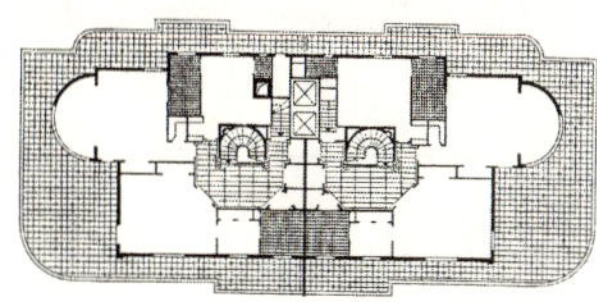

八层平面图

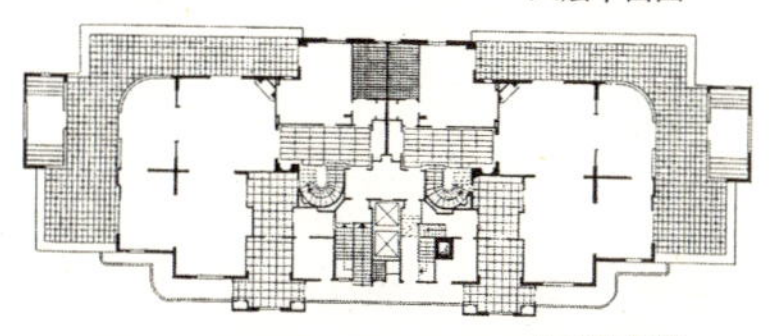

七层平面图

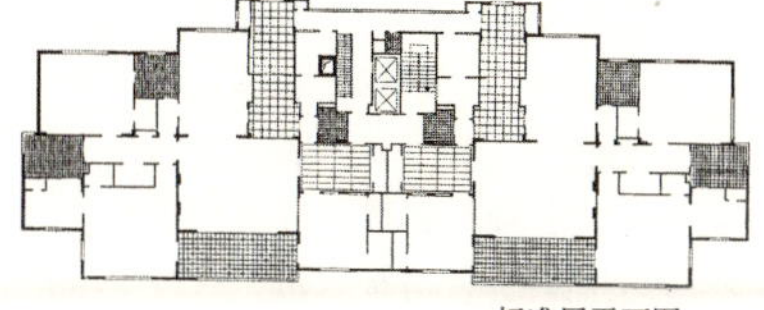

标准层平面图

图 2-125　平面图
（图片来源：参考书目 30 P 86）

图 2-126　立面局部

图 2-127　公寓入口

续表

序　　号：32
原有名称：警察公寓
现有名称：新成大楼
地　　址：成都北路 337 号
层　　数：10 层
竣工年份：1940
设　　计：不详
特　　征：

立面以清砖横竖向砌筑形成几何图案。

建筑外观浑然一体，线条清晰，装饰注重色调、质感，在建筑细部饰以装饰艺术派的图案和纹样，特别注意从建筑自身的结构中寻求变化

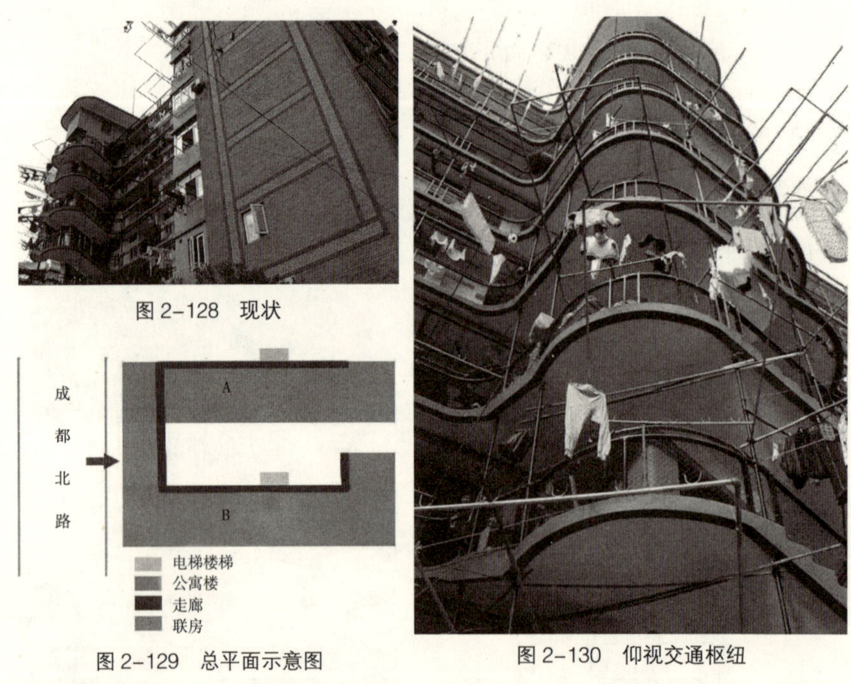


图 2-128　现状

图 2-129　总平面示意图

图 2-130　仰视交通枢纽

## 2.4　大光明电影院[1]

上海大光明电影院是国内现存最早的影院之一，原名大光明大戏院，是上海近代建筑史上一个重要标志。这个昔日的“远东第一影院”不仅见证了近 80 年来中国电影的兴衰流转，更是中国电影发展历程的活样本。

作为邬达克[2]的代表作之一的大光明电影院，在基地环境处理、内部功

❶　本节根据贾隽论文修改，文中图片拍摄、绘制于 2005 年。图 2-153 拍摄于 2010 年。

❷　L·E·邬达克（Ladislaus Edward Hudec，1893—1958，匈牙利籍）1914 年毕业于布达佩斯皇家技术学院。1916 年当选为匈牙利皇家建筑师协会会员。同年应征入伍，后被俘虏并流放至西伯利亚。1918 年流亡至上海，加入美国建筑师开设的克利洋行，在此期间代表作有福州路美国花旗总会等。1925 年后自行开业，代表作有慕尔堂、汉口路联合大楼、国际饭店、大光明大戏院、吴同文住宅等。

能组织、建筑造型、经济、社会效益等各方面都取得了良好平衡。分析其设计过程更能强烈地感觉到，这是一个经过反复推敲、与基地完美结合、十分贴合上海人既讲究实惠又崇尚新潮的社会心理的优秀建筑，是只有在上海这样特殊的文化土壤中才会产生的成熟作品。❶

### 2.4.1 大光明影院的历史

大光明电影院位于上海市黄浦区南京西路 216 号，前身是派克路（今黄河路）上的卡尔登大戏院❷。1933 年 6 月开张，占地面积 4016 平方米，建筑面积 7902 平方米，钢筋混凝土结构。

- 1923 年 2 月卡尔登大戏院开业。
- 1928 年被迫出售给潮州商人。
- 1928 年 12 月 23 日大光明影院开张。
- 1931 年 11 月因放映辱华电影《不怕死》而停业，由（英）卢根重建。
- 1933 年 6 月 14 日再度揭幕，首映美国影片《热血雄心》。
- 1958 年改建为宽银幕电影院。
- 1980 年大整修。
- 1992 年大整修。

### 2.4.2 大光明电影院的建筑特点

- 南立面采取横竖线条交错的形式，黄色面砖饰面（图 2–132）。
- 东侧入口处是 12 扇高大的铬合金钢框玻璃大门（现为 10 扇）。

图 2–131 从南京西路看大光明电影院

图 2–132 立面上黄色面砖

❶ 华霞虹 . 大光明大戏院与其建筑师邬达克 . 同济大学学报（社会科学版）增刊，2000（12）：1.

❷ 娄承浩，薛顺生 . 消逝的老上海建筑 . 同济大学出版社，2002：117.

卡尔登大戏院：1923 年 2 月开张，专放外国电影，独霸首映权。后经不起奥迪安大戏院的冲击，1928 年被迫将原戏院附设的卡尔登舞厅售给潮州商人，潮州商人以“美商”名义，向美国特拉华州政府注册，取名“大光明”。

图 2-133　玻璃灯柱

图 2-134　大厅

图 2-135　大厅地面

图 2-136　大理石护壁

图 2-137　大厅二楼休息厅

● 入口上方有乳白色玻璃板雨篷（现已拆除），其上是大面积玻璃长窗，形成强烈的竖线条。

● 入口左侧上方为一个高达 30.5 米的方形半透明玻璃灯柱招牌（图 2-133）。

● 两个开间的底层门厅（图 2-134）宽敞明亮，地面为嵌铜条彩色磨石子（现为红色花岗石，图 2-135），西侧设售票处，东边设观众服务处。

● 楼梯两边墙上做大理石护壁（图 2-136），并有 Art Deco[1]的装饰处理。

● 观众厅沿基地长边布置成钟形，与垂直南京西路的入口门厅轴线有 30° 左右的夹角。

● 休息厅设计成腰果形，使门厅和休息厅之间自然过渡。

● 观众厅分上下两层，共有 2016 个软席座位，楼下 1259 座，楼上 757 座。

● 二层为办公区。舞台设声光控制，舞台下设锅炉房。

---

❶ 邹德侬 等编著 . 中国现代建筑史 . 北京：机械工业出版社，2003：18.

### 2.4.3 大光明电影院具有 Art Deco 特点的地方

- 横竖线条交错的南立面，转角处处理成弧形（图 2–138）。
- 内墙饰面为线形图案（图 2–139）。
- 入口内墙上方有大块彩色玻璃（图 2–140）装饰。
- 二层休息厅的喷泉（已停用，图 2–141）后墙为蓝色调的彩色玻璃装饰（图 2–142）。
- 楼梯栏杆为简洁的几何形（图 2–143）。

图 2–138 弧形转角

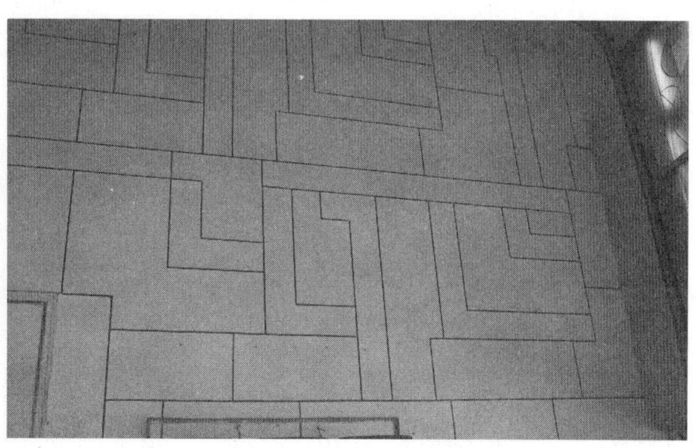

图 2–139 内墙饰面

图 2–140 彩色玻璃

图 2–141 喷泉

图 2–142 彩色玻璃装饰

图 2–143 栏杆

### 2.4.4 大光明电影院的设计亮点

● 腰果形的休息厅：一方面能完全贴合观众厅布置，更显宽敞；另一方面使门厅和休息厅之间自然过渡，没有生硬别扭的转折感，门厅和休息厅浑然一体，空间不大却十分流畅，曲线造型平添了几分优雅。

● 玻璃灯塔：与大光明电影院同时期建成的许多知名娱乐性建筑，如国泰大戏院、百乐门舞厅、兰心大戏院等都处于街道转角处，地理位置优越，容易引起行人注意。南京西路高楼林立，3层高的大光明电影院要想脱颖而出，就不得不经过巧妙处理。大光明电影院南立面上高达30.5米的玻璃灯塔起到了关键作用。灯火通明的夜晚，半透明的塔体格外醒目，十分具有招揽性。

### 2.4.5 大光明电影院设计方案的修改过程

● 第一轮方案：观众厅与门厅在与南京西路垂直的轴线上，此轴线上布置三个不同形状的大厅，对称的大楼梯已出现，但不在门厅，而在中间大堂。

● 第二轮方案：观众厅沿基地长边布置，大楼梯移至入口门厅中，但进入观众厅前仍需经过三个不同的大厅空间，门厅与观众厅之间的轴线变化通过一个六边形的大堂过渡，二楼休息厅出现了一个小小的喷泉。然而平面布局转折还比较生硬，形式也不够统一，观众厅前的休息厅也显得过于狭窄。整个立面还比较单薄，横竖线条缺乏规律而略显凌乱。

● 最终方案：沿南京路的立面有机生动，入口左上方标志性灯塔出现。

从资料上可以看出，大光明电影院项目是个富有挑战性的课题。南京西路临街面狭小，与北面凤阳路也只有窄长通道相连，基地形状狭长而不规则。可以说，虽然地处跑马厅对面黄金地带，但用地并不理想。要在这么一个地方做一个豪华气派的电影院，实非易事。邬达克花了一年的时间，将“螺丝壳里做道场”的本事发挥得淋漓尽致。不仅使它毫无拥挤狭窄感，反而因时髦醒目的外观造型，豪华精美的室内空间及一流的观演条件成为沪上最大、最摩登、最知名的影戏院，并获得“远东第一影院”的美誉，这不能不说是个奇迹。然而

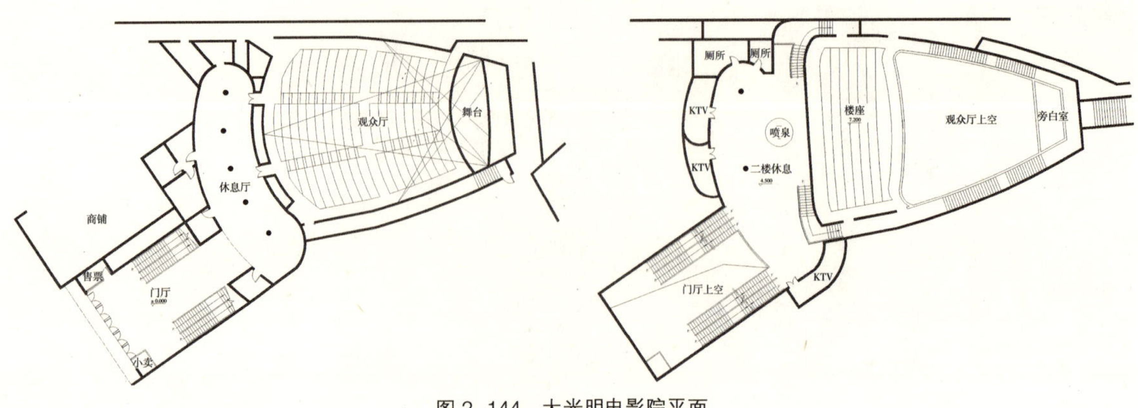


图 2-144 大光明电影院平面

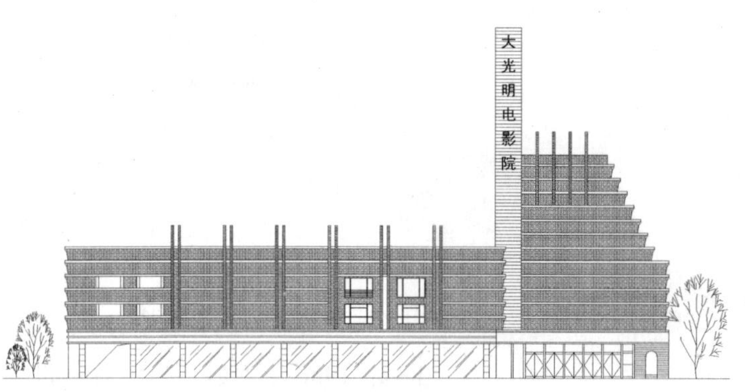


图 2-145　大光明电影院南立面

1999 年，环艺影城建成之后，大光明电影院日渐衰败。虽然地处繁华的街区，如今却只有中年以上的人才能准确地指出上海大光明电影院的位置。

#### 2.4.6　小结

站在繁华的南京西路，面对昔日的“远东第一影院”，我们感到失望代替了期待与兴奋。距离新世界百货商场不过几百米的地方，这座年久失修的建筑淹没在一排不起眼的小商店中。杂乱的电线随处可见，曾经是点睛之笔的玻璃灯柱早已失去了招揽性，曾经为人称道的黄色外观积满了灰尘，让人几乎无法想象它显赫辉煌的过去，大厅里冷冷清清，只有两侧直通二层休息厅的楼梯依稀可见当年的气势。

历史建筑是现代城市的重要特征及元素，它不仅承载着一个城市的历史，也确定了一个城市的文脉。它所蕴涵的文化、历史价值早已超过了它本身的价值。在社会高速发展的今天，一些近代建筑无法满足市场的要求，然而，随意破坏城市的历史代价是沉痛的。在国际建筑师协会第 20 届大会上，一些外国建筑师这样评论：北京和上海都有世界上最好的建筑，但是总的来说，都不是它最好的方式……我们认为最好的方式应是协调发展。

### 2.5　美琪大戏院[1]

#### 2.5.1　美琪大戏院简介

美琪大戏院位于戈登路（今江宁路 66 号），1941 年上海亚洲影院公司在原大华饭店旁新建影院，建筑由范文照建筑师设计[2]，馥记营造厂承建。

---

[1] 徐晓伟参加了本节调研并于 2005 年绘制文中插图。图 2-146 摄于 2010 年。

[2] 范文照（1893—1979）在上海早期的中国建筑师中，他是重要的一员。他 1921 年毕业于美国宾夕法尼亚大学，1927 年在上海的四川北路开设私人事务所，开始作些戏院、住宅的改建设计业务，结识了从美国归来的李锦沛和刚回国的赵深后，三位建筑师合作设计了八仙桥青年会大楼。

图 2-146 美琪大戏院

影院建成后，原取名“大华”，因夏令匹克大戏院中文名叫“大华大戏院”，故改名为美琪，出自“美轮美奂，琪玉无瑕”之意。10 月 15 日影院揭幕那天，放映美国 20 世纪福克斯影片公司歌舞片《美月琪花》，被海内外人士誉为“亚洲第一”。1950 年前后，梅兰芳和世界著名芭蕾舞大师乌兰诺娃都先后莅临美琪演出经典剧目（图 2-146）。

1949 年后，影院曾一度改名为北京影剧院，1985 年恢复原名。为了适应戏剧演出的需要，1972 年结合大修，扩大舞台面积，将乐池做成升降台。1999 年，为迎接上海首届国际艺术节再次扩建整修。

### 2.5.2 美琪大戏院的建筑特点

美琪大戏院占地面积为 2650 平方米，建筑面积 5700 平方米，钢筋混凝土框架结构。建筑两面临街，入口设在转角处。门厅呈圆形平面，一层挑空。除了观众厅外，还设有两处休息厅，西面休息厅的楼上是一圈回廊，再加上南侧休息厅的大尺度弧形楼梯，显得气度非凡。美琪大戏院的平面布置流线清晰，功能明确。观众厅设 1600 余座，其中楼座 540 余座（图 2-147）。

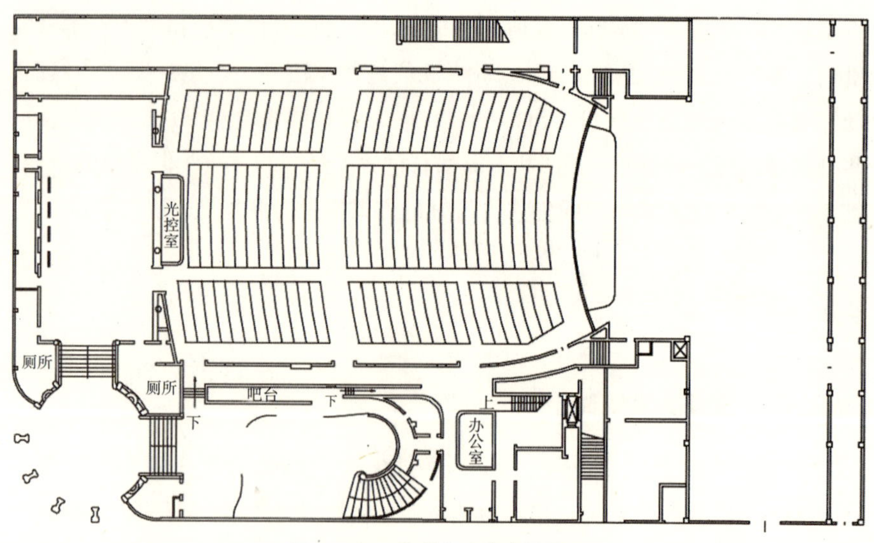

图 2-147 美琪大戏院底层平面

建筑立面非常简洁，设计重点是开设有长条窗的圆形门厅，五扇垂直玻璃长窗饰有几何图案，屋檐处也有一圈典雅的花纹。这些装饰纹样表明建筑

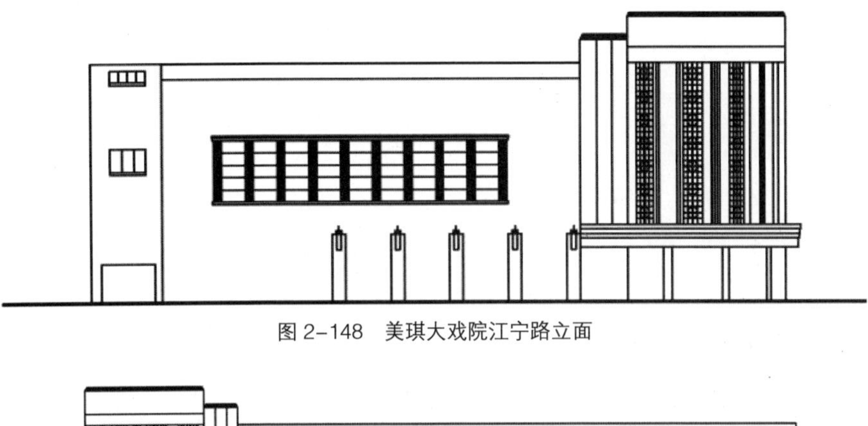

图 2-148　美琪大戏院江宁路立面

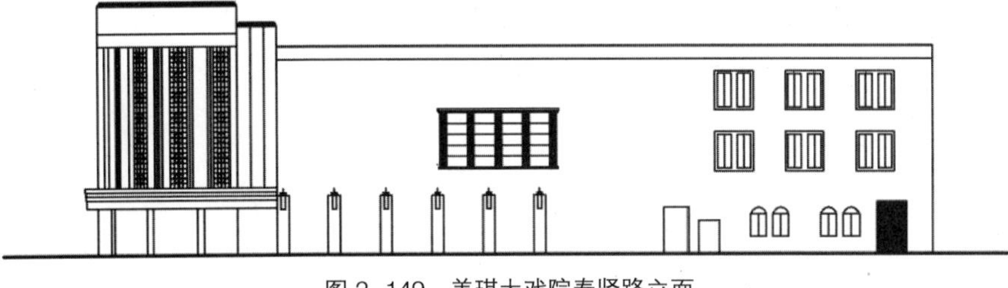

图 2-149　美琪大戏院奉贤路立面

师抱定了“装饰不再是实用事物的附属品”这一理念。[1]

纹样一：垂直玻璃长窗（图 2-150）

它位于美琪的门厅上部，共有五扇，将原来近似圆柱体的敦实的体量弱化了。长窗的高宽比接近 1 ： 7，与一般的窗的尺度完全不同，细长的窗内侧有铁制格栅，格栅由圆、方等纯几何形状构成，计算精确，比例适宜，在室内看来，既满足采光的要求，又让人感受到装饰的意味。

纹样二：圆形入口门厅的玻璃门及其纹样（图 2-151）

当人们接近美琪时，往往会被玻璃门上的优美纹样所吸引。虽然门上的纹样不大，但是尺度宜人，所以很容易让人产生亲切感。这种样式，具有抽象性，它能让人联想到植物叶片的层叠。

纹样三：贯穿于多个立面的顶部砖饰纹样（图 2-152）

这恐怕是美琪最经典的装饰纹样了，也是最能体现 Art Deco 的地方。红砖，呈带状地轻舞于美琪大戏院的顶部，好像一圈发带。纹样所用的元素非常丰富。

美琪大戏院外观典雅、风格独特，融合现代与古典建筑之精华，具有装饰艺术风格。它结合用地布置了入口处的圆形大厅，成为道路、街区的视觉焦点。大型水晶吊灯灿烂缤纷，青铜艺术雕塑造型典雅，观众休息大厅富丽庄重、宏伟壮观。它被列为近代优秀建筑保护单位。[2]

---

❶ 娄承浩，薛顺生 . 老上海营造业及建筑师 . 上海：同济大学出版社，2004：83.

❷ 娄承浩，薛顺生 . 老上海经典建筑 . 上海：同济大学出版社，2002：178.

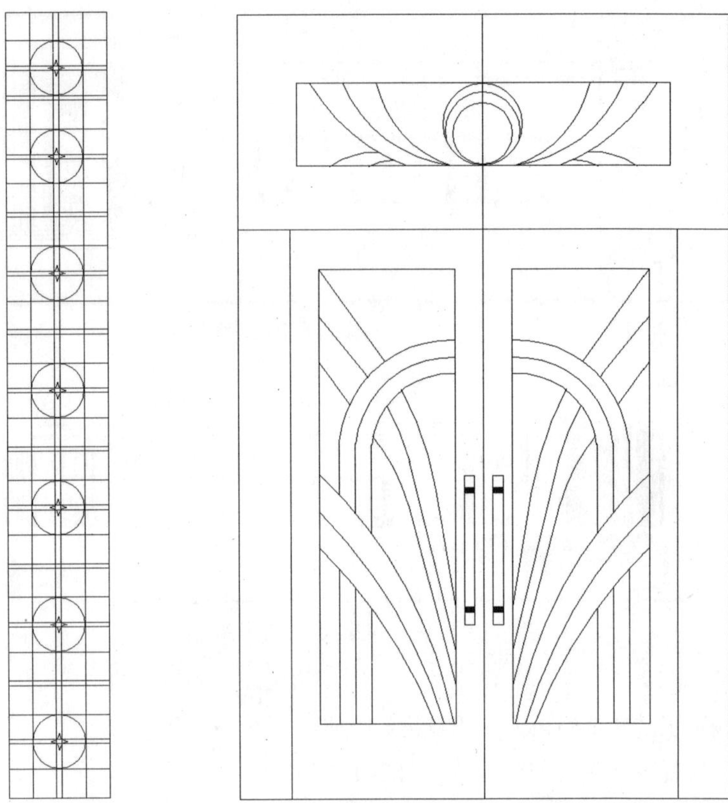

图 2-150　纹样一：垂直玻璃长窗　图 2-151　纹样二：圆形入口门厅的玻璃门及其纹样

图 2-152　纹样三：贯穿于多个立面的顶部砖饰纹样

## 2.6　瑞华公寓[1]

常熟路 209 弄的瑞华公寓地处当时的法租界范围，建于 1928 年，原名赛华公寓[2]（Savoy Apartment House），由法商营造公司（Minutti and Co.）设计。该建筑造型简洁,但在屋檐下部和建筑底层部分有丰富的装饰艺术派( Art Deco）特征的几何图案装饰，楼梯的铁花栏杆装饰图案也有典型的装饰艺术派特征，是典型的装饰艺术派风格建筑。1994 年被评为上海市优秀历史保护建筑。

瑞华公寓建筑平面沿常熟路和延庆路呈“L”形布局。围绕花园在东向

[1] 周岚参加了本节调研并于 2005 年绘制、拍摄了文中插图。图 2-156 拍摄于 2010 年。
[2] 原名赛华公寓，建国初改名为瑞华公寓。

图 2-153　檐口装饰

图 2-154　入口装饰

和南向各有两个入口，共 4 个单元。公寓占地面积 4233 平方米，建筑面积 1.16 万平方米。主楼结构为钢筋混凝土，共 9 层，层高 3.3 米。平面单元为一梯二户，总计 72 户，分别有二室户、三室户、四室户共 5 种户型。副楼是混合结构仿西式 2 层建筑，原为汽车间（现已拆除）。

瑞华公寓建筑造型简洁，立面为水泥砂浆拉毛粉刷。造型处理上强调由钢窗本身所形成的竖向线条，平挑檐，第九层由外檐口向内缩进。在屋檐下、二层阳台部分及入口处均有丰富的几何图案装饰带（图 2-153、图 2-154）。

瑞华公寓的平面十分合理，建筑最大的特点就是房间宽敞。最小的二室户建筑面积也有 80 平方米；每个房间的面积也都比较大，在 16 ~ 20 平方米左右；街角处最大的一间有 27 平方米。房间通过内走廊相连接，走廊宽 1.5 米。每套居室内均设有多个储藏室，方便实用。公寓的第九层在大房间内有一个半圆形的舞台，或许是旧时主人开晚会用的。在住房紧张的今天，舞台上早已摆放了适用家具，但我们依然可以体会到老公寓曾经的贵族气息（图 2-155、图 2-156）。

厨房分别设在北边和西边，并同垃圾井道（现已封闭）及后阳台相通。厨房的面积比较大，有 14 平方米左右，由洗衣房和烹饪房组成。每两家的厕所均与天井相连，保证厕所内空气的流通。

电梯井道原为铸铁空花外壳及折叠推拉门，20 世纪 80 年代末改为钢丝网水泥砂浆构造。围绕电梯的三跑楼梯为白色水磨石地面（被人们称作水门汀地面），在北边和西边还各有两个兼作服务楼梯的消防楼梯，在楼梯边设有佣人的住房和卫生间，与主人分别进出，互不干扰。这种设

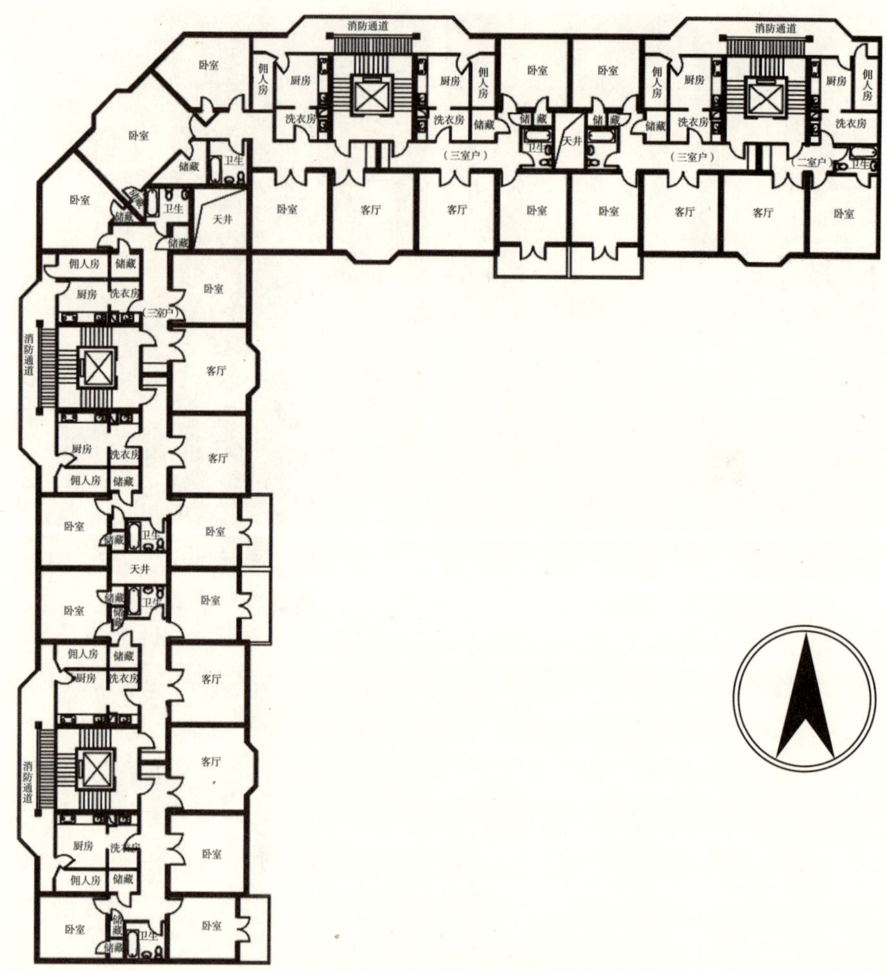


图 2–155　标准层平面图

计手法在当年的上海并不多见，只是在少数高档公寓中有类似布局。

公寓的硬件标准在当时是比较高的，除配备了抽水马桶、煤气、暖气（热水汀）等生活设施，公寓还统一在房间里铺设了双层打蜡木地板，隔声效果极佳。在厨房和卫生间分别铺设了瓷砖和马赛克，房间的顶角线也经过处理。这些都使得瑞华公寓落成后即成为上海最时髦的公寓之一（图 2–157）。

图 2–156　沿街立面

1949 年之前，瑞华公寓为德士古洋行的白领居住，解放后，公寓分配给市委干部居住，但大多是两家合用，也有独门独户或三家合用的。80 年后的今天，当时的摩登装潢对现代人来说依然是可以接受的。今天，各种生活设施依旧为人们提供着优质的服

图 2–157　公寓内部

务，四代同堂其乐融融的场面令人感动。

但公寓毕竟留下了太多岁月的沧桑。听老人说，每个单元入口台阶的级数原来都有四级，现在已各不相同，“L”形的两端减少为 3 级，交角处的两个单元已变为 2 级。这是由于地基的不均匀沉降造成的，“L”形交角处下沉得最厉害。

如今瑞华公寓仍受到外国人的青睐，在瑞华公寓的花园里常可看到外国人散步的身影。

## 2.7　德义大楼与同孚大楼[1]

### 2.7.1　德义大楼与同孚大楼调研

德义大楼和同孚大楼都位于上海市静安区东部的王家厍地区[2]，分别位于南京西路与石门一路和石门二路交叉路口的街角（图 2–158）。

**德义大楼**

今南京西路 770 号 ~ 788 号（包括石门二路 15 弄、石门二路 1 号 ~13 号），属张家宅街道西王居委会。占地 3.86 亩，1928 年竣工[3]，钢筋混凝土结构，

---

❶ 本节作者钱碵，文中图片拍摄、绘制于 2005 年，编者作了修改。

❷ 参见上海市静安区地名志 . 上海：上海社会科学院出版社，1988：85–86.

王家厍，习称地名。位于本区东部。大致范围：东到大田路，西接北京西路 809 弄（普益里），南起南京西路、凤阳路，北至北京西路。以石门二路为界，路东称东王家厍，路西称西王家厍。地属张家宅街道。

❸ 郑时龄 . 上海近代建筑风格 . 上海：上海教育出版社，1999：267.

关于德义大楼的建造年代，有各种不同的说法。据《上海市静安区地名志》（上海社会科学院出版社，1988 年 9 月， P223）称，德义大楼建于 1900 年前后。可是在同一本书中却又出现了自相矛盾之处。在“王家厍”词条的释义中，有这样一段：“至本世纪二十年代在卡德路东侧落成了 1 幢七层大楼，名卡德大楼，作为英租界高级警官寓所。同一时期程氏之孙在静安寺路、卡德路口建造了 1 幢高八层的大楼，用他的英文名字‘Denis’来命名大楼为‘Denis Building’，音译为‘德义大楼’。”就此看来，德义大楼应该建于 20 世纪二三十年代。故此，也有说该大楼建于 1924 年或 1930 年的。此处采用了郑时龄教授所著的《上海近代建筑风格》一书中的说法，认为它是 1928 年竣工的。

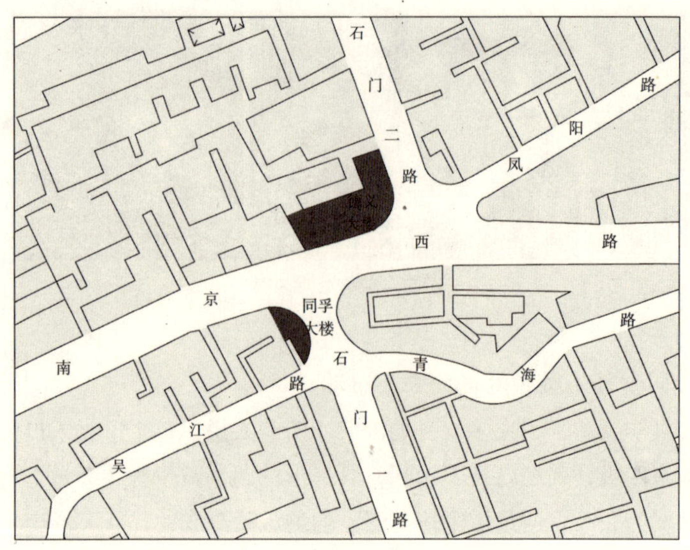


图 2–158 德义大楼与同孚大楼区位图

由英国建筑设计事务所克明洋行（设计师 Eric Cumine）设计[1]。它是一栋 9 层高的大楼式公寓，建筑面积 11774 平方米，现有居民 279 户，约 940 人。

该大楼坐落于南京西路与石门二路的交叉口，周边有较为齐全的生活设施。由于解放前土地私有制，加之地价非常昂贵，为了最大限度利用基地，于是形成了大楼"L"形的平面形式。

德义大楼的主立面，东南立面、东北立面和西立面，以 21.0cm×6.5cm×1.7cm 的褐色毛面砖拼贴成简洁的装饰图案，次要立面，北立面，采用了弧形拉毛水泥粉刷。主立面强调由建筑结构本身形成的横竖线条构成，顶部则有竖向线条装饰。建筑的一至六层、第七、八层和第九层呈层层缩进的形式。第七、八层的窗间墙和顶层窗口略有后退，突出立面竖线条构图。在入口、二层檐部和三层窗下均有连续几何形的花岗石雕饰。转角处二层窗口上有一组花岗石带饰，其上原有四座"装饰艺术派"中常见的立雕人像，可惜在 1966 年期间被毁。

大楼按门牌号分为三部分：770 号、778 号和 788 号。其中 770 号为单走道双面布置房间，解放前是仅供中层外商人员和少数"高等华人"居住的单身宿舍型公寓，是上海较早设置单身宿舍的公寓。778 号、788 号为"一梯两户"型公寓楼。778 号、788 号各有两个单元，788 号为 1、2 单元，778 号为 3、4 单元，每层共四个单元，有三种不同的房型。其中 1 号单元为三房两卫，2、4 号单元为三房一厅两卫，3 号单元为三房一厅一卫（图 2–159）该大楼无论单间面积或单元面积均较宽大。层高也比较高，实测结果层高约 3.30 米，未做吊顶，室内净高约 3.1 米，梁下净空约 2.9 米。

---

[1] 蔡育天 . 回眸——上海优秀近代保护建筑 . 上海：上海人民出版社，2001：130.

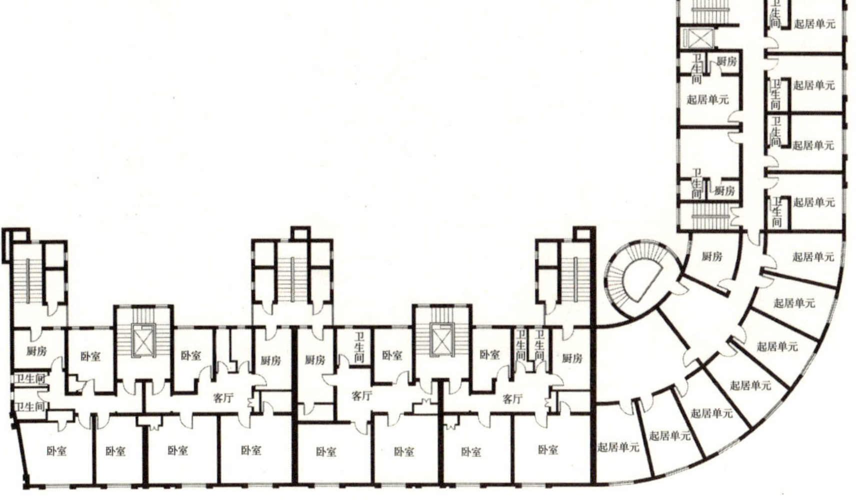


图 2-159　德义大楼标准层平面图

大楼落成时就进行了统一的简单装修，当时选用的材料可以说是一流的，很多做法非常科学。70 多年前铺装的打蜡木地板到现在还是光可鉴人，选用的是 4cm × 200cm 的柚木小料，不易起壳变形。每扇房门（甚至包括所有的厨房和部分厕所）上都安装有通气窗。如果南北向的两间房间房门错开布置，则一定会在房门所对的墙面上部安装气窗，以保证良好的通风（图 2-160）。所有的窗户均已选用钢制窗框，楼梯间和卫生间的窗户都选用了乳白色、带有装饰图案的磨砂玻璃，既有良好的采光效果又具有一定的私密性（图 2-161）。墙面的每个阳角处都镶嵌有一根小小的“L”形角铁，即使搬运家具时不小心磕碰到了也不会造成严重的损伤，只需稍加修补即可（图 2-162）。厨房有后门通向消防楼梯和佣人房及错层储藏室（图 2-163）。在房间内部设有壁橱和过道壁橱等，以便充分利用室内空间（图 2-164）。大楼配备有暖气设备（原为热水汀，在 20 世纪 90 年代初期拆除）、垃圾道（图 2-165），在门厅里还设有牛奶箱、信箱等。大楼楼顶

图 2-160　相对的气窗

图 2-161　磨砂夹丝玻璃窗

图 2-162　墙角角铁

图 2-163　佣人房及错层储藏室

图 2-164　壁橱

图 2-165　垃圾道

图 2-166　德义大楼屋顶的角亭

图 2-167　德义大楼现状

还设有屋顶花园，满铺草本植物。屋顶有两座角楼，供住户居民登顶望景，纳凉品茗（图 2-166、图 2-167）。

**同孚大楼**

今南京西路 801 号 ~803 号，位于南京西路与石门一路的交叉口，属威海路街道吴江居委会。占地 0.59 亩，1935 年前后由中国银行所建，设计人是中国建筑师陆谦受、吴景奇。因该大楼地处同孚路（今石门一路）上，故得名。它是一幢半月形的 9 层大楼式公寓，建筑面积 2916 平方米。工商银行静安区南京西路第一储蓄所设在此处。[1]现有居民 37 户，约 140 人。

同孚大楼的外观比德义大楼更为简洁，它以带形窗和连续的窗间墙所形成的舒展的水平线条为造型特征。北侧主楼梯间从三层至九层采用了具有浓烈现代气息的竖向通窗。建筑外立面除褐色面砖拼贴成的图案、檐部和主入口有几何图形的装饰外，没有采用更多的装饰艺术派的细部处理手法，更接近于国际式风格，但从室内的大理石拼花地面，铁花装饰图案的栏杆及一些

❶ 上海市静安区地名志 . 上海：上海社会科学院出版社，1988：141.

细部装饰上，我们仍然可以感受到装饰艺术派的气息。

图 2-168　同孚大楼外观现状

陆谦受、吴景奇在《我们的主张》一文中表明，“一件成功的作品，第一不能离开实用的需要，第二不能离开时代的背景，第三不能离开美术的原理，第四不能离开文化的精神”。同孚大楼诠释了他们对于一件成功作品的观点，而其中平面布局中体现出的功能主义思想正是他们现代建筑观念的表达[1]（图 2-168、图 2-169）。

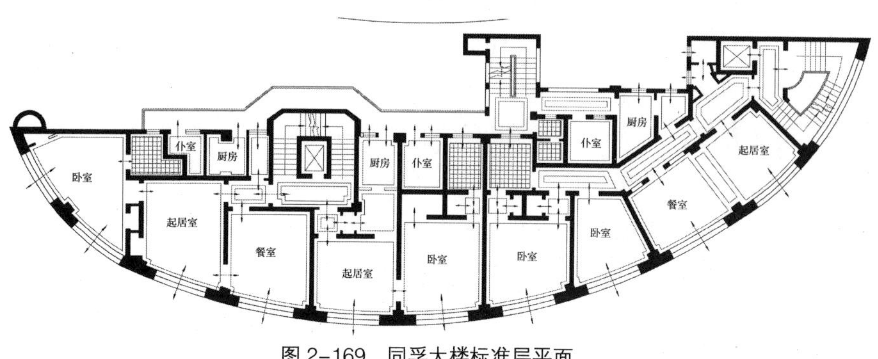


图 2-169　同孚大楼标准层平面

该大楼基本可看作一组一梯两户和一组一梯一户的单元组成的公寓。它的一个显著特点就是开间大，甚至大于进深。造成这一现象的直接原因就是用地紧张，设计者不得不在狭小的基地上兴建大楼，故而只能牺牲朝向，绝大多数房间都是朝向东北方向。为了缓解住户终年不见阳光的问题，在大楼建成投入使用之初就安装了在当时最为先进的中央循环供暖系统，并在底层配有锅炉房，供应热水。在平面布置上设计人将浴厕与卧室相通，厨房与餐厅相通，并配备了相当面积的佣人房和储藏室，利用外廊将部分佣人房和储藏室的入口与入户门分开。这些做法在当时都属于高标准，今天看来也颇为合理适用。

### 2.7.2　两幢公寓大楼的比较

**主要相同点：**

- 都兴建于 20 世纪二三十年代，受到“Art Deco”风格的影响。

[1] 徐卫国．中国现代主义建筑的近代先锋——中国现代主义建筑及思想研究之一．建筑师，91 期．

- 占用了转角地带，流畅的曲线曲面表现出体积感和高耸感。
- 由于土地私有而无法统一规划，不得不在狭小基地上兴建大楼。
- 都为底层作商用，上部为住宅的商住公寓楼形式。
- 在单体平面形式上，类型复杂多样。
- 所有的房间都有自然采光和通风。
- 佣人房及储藏室与主要房间脱离或各自有不同入口。
- 设有垃圾道。
- 都有较为齐全的生活设备。

**主要不同点：**

- 德义大楼的立面强调竖向线条构图；同孚大楼突出横向线条构图。
- 德义大楼部分为单身宿舍型单元；同孚大楼均为成套单元。
- 同孚大楼采用了北向外廊作为水平交通的重要辅助；德义大楼没有外廊，采用通向消防楼梯的平台作为辅助交通。
- 德义大楼的屋顶有可对居民开放的屋顶花园；同孚大楼不设屋顶花园。
- 同孚大楼设有地下室；德义大楼无地下室。

**德义大楼所表现的装饰艺术派风格：**

- 第九层平面向内缩进，整体造型呈阶梯状跌落。
- 结合结构框架，立柱贯穿整个立面，强调竖向线条。
- 外墙面以褐色面砖拼贴成图案。
- 顶部有竖向线条装饰。
- 在立面上采用了装饰艺术派中常见的立雕人像。
- 细部装饰使用抽象几何形装饰母题（图 2–170）。
- 室内装饰多用马赛克铺砌拼贴成图案。
- 楼梯扶手栏杆采用装饰性铸铁花栏杆（图 2–171）。

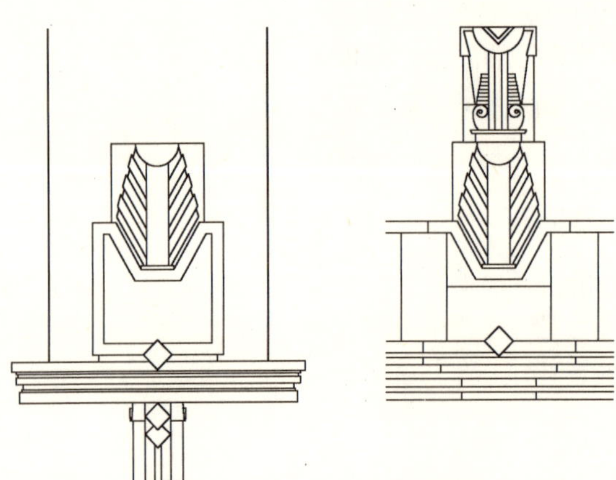

图 2–170　抽象几何形装饰细部

图 2–171　铸铁栏杆

- 原电梯轿箱采用铸铁空花外壳及折叠推拉门。

**同孚大楼所表现的装饰艺术派风格：**

- 建筑外立面为褐色面砖拼贴成的图案。
- 檐部和主入口有几何图形的装饰。
- 室内的大理石拼花地面。
- 铁花装饰图案的栏杆。

作为近代上海20世纪20年代末及30年代新建筑的主流，装饰艺术派建筑构成了上海城市形象的主要肌理之一。德义大楼可被看作是上海建筑界摆脱传统的新古典风格的桎梏，开时髦的装饰艺术派风格之先河的优秀近代建筑之一。继它之后上海建造起了一大批非常出色的装饰艺术派公寓建筑。而同孚大楼虽然檐部和主入口仍做了些几何图形的装饰，但设计思想已在转变，开始注重实用与经济，讲究外形体块和窗洞排列的比例关系，从繁琐的细部装饰中解脱出来，已步入现代建筑行列。较之于其他一些声名远播的装饰艺术派公寓建筑，德义大楼与同孚大楼并不算特别突出，但在很多做法上仍有值得我们借鉴之处，对这一批装饰艺术派建筑的研究与保护具有较为广泛的社会意义和现实意义。

对于近代优秀建筑的保护，不能局限于单体本身的保护，还应重视环境，例如德义大楼，在近10多年间，90%的居民都安装了空调，对建筑外观产生了很大的影响。如今许多近代建筑外观上空调风机琳琅满目，各种电线穿越其间，装饰广告随意安放，周围建筑拥挤不堪，这些虽未破坏建筑主体，但已使原有的优秀近代建筑面目全非，艺术效果大为逊色（图2-172）。

图2-172　德义大楼细部现状

# 第三章　关于上海近代西班牙式住宅

上海有众多西班牙式住宅，它们沿用到今天已成为上海历史文脉与城市风貌的重要载体。这些西班牙式住宅虽不如金融建筑、商业建筑那样风光无限，但平和淡雅的它们早已成为上海的幽静所在，它们构成了上海城市风貌中坚实的中间层。若将上海近代住宅建筑中的西班牙成分抽去，上海风貌也必将随之改变。

## 3.1　上海近代西班牙式住宅[1]

### 3.1.1　西班牙式住宅[2]在上海的分布

20 世纪 30 年代，上海的发展已基本与世界最先进的城市同步，被誉为“东方巴黎”。除了银行、商业等各类带有古典复兴影子的建筑以外，上海的近代住宅建筑也和这一五方杂处、中西交汇的社会一样，受到西方风格的冲击。

发源于地中海西岸的西班牙式建筑，于 20 世纪初一度在英、美等国流行。20 世纪 30 年代，在赴美留学归国的中国建筑师及国外建筑师的推荐下，这种住宅形式在上海也变得盛行起来。西班牙是海洋国家，而上海也地处长江入海口，所以，“水”作为西班牙风格的灵魂元素之一在上海有天然的生存土壤。

20 世纪二三十年代在上海建造的住宅建筑中，包含有一定数量的西班牙式住宅，其中较纯粹的西班牙式住宅约占一半。

如：衡山路—复兴路（图 3–1、图 3–2）历史文化风貌区内有花园住宅 1112 栋，建筑面积 58.7 万平方米，连同公寓、新里，建筑面积占全区优

---

❶ 本节作者宋育华，文中图片、表格除注明外拍摄、绘制于 2007~2008 年，编者作了修改。

❷ 本文所述西班牙式住宅包括较纯粹的西班牙及带有西班牙元素的住宅。

图 3-1　衡山路—复兴路历史风貌区西班牙式住宅分布图

a 复兴西路西班牙式住宅原状

（图片来源：参考书目 7）

b 复兴西路西班牙式住宅现状

（摄于 2007 年 10 月）

图 3-2　衡山路—复兴路历史文化风貌区花园住宅实例

秀保护建筑的 90%，是目前上海花园洋房数量最多最集中地区。该区域中即有上海最大的西班牙式住宅小区“永康新村”（太原路 63 弄、永康路 175 弄，图 3-3）。

又如：在至今公布的全部四批计 632 处优秀历史建筑中占有 96 处（约 15.2%）的长宁区，也是花园住宅量较大的中心城区。其中，西班牙式的住宅有 19 处，占全区优秀历史建筑数量的 20%（表 3-1）。

图 3-3　永康新村
（图片来源：参考书目 34）

长宁区西班牙式优秀历史建筑数　　表 3–1

| 公布批次 | 全市总计 632（处） | 长宁区 96（处） | 长宁区内西班牙式（带西班牙风格）的优秀历史建筑数 |
|---|---|---|---|
| 第 1 批（1989 年） | 61 | 7 | 2 |
| 第 2 批（1994 年） | 175 | 11 | 2 |
| 第 3 批（1999 年） | 162 | 31 | 5 |
| 第 4 批（2005 年） | 234 | 47 | 10 |

西班牙式住宅在上海的分布有其大致范围，即原法租界并以延伸段为主。经梳理可见，在这一分布范围中可分为密集区域和分散分布区域；同时，两个区域所分布的西班牙式住宅又分别有其不同特征。笔者将密集区域定义为原法租界延伸段中与衡山路—复兴路历史风貌区交集的区域，将分散分布区域定义为今虹桥路的中西段区域。这两个区域的街道尺度和区域风貌有所不同。

前者，基本为一中心区域（图 3–1），区域整体风貌为法租界特色，以住宅为主，除西班牙式外多为装饰艺术派、现代主义或与西班牙风格相近、相似（如地中海风格或与西班牙风格有很深历史渊源的伊斯兰教风格等）的外来风格。风格间有相当程度的对应、融合与关联，形成了整体静谧、淡雅、适宜居住的环境。这些住宅前期以中型 2 层（及以下）住宅为主，近代地产业爆发期以小型住宅为主，后期以新式花园里弄为主。近代上海西班牙式住宅在这里经历了萌芽、发展、演变、消亡而后重生的全过程，在这一区域，西班牙式住宅对区域整体风貌起到相当重要的作用，它与其他风格的有机关系，直接决定区域整体风格是协调还是冲突。另外，由于地处市中心，地价昂贵，中小型住宅都布局灵活紧凑，节省土地。

后者，为一带状区域，沿虹桥路中段一直延伸到西郊（以焉息堂为终点）。虹桥路两侧除西班牙式住宅外还有英国式乡村别墅，英国式民居建筑，意大利文艺复兴风格、欧洲教会式、德国式等风格的住宅。在这些特征较为显著因而融合度较低的风格中，西班牙式也因此显得更为纯正独立：色彩对比度加大，从前一区域中的淡黄（墙）与红色（瓦）为主转变成以白（墙）与红（瓦）为主；形体自由舒展，细部主次分明；带有花园；由于地处郊区（近代）地价相对较低，更可不计成本地建造大中型 3 层住宅；周围环境优雅，视野开阔，更接近西班牙地域传统。因此，在这一区域中，分散而成片、独立而不失关照地分布着一定数量的较为纯正的西班牙式住宅。

应该指出的是，除了上述两个区域之间及周边，在上海零星分布着的西班牙式住宅也是这一风格的重要组成部分，它们虽对所在区域风貌影响有限，但也是上海这个色彩斑斓的拼贴城市的一部分。

综上所述，近代上海西班牙式住宅的分布有如下特点：第一，分布区域范围以旧上海法租界为主。即今长宁区、徐汇区、静安区、卢湾区交界为中心及其周边区域。第二，在这些区域，西班牙式住宅对塑造该区域历史风貌的作用较大，同时区域风貌的整体性对西班牙式住宅的体现提供了基础。第三，区域内的其他风格的多样性给西班牙式住宅的“上海化”提供了可能。

从时间上说，近代上海留存的西班牙式住宅为过去的上海引领了一段风潮，为现在的上海留下了思考，为今后的上海埋下复兴这些风潮的种子；从空间上说，这一批建筑造就不同的城市空间，直接或间接影响了城市肌理、市民生活，而这些空间及其效应也以一定的规律继续发展着。

### 3.1.2 近代上海西班牙式住宅建筑元素探析

建筑元素是风格之所以能体现的单位载体，也是风格融合的片段证据。剖析近代上海西班牙式住宅中所蕴含的建筑元素，有助于我们深入理解其建筑艺术与文化内涵。以下我们以各元素对表现风格的重要性为顺序，探析近代上海西班牙式住宅的外部建筑元素。

#### 3.1.2.1 绿釉面装饰

墙面装饰是中国传统建筑的特征之一，如徽派民居、江南私家园林中的砖雕（图 3-4），多以有寓意的民间图样为题材，造型对称，无结构功能，为纯装饰构件。又如广东开平碉楼，其山头装饰以考究的水泥塑花和彩瓷剪贴，常将姓氏堂号、楼名及建造年代等结合在内。值得注意的是，与这些中国式图样相似的绿釉面装饰（图 3-5、图 3-6）也是西班牙式住宅中常见的建筑元素之一，常随意布置在山墙、围墙、窗下、门边，起通风或纯装饰作用。

这些绿釉面装饰多是在砌外墙面时空出 150 毫米 × 500 毫米左右的空间，置入雕好的镂空图样成品。图样轮廓多为正方形或菱形，交界处倒圆角或方角，有时单独使用或由半个与二、三、四个横向、纵向连用，平贴在墙上或

图 3-4 中国明清私家园林墙面装饰
（图片来源：武佳音 2007 年摄自无锡）

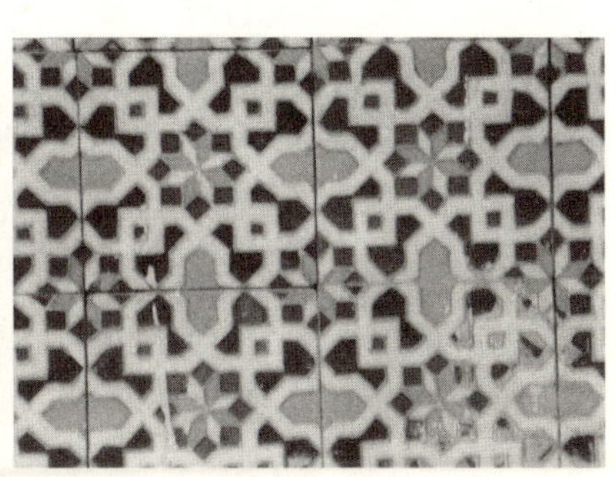

图 3-5 多伦路 250 号孔祥熙宅釉面墙砖

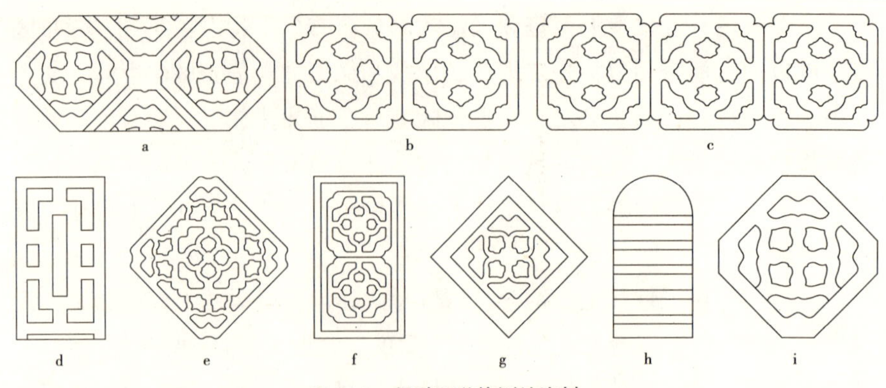


图 3-6　绿釉面装饰测绘资料

在砌墙时做层层退缩的外框。内部常以莲瓣为形，上绿色釉面。有时也有正方形与菱形穿插成复杂的大型的装饰。相对于图 3-6 中其他的绿釉面装饰，图 3-6d、图 3-6h 是两个较为少见的装饰特例，但由于性质、功能相同，这里仍将它们列入。

#### 3.1.2.2　门、窗

门、窗是西班牙式住宅凸显得较为明显的另一元素。之所以不将门、窗分开论述，是因为除了洞口的一般功能外，西班牙式住宅中的门窗常为表现立面风格而互相联系、密不可分。笔者将它们按形态分为带凸门廊的门、不带门廊的门、一般的窗、门与窗的结合、门与窗之间的柱、柱头和门窗铁艺等。

门廊能凸显大门的重要性，一般规模的西班牙式住宅均重视主入口形式。门廊分为有瓦屋顶的门廊和无瓦屋顶的门廊（图 3-7b），前者又分为柱廊（图 3-7a）、密闭门廊（图 3-7c）和檐廊（图 3-7d），瓦一般为红色筒瓦，与屋顶呼应。后者分为柱廊和密闭门廊。

在节约用地的情况下，门廊可被取消。作为代替，各种形式的凸出或缩进的门框（图 3-7e~ 图 3-7g）将入口凸显出来，柱廊则很可能被门边的壁柱代替（图 3-7i）。绝大多数门为木制，只有通往内院的门才可能像图 3-7h 一样用玻璃且样式简单（但它也因此要与窗发生联系）。门框一般左右对称（图 3-7k），但有时也有巴洛克影响的结果（图 3-7j）。门板分为拱形门和矩形门，前者多在无门廊或门框样式简洁时使用，后者为避免单调，门上多开小洞，置玻璃和铸铁格栅。两种都力求做到简中有繁、繁中有简，不落俗套。

西班牙式住宅的窗除了通风、取景功能外还是门的“眼睛”，与门合作，体现出立面的性格。窗按形态分为矩形、拱形、其他形。按它与门的关系分为独立的窗（图 3-8）、与门联合的窗（图 3-9）和与门对比的窗。

窗框的形式是判断其与门关系的主要依据。由图例可见，窗框大致分为

a b c d

e f g h

i j k

图 3–7 门

a~d 带凸门廊的门；e~k 不带门廊的门

矩形、拱形和其他形。当窗与门使用不同样式的框形（如图 3–8a、图 3–8b 的窗，很难有与它发生明显联系的门）时，它们在立面中起独立作用；这时窗之间也可能做成某个简单系列（如图 3–8c~ 图 3–8e）以加强窗的同一性、突出门的独立性。当窗与门使用相似的框形时（如多数拱形窗），它们能与门一起形成整体感较强的立面。当窗与门使用反差明显的框形时（如图 3–8o 以齿饰框甚至可联系不同层数的窗；如用拱门配矩形窗，甚至如图 3–8i 般加强窗框的矩形感；又如图 3–8g，厚框 + 铸铁窗格的窗能与简单的木板门间形成剧烈反差），窗与门的吸引力相差无几，它们共同与简洁墙面形成反差，凸显西班牙风格的戏剧性。

门与窗、窗与窗之间的关系分为有间柱和无间柱两种（图 3–9a、图 3–9b）。前者多见于主立面、一层，有一个柱联系两个窗，双柱联系三个窗。无柱的联排窗一般出现在次要立面，或在后期作品以简化西班牙式出现。也

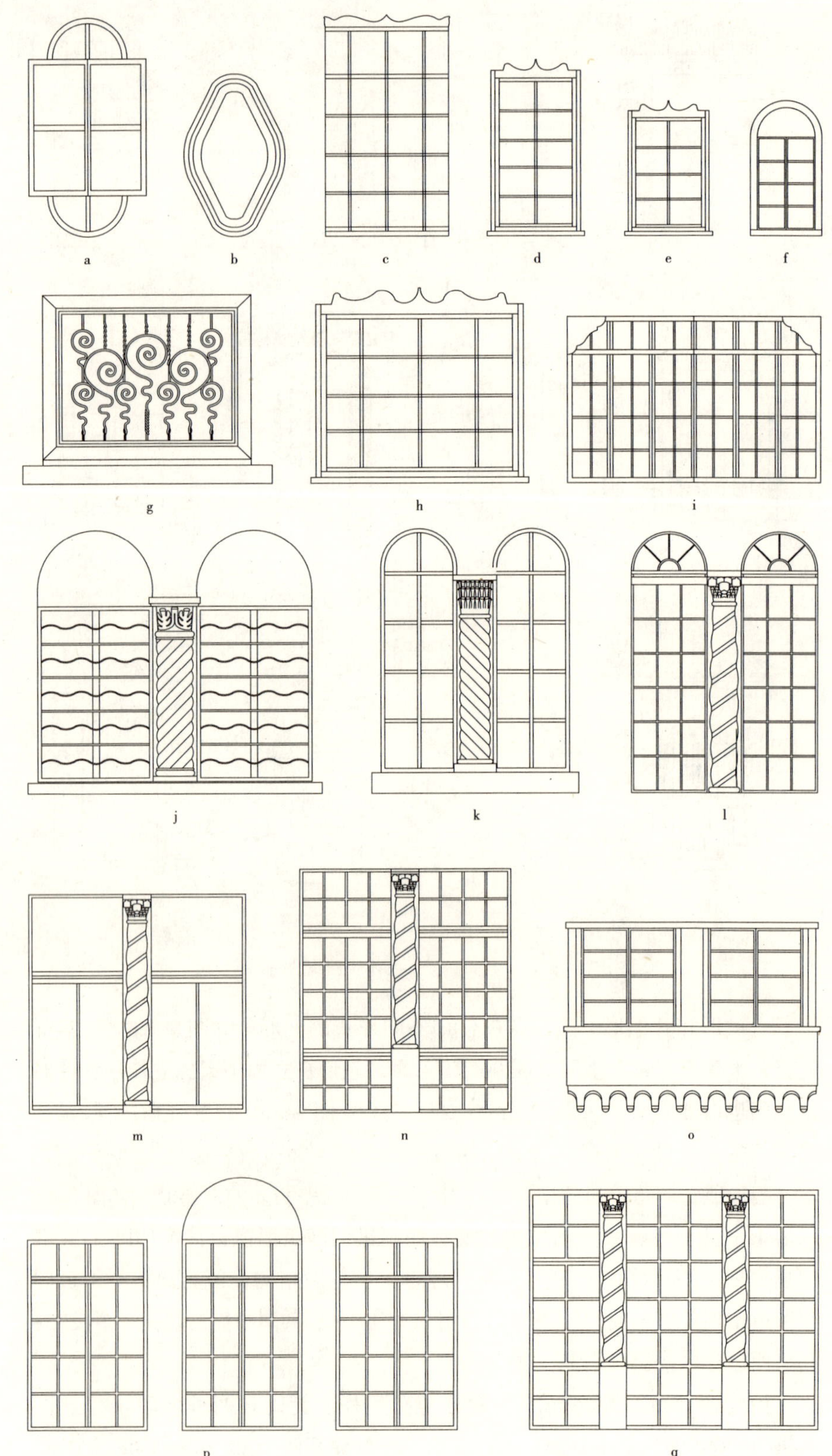


图 3-8　独立的窗（作者测绘）

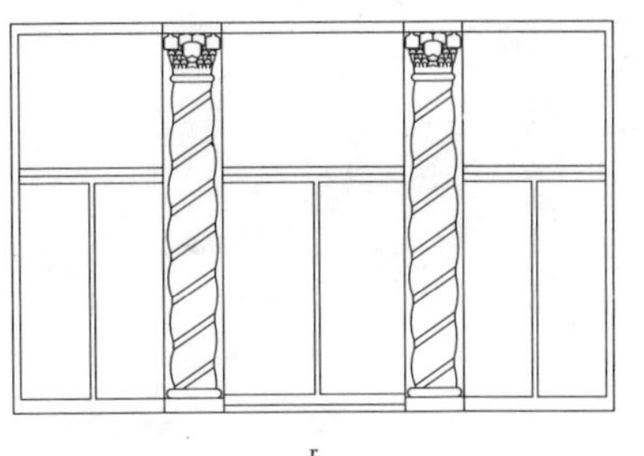

r

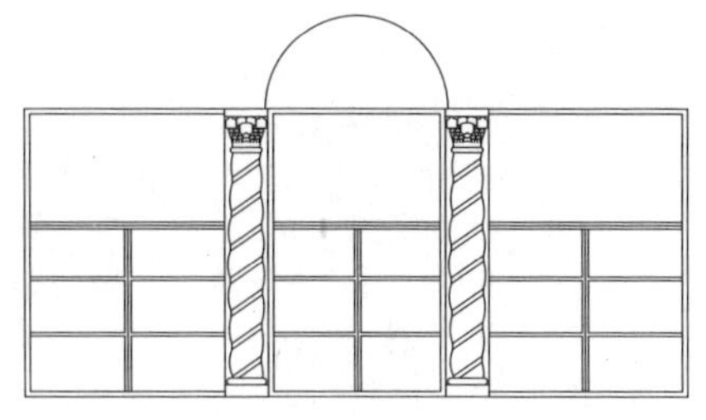

s

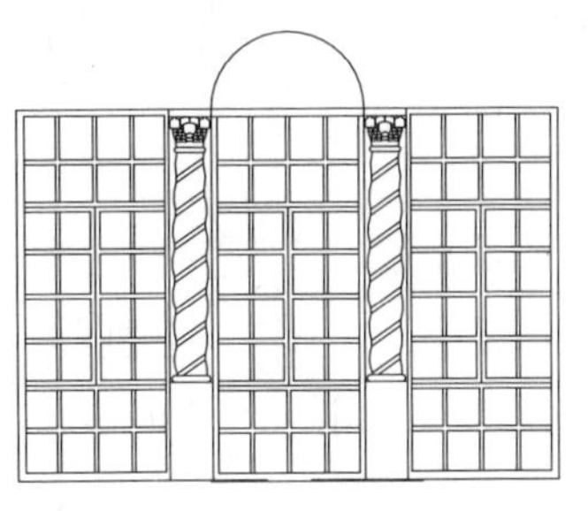

t

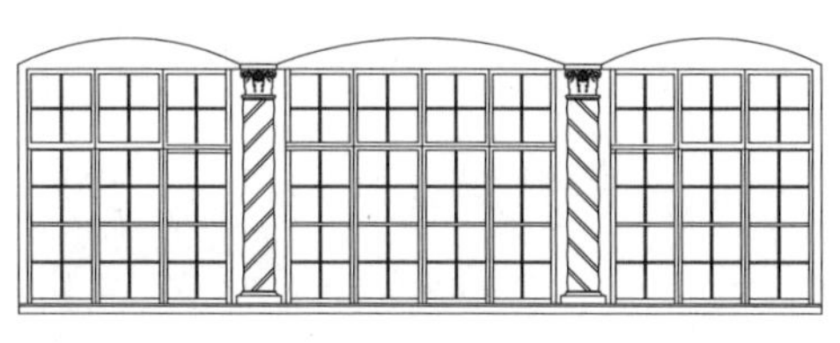

u

图 3-8 独立的窗（作者测绘）（续）

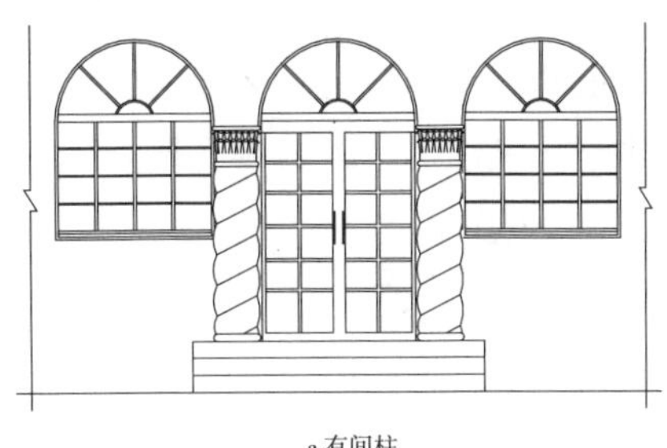

a 有间柱

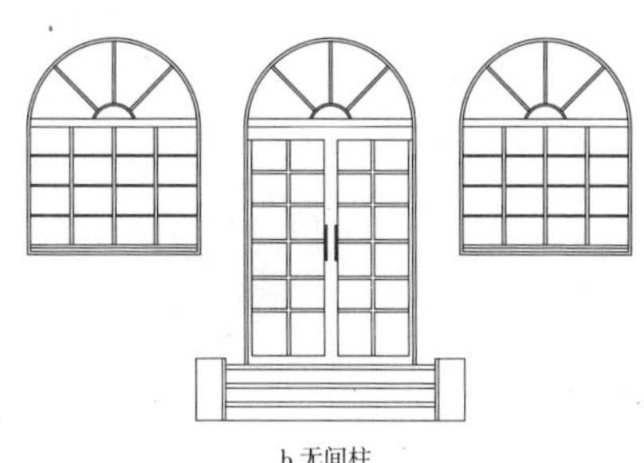

b 无间柱

图 3-9 门与窗的结合（作者测绘）

有因层数较多（2 层、3 层）而略去窗间柱子以求统一的。

门、窗间柱柱头采用多立克式、爱奥尼式、科林斯式，也有用塔司干式的，以科林斯式、各种变形的样式（图 3-10、图 3-11）为主，柱身多绞绳纹，（双柱）纹路对称；柱中略鼓。窗间柱柱头与柱身之比一般为 1 : 5，柱础按

a 齿饰拱窗

b 假拱窗框

图 3-10 门、窗间柱实例

c 拱窗

d 三联拱门

图 3-10　门、窗间柱实例（续）

图 3-11　变形的柱头

窗台面高低设置。门边柱略矮胖敦实。柱均只作装饰用，不承重。

主立面门窗多设置格栅，铸铁铁艺（图 3-12）以花草纹样为多。

总之，拱形门窗、门窗铁艺和门窗间的绞绳柱是西班牙式住宅的典型元素，丰富的洞口设计往往成为整个建筑的亮点。

#### 3.1.2.3　阳台

形式多样的阳（挑）台与具有曲线美的铸铁护栏（图 3-13），简洁中透着优雅，是与原法租界整体环境契合的典型元素，充分体现了西班牙式住宅的浪漫。阳（挑）台

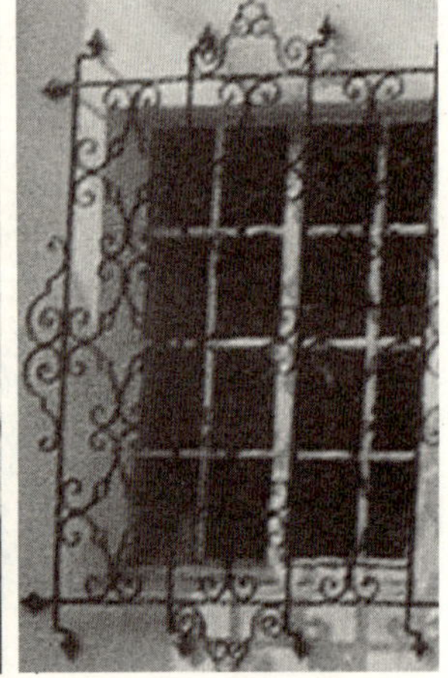
图 3-12　门窗铁艺

a 瓦排列成的阳台护栏带有中国传统味道

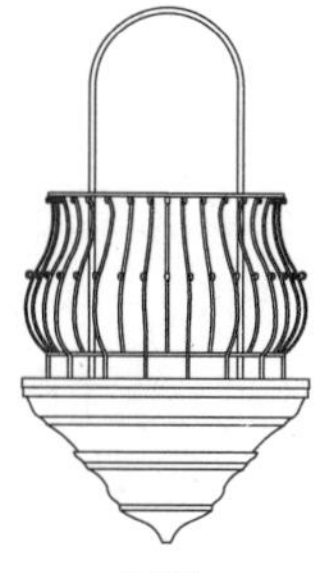
b 阳台

c 阳台

d 带精致牛腿的小挑台

e 窗外的铸铁花饰图

图 3-13　阳台

有方形、半圆形等，尤其半圆形阳（挑）台配以“S”形铸铁栏杆，是西班牙式的典型元素，在绝大多数近代上海西班牙式住宅中均有体现，在后期作品中有简化倾向。

#### 3.1.2.4　屋顶压檐

屋顶压檐因西班牙风格纯正程度不同而有多种形式。图 3-14a 是一种纯正样式，图 3-14b 则是一种非典型样式。值得一提的是，门廊顶、窗檐顶、屋顶乃至围墙顶均以缓坡敷设红色筒瓦，这些红色的横向线条在立面上划分出高低错落的层次，在平面上标识出进深交错的关系，是西班牙式住宅的自由元素。（屋、窗）檐下齿饰有强化线条感的作用。

由绿釉面装饰、门 / 窗、阳（挑）台与护栏、各类（筒瓦）顶面等组

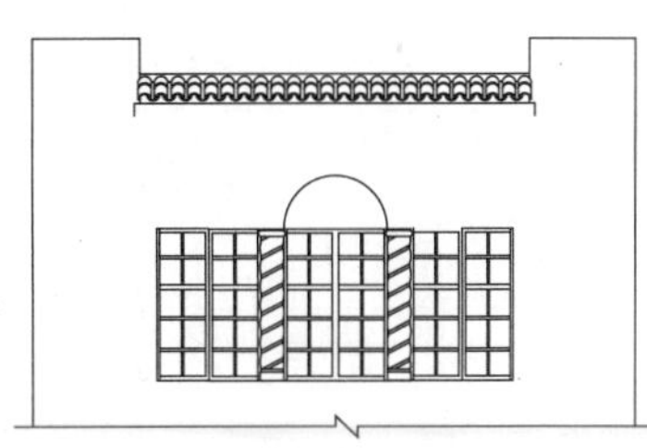
a 虹桥路新康花园的屋顶

b 愚园路涌泉坊陈楚湘住宅

图 3-14　屋顶压檐

成的外墙，因各建筑元素的冲突 / 协调、取 / 舍、纯正 / 变形等而形成不同的主立面类型。例如有的里弄住宅虽层高较高，但其沿街立面(图 3-15a)有多根绞绳纹柱联结主卧室的窗及立面转角，这些西班牙建筑元素使其与其他（弄内）立面风格迥然不同；与严谨但实际是混杂风格的立面（图 3-15c）相比，自由的立面往往出现在较为纯正的西班牙式住宅中（图 3-15b、图 3-15d）。

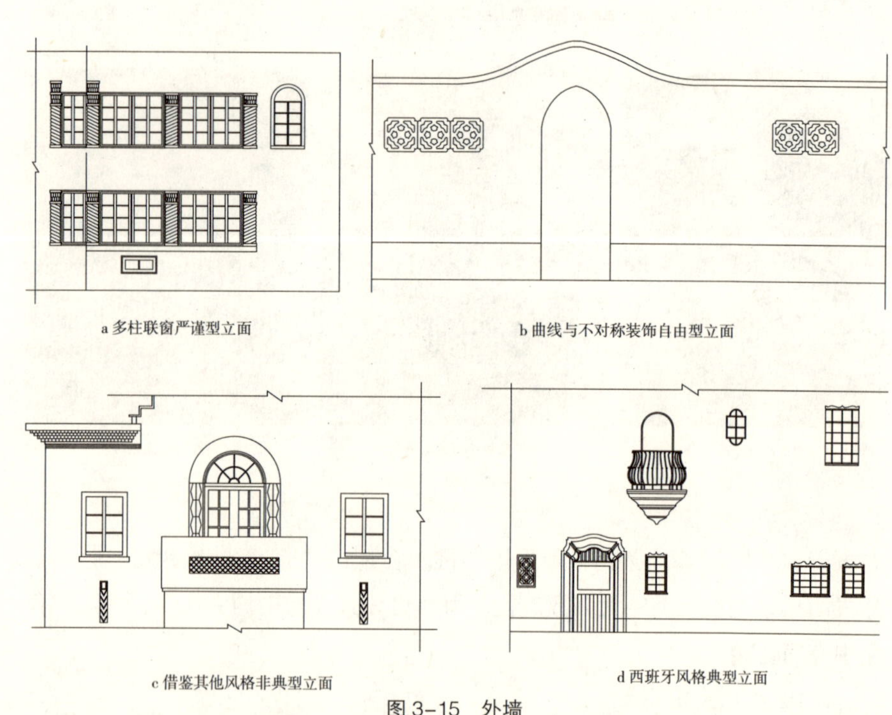


图 3-15 外墙

### 3.1.2.5 山墙及其装饰（图 3-16）

除了入口或沿街的主立面外，侧立面或山墙面也有其独特的建筑元素。西班牙式住宅的整体性特征使侧立面、山墙与主立面在装饰上有统一性，其住宅的功能又要求它们有所区别。因此，山墙的装饰以简化的窗和通风口为主（图 3-16a），简化主要体现在：柱的简化（柱头雕刻简化、用直柱

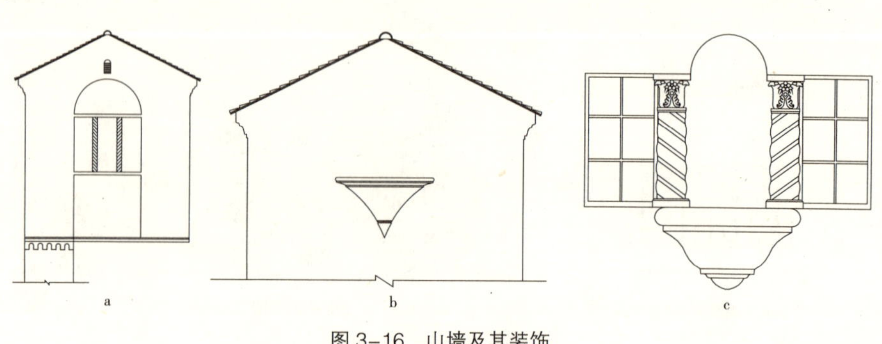


图 3-16 山墙及其装饰

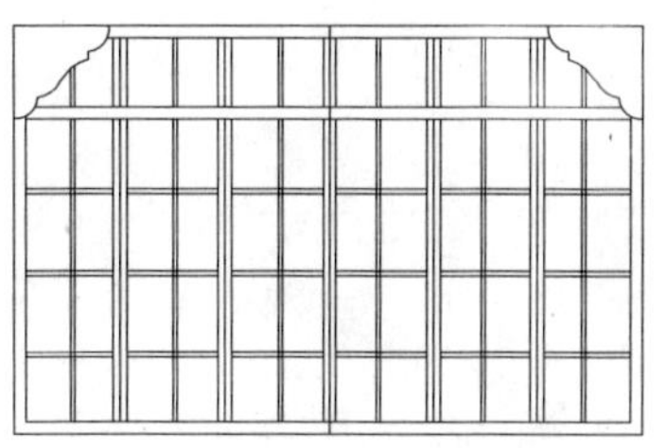
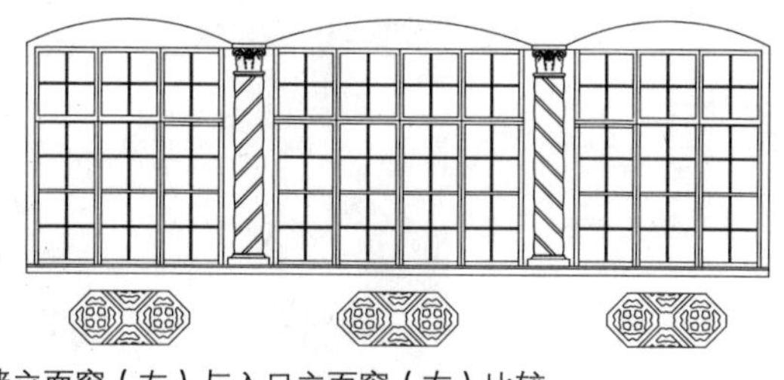

图 3–17　同一住宅山墙立面窗（左）与入口立面窗（右）比较

或不用柱）、窗的简化（矩形窗、假拱形窗）等。相反，在无须开窗的山墙面，亦不会空无一物，多施加纯装饰性的小挑台（图 3–16b），底部造型典雅温厚、线条疏密有致、比例匀称，成为耐人寻味的角落。在一些大型的西班牙式住宅中，侧墙面的窗、饰仍保持了相当的精细度（图 3–16c），但大多数情况下，仍会与主立面保持差距（图 3–17）。

### 3.1.2.6　墙面、檐下齿饰、烟囱、台阶与楼梯

西班牙式住宅最明显的特征就是墙面呈浅黄色，墙面多为砂浆拉毛处理，有一定的肌理效果（图 3–18）。使用的瓦——红色筒瓦，很少为其他风格建筑使用（图 3–19）。

檐下齿饰是多种欧洲建筑的元素，也存在于上海某些大中型或典型西班牙式住宅中。按所在位置，分为屋檐、窗檐、门廊檐口等齿饰；按尺寸，分为大、中、小型齿饰；按形态，分为邮票齿、方齿、圆齿、尖齿、叠齿（如方齿与圆齿叠加）等。若按突起程度，可分为平面与立体的齿饰（图 3–20）。值得一提的是，立体齿饰是西班牙式住宅自由布局的结果，例如在处理不规则平面布置、墙体交角、墙体挑出时，用较大的齿饰作接头，往往会有出其不意的效果。

西班牙式住宅入口台阶在平面形式上有矩形、半圆形等，常设 3~4 级踏步。较特别的实例是在垂直方向上向下进入室内，使得外观上二、三层阳台特别低，而并不影响底层实际层高。西班牙式住宅的楼梯分室内和室外两种，后者较为特别，由一层升高部分实墙作室外楼梯的扶手直达二层，墙下空间

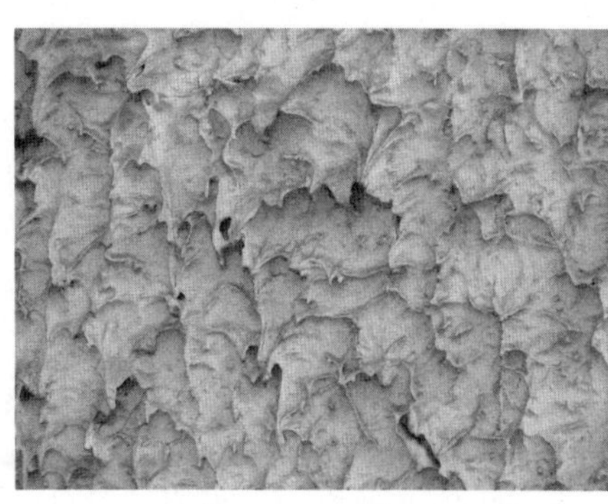

图 3–18　拉毛墙面

图 3–19　红色筒瓦

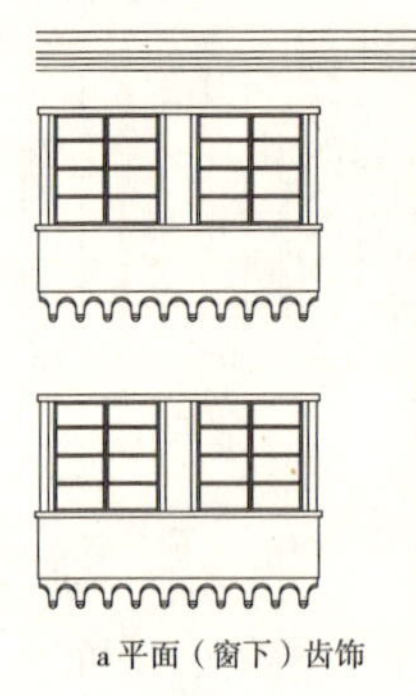

a 平面（窗下）齿饰

b 平面（檐下）齿饰

c 立体齿饰

图 3-20　齿饰

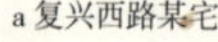

a 复兴西路某宅

b 新华路某宅

图 3-21　烟囱

有时仍被利用，开大跨度拱门、拱形窗，立面因此而显得丰富。

大型西班牙式住宅常设有烟囱，烟囱顶做成缓坡敷设红色筒瓦，开拱形小窗通气，形态类似缩小数倍的游廊（图 3-21a），也有变形的例子（图 3-21b）。

齿饰、烟囱、台阶与楼梯这些原本平常的建筑元素也能体现出西班牙式住宅设计的不拘一格。建筑元素的运用数量尤其是形式的典型性是评判西班牙式住宅的纯正程度的重要依据。

### 3.1.3　上海西班牙式住宅的特征

近代上海西班牙式住宅的典型特点是：层高相对较低，红色圆筒瓦屋面坡度平缓，南面有外廊，廊柱、窗间小柱、门柱等多采用绞绳纹，门、窗间柱柱头采用多立克式、爱奥尼克式、科林斯式，也有用塔司干式的，以科林斯式、各种变形的样式为主。檐口墙角线饰、楼层之间带状线饰常用邮票齿状。阳台用铸铁栏杆并有螺纹底托，墙面多为鱼鳞纹或水泥拉毛粉刷。山墙头往往镶有琉璃方格窗或者有“S”形铁件，烟囱口常有连续的小尖券装饰。

同西班牙住宅相比，上海的西班牙式住宅的特点有：

• 细部有所简化（图 3–22）。

• 柱廊减少。单体住宅的平面布局较为集中。

• 庭院随着柱廊减少而随之消失，因此带有庭院的西班牙式住宅在上海很少。

• 由于材料（几乎不用石质）、结构（水泥外墙、砖混结构）及功能的地域化等因素导致街道尺度及单体尺度变化（图 3–23a、图 3–23b 之比较）。

• 住宅单体的折中风格及单体之间风格的混杂。

• 联排住宅独栋化的倾向。

总之，近代上海西班牙式住宅主要设计人是外国人，施工者主要是中国工人。建筑的新材料、新设备是外国输入，一般的材料就地取材，在这

图 3–22　简洁的门窗
（图片来源：参考书目 41）

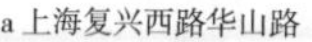

a 上海复兴西路华山路

b 西班牙蒙杰伊克山
（2006 年周雯婷摄自西班牙）

图 3–23　街道尺度及单体尺度比较

样的条件下产生的建筑，有合理规划的平面和景观。无论是线脚、山花、柱式、小品、装饰等都一丝不苟，大多数工艺精湛，反映出当时的物质和精神追求。

### 3.1.4 西班牙式住宅在上海近代建筑中的地位

在上海开埠早期的历史记录中，几乎很难找到西班牙人在上海活动的情况。进入20世纪后，在上海的西班牙籍常住人口也不过百来人，与其他西方国家，如英、法、美、德相比实不为多，但西班牙风格的建筑在上海却有广大的“势力范围”，对上海的整体面貌影响深远。试分析之，大致有以下几个原因。❶

首先，从整体建筑风格上看，西班牙式平和、亲切的整体特点与中国传统风格有相通之处。如西班牙式住宅的山墙、缓坡顶与中国传统民居有相似之处；色彩上虽比以黑白灰为主的中国传统住宅略显花哨、强烈而典雅，但浅墙深瓦在“对比度”上是相似的。就本质而言，结构上的近似，是使得西班牙式相较于屋顶坡度陡峭、裸露着粗大的木构架的英国式，白色的美式木屋或其他这样风格“过于鲜明”的西方式样，更易为中国人所接受的根本原因。

其次，从建筑元素看，西班牙风格本身具有多种可能性与超强的“融合度”。其他西方风格一般以总体来体现建筑特征，而西班牙风格除了总体风格特征外，更有丰富的局部风格元素——如邮票齿形檐饰、门窗装饰、铸铁护栏等——所有元素既能参与整体组合，又能被单独采用。超强的“融合度”使其极易被建筑师用到住宅设计的局部乃至整体，获得良好的效果而又丝毫不显得突兀。

第三，西班牙式住宅造价较为经济。试以建于同年代的住宅建筑作比较（表3–2）。

20世纪30年代住宅建筑造价　　表3–2

| 住宅 | 风格 | 每平方米造价（两） |
|---|---|---|
| 伊夫司花园 | 英国乡村式 | 134 |
| 王伯群住宅 | 意大利哥特式（城堡） | 139 |
| 海关税务司府邸 | 西班牙式 | <50 |

上海西区虹桥路上与著名的“沙逊别墅”为姐妹花园别墅的“伊夫司花

❶ 原因分析之第四点，借鉴上海学者薛理勇先生之观点（见 任薇 . 陈纳德与陈香梅传奇情爱 找回上海的西班牙风格 . 申江服务导报，2006年7月18日。）另三点薛先生亦有所提及，作者以建筑学角度生发、详析之。

园”是一栋英国乡村式别墅，每平方米造价达 134 两，愚园路 1136 弄的意大利式住宅王伯群邸更高达 139 两，而汾阳路 45 号的海关税务司府邸每平方米不到 50 两，几乎是前二者的三分之一。

最后，中国人对西班牙的好感。在中国的近代史中，西班牙几乎没有参与对华战争，从中国人的情感上讲，它似乎就是一个“中立”的欧洲国家，这也许是上海人喜欢西班牙风格建筑的原因之一。

一方面，上海西班牙式住宅在引进外国建筑技术、吸收西方建筑文化、继承中国传统建筑遗产、预示建筑发展方向等方面均有所体现。另一方面，在 20 世纪二三十年代，处于私人业主或地产商夹击中的建筑师无力，也无意于追求一贯的形式风格，尤其从住宅设计这一角度看，建筑师更像一个商店老板，为了销售商品而不得不尽可能迎合顾客的口味，因而近代上海虽然有西班牙式住宅，但从没有坚定贯彻它的建筑师。大多数西班牙住宅因此而与其他风格的建筑一样难免落入形式模仿的窠臼。因此笔者认为，对近代上海西班牙式住宅，任何过低或过高的评价都是不恰当的。

首先，近代上海设计思潮的共存发展的环境，以及社会对不同建筑风格的需求，导致建筑师必须有能力设计各类风格的建筑，而建筑形式采取何种风格，常取决于业主趣味及建筑类型，因此近代上海的外来建筑风格流派多停留在形式上，西班牙式住宅也是如此；其次，中外建筑师在理论与实践上为西班牙式住宅留下了一定数量的成果，这些物质与非物质载体对系统研究与利用这一风格提供了依据；最后，从文献与实践方面上可见，西班牙风格曾被早期中国建筑师当作一条思索未来住宅发展之路的线索，他们开辟的道路对未来上海这一城市的继续发展意义深远。

## 3.2 复兴西路 62 号修道院公寓[❶]

复兴西路 62 号建于 20 世纪 30 年代，1989 年 9 月 25 日被定为市级文物保护单位，现为徐汇区人民政府湖南路街道办事处。建筑分前后两幢，前幢为 2 层，后幢为 3 层，由柱廊连接，廊旁设有庭院（图 3–24、图 3–25）。占地 3086 平方米，建筑面积 2741 平方米。砖木结构。

图 3–24　从街道看修道院公寓

❶ 修道院公寓（The Cloister）由张豫、王臣、张寅昇、傅正、胡敏、张匀玫测绘小组测绘于 2007 年 7 月。

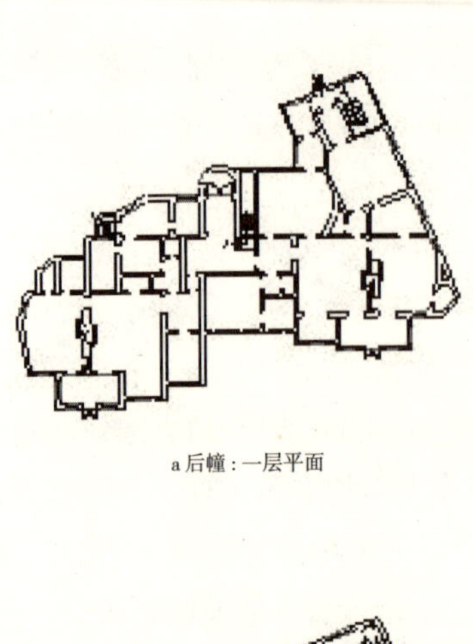

a 后幢：一层平面

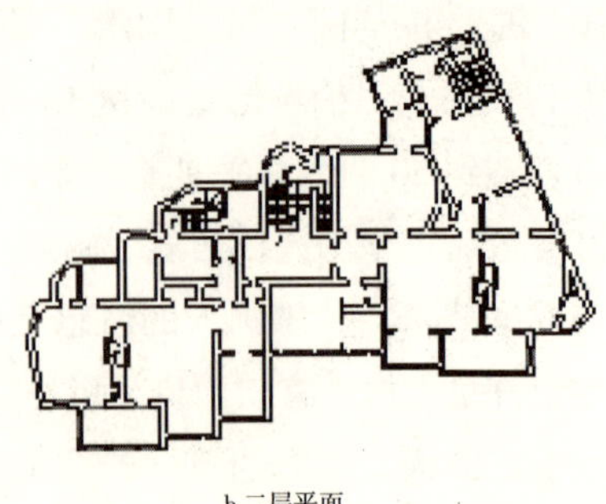

b 二层平面

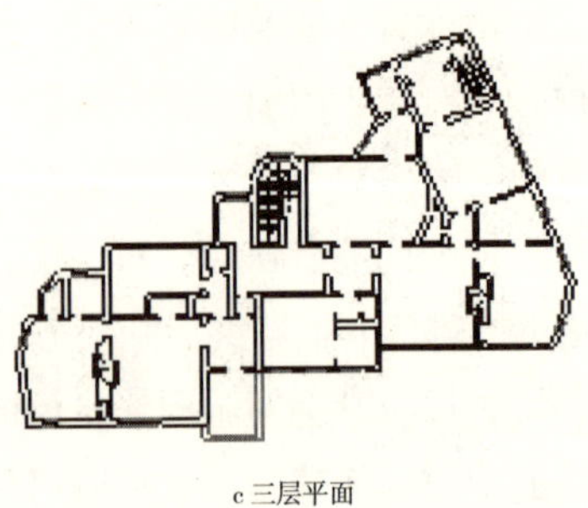

c 三层平面

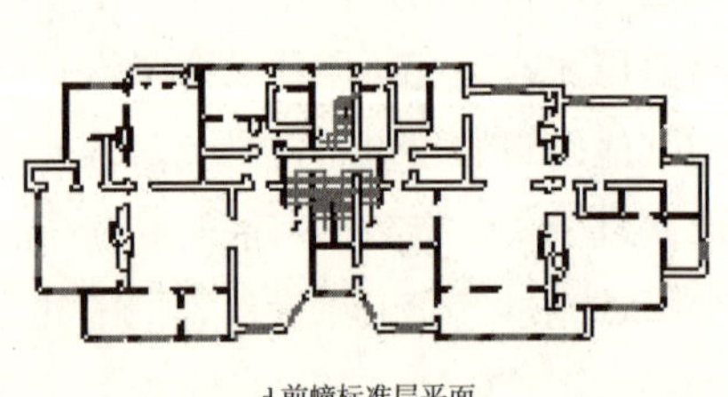

d 前幢标准层平面

e 复兴西路立面

f 永福路立面

图 3-25　修道院公寓测绘成果

该建筑原是英商密丰绒线厂老板的住宅，前幢为住宅，后幢为车间。“前店后作”是小企业的模式。❶

两幢建筑平面布置都是一梯两户，户型有三室、四室和五室三种，主要房间均设有壁炉，厨房设在北边，厨房旁设有佣人房和佣人工作楼梯，主人与佣人的等级观念包含在建筑之中。这样的平面布置在多层建筑中常见，而在2层、3层的建筑中较少见。它是花园别墅与公寓的巧妙结合。建筑占地面积大、容积率低，只有在土地资源丰富、地价较低廉的地区选用较合适。复兴西路是上海法租界第三次扩张时期开辟的地段，刚开发的初期建造这样的住宅属情理之中。

外立面　乳黄色水泥拉毛墙面，红色双开大木门，以卷花铁栅栏构件为装饰。沿街立面窗户有方形和拱形两种，主立面窗台部分有精致的绿釉面装饰。前幢以大门为中心，两边基本对称。室外装饰采用绞绳纹（窗间）柱、铸铁格栅（图3–26，主要为底层门窗）等构配件。

建筑平面　一层设有传达室和大、小会议室（图3–25）、休息间、卫生间、厨房等。一层西侧部分空间较为规整，东侧部分划分相对复杂。二层由一个门厅和几个房间组成，房间分布在楼梯的两侧，格局与当时流行的公寓住宅类似。屋顶层是一个可上人大阳台，后来加建了小房间，在屋顶上可以非常清晰地看到整个建筑：缓坡屋顶敷设红色的圆筒琉璃瓦，屋面平缓、山墙曲折（图3–27b）。有西班牙式烟囱。

室内　进入建筑内部，首先可以看到的是正前方宽约两米的楼梯，木制扶手、红方格地砖和红色地毯使楼梯具有明显的引导竖向交通的作用，同时明确地分割了一层大厅空间。建筑内部出现了一些在修道院中经常见到的元素，白色墙面、深红色木门、圆拱形门廊、螺旋形装饰柱，卷花铁栅作为室内空间分隔（图3–28）。西班牙风格的装饰为这个老建筑平添了一份色彩。建筑内地面一部分铺设地砖，但大部分保留了木地板，层高较低。

修道院公寓为上海大型而典型的西班牙风格住宅。

现在看来该建筑作为湖南路街道办事处十分不妥。街道办事处的来往人员过多，而该建筑的交通空间狭小，使用现状或多或少会对老建筑的保护有着不利的影响。如今，该建筑已失去原有的风貌，许多建筑装饰和细部已经难以寻觅。使用功能的错误定位，使本应安静的建筑人员嘈杂。

---

❶ 密丰绒线厂在《中国建筑史》中被列为近代颇有规模的工业厂房，1930年开始在杨树浦择地建厂，先建毛纺部、染部，后又建纺部和仓库，厂房面积数万平方米，机器设备全部进口。厂区三分之一用地用以建造外籍高级职员住宅区，花园洋房并配有网球场。由此推测，此地是密丰绒线厂老板来沪创业初期的家业。关于修道院公寓的建造时间众说纷纭，至少有1930年和1948年两说。1948年复兴西路已拓展成高级住宅区，昂贵的地价使其不可能用来建作坊，而且密丰绒线厂当时已发展成远东最大的毛纺厂，加上20世纪30年代初期是西班牙风格风行之时，因此笔者认为1930年一说较为可信。

a 双重齿饰

b 窗下绿釉面装饰

c 围墙顶铸铁花栅

d 前幢正立面二层窗户

图 3-26　修道院公寓外观细部

a 入口

b 围墙顶

图 3-27　修道院公寓室外

该建筑更适合作为一个上海老建筑展览馆之类的具有文化气息的公共场所，昏暗的室内空间能制造出怀旧氛围，建筑本身和建筑内展品能共同为人们再现老上海的建筑特色和人文气息。

a 连廊入口

b 入口楼梯

c 廊道天顶

图 3-28　修道院公寓室内

## 3.3　太原路 63 弄永康新村[1]

永康新村（太原路 63 弄、永康路 175 弄，图 3-29），是上海最大的西班牙式花园住宅小区，上海市优秀近代保护建筑，建于 1930 年。

图 3-29　永康新村区位图

太原路 63 弄，住宅朝南，2 层砖木结构，屋前有小花园，房屋高低错落有致，墙面布满爬藤植物。永康路 175 弄：住宅朝南，三层混合结构，屋前有小花园。两小区现均为民居（图 3-30、图 3-31）。

新村内有六种户型（图 3-31），以下选取较为典型的三幢 C 型住宅中的一栋为例进行深入分析（图 3-32~ 图 3-35）。

C 型东栋为规整的矩形平面 2 层住宅，砖木结构，中轴对称，南面设置大阳台，北面设置辅助用房（一层厨房，二层为佣人房），总建筑面积 455 平方米。一层设起居室、餐厅（带备餐）和储藏室；二层设主卧、次卧、起居室（书房）、卫生间等。主体层高 2.9 米，辅助用房一、二层层高分别为 2.5

a 花园（1）

b 围栏

c 花园（2）

图 3-30　永康新村内

[1] 永康新村由张丽威、瞿晓、朱婷、裘诗影、蔡敏婕测绘小组测绘于 2007 年 7 月。

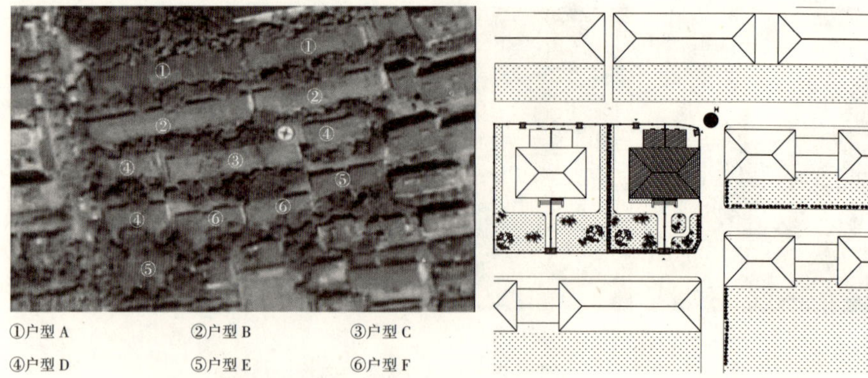


图 3-31　永康新村户型分布

图 3-32　C 型（东）总平面

a 东立面

b 北立面

c 西立面

d 南立面

图 3-33　C 型东栋立面图

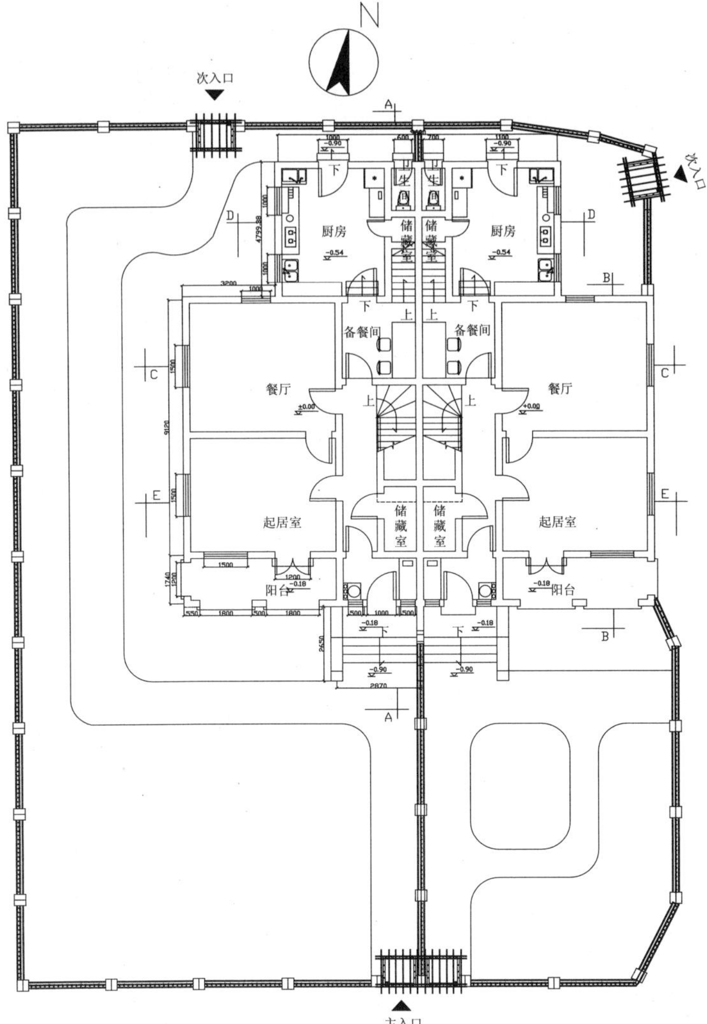


图 3-34　C 型东栋一层平面图

图 3-35　C 型东栋透视图

图 3–35　C 型东栋透视图（续）

米与 2.3 米，两者标高不同而形成错层。

建筑特色　第一，单体外观规整，内部设计舒适。第二，单体带有较强的西班牙风格，但小区整体规划严密，仍属于带花园的石库门里弄。缓坡屋顶敷红色筒瓦，乳黄色水泥拉毛外墙，拱形门、窗，加上西班牙式住宅较少见的对称形、联排布局，使其拥有中西合璧的特色。第三，住宅南立面设计活泼。拱门阳台如露台、游廊，使住宅带有早期殖民建筑的味道；入口分中有合，形式新颖，在西班牙风格中也属少见。

永康新村为由中型且较典型的西班牙风格住宅组成的大型住宅小区。

## 3.4　复兴西路 246 号住宅[1]

这幢住宅坐落在复兴西路 246 号，规模不大，附近的居民们戏称其为“小房子”。但它却是难得一见的住宅精品，颇有一番“麻雀虽小，五脏俱全”的感觉（图 3–36、图 3–37）。

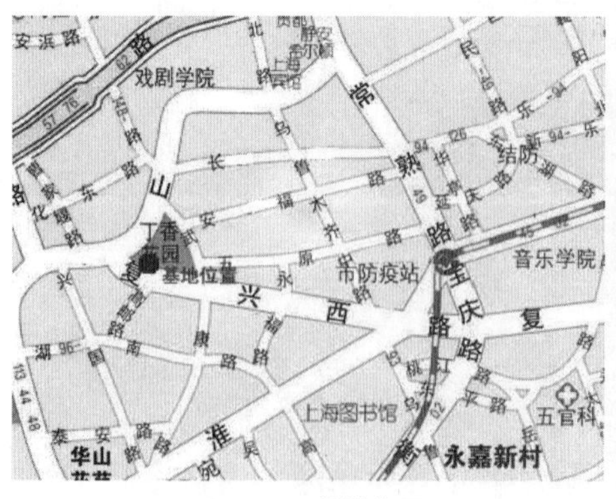


图 3–36　基地位置

图 3–37　复兴西路 246 号现状

[1] 本节根据谌文娟考察报告修改，文中图片拍摄、绘制于 2008 年。

它建在一块沿街的三角形地块上，建筑师因地制宜的将平面“撑”足，不放弃每寸土地。沿街布置主入口、厨房、辅助入口和三轮车停放出入口（现在开放的只有原三轮车停放出入口）。由于道路修整使路面升高，现在建筑的一层标高远低于路面标高。

### 3.4.1　建筑考察

建筑底层设会客室、厨房和三轮车房，北面设楼梯间和卫生间，为了使楼梯间和卫生间均获得足够的采光和通风而巧妙地将尖角平面作切角处理。北面楼梯间在二层以上为螺旋楼梯，将楼梯间面积压缩到最低程度，还利用边角设贮藏室。

二层是一个宽敞的起居室，在东侧设置了一个半圆形的凸出阳台，现在阳台门已毁坏，只剩下一个木板立于门口。

三层朝南设三间卧室，每间设有壁橱，南面还挑出长阳台，东侧设一个大露台（图 3-38）。

建筑立面以实墙面为主，主入口设雨篷，拱券门两侧还有立柱。浅黄色的表皮肌理处理，红色筒瓦铺设的屋顶，窗台和露台上精致的铸铁栏杆，檐下的连续半圆券装饰带，都使它与众不同（图 3-39~ 图 3-41）。❶

其内部空间现在依然完好，除了塔楼部分的顶棚石灰有部分脱落外，其他墙面的粉刷和装饰并未出现大的损坏，墙壁上部的黑色木质线脚都依旧如新。

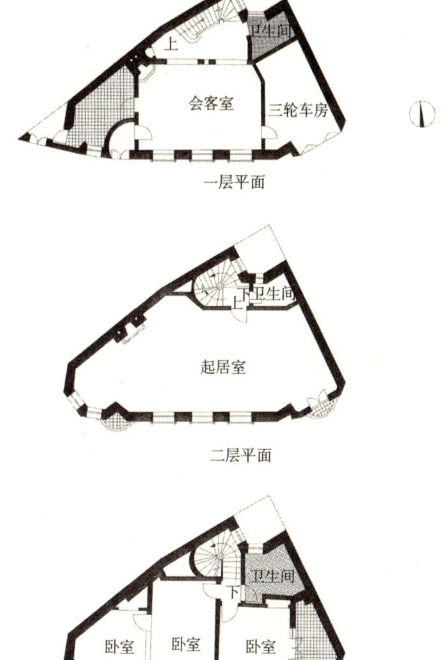

图 3-38　各层平面

图 3-39　南向长阳台

图 3-40　精致的入口

图 3-41　八角形塔楼

❶ 据笔者调查，该住宅业主于 2006 年秋对其住宅修缮过，本段所述为修整前的情形。

### 3.4.2 设计特色

该建筑在空间、形体及立面上的处理手法对当今的建筑设计仍有指导作用。

● 空间处理，手法灵活，从底层平面上我们可以看到，设计师在楼梯间与客厅之间采用的不是一面墙的硬隔断，而是用几道拱券，做到了“隔而不断”，形成了富有趣味性的灰空间。弧线形的空间和折线形的空间，活跃了空间元素。

● 建筑平面，布置紧凑，能够灵活地适应地形的变化。合理解决了一幢居住建筑所有功能问题，交通组织顺畅，流线清晰，各功能之间联系紧密。除了满足基本功能之外，还考虑到业主的小资情结，设计了诸如阳台、露台之类的场所，充分满足了住户的需求。转角处理堪称经典，设计者绝妙地处理了三角地块带来的不利，将一些辅助用房设置在这些部位，从而保证主要功能房间的完整性。

● 建筑体形活泼，在各个转角处采用的都是折线，使立面显得丰富而且精致。西边的八角形塔楼也是设计者的一个巧妙设计，利用细微的折线将建筑的尖角处理成了八角的形态，不仅丰富了外部造型，而且内部保持了完整的卧室空间，也造就了这个奇妙的内部空间。

● 立面处理简洁却不失细部。窗户及铸铁栏杆均为较典型的西班牙式简洁，局部的铸铁造型栏杆和挑台亦增色不少。细部的重点放在了主入口。拱形木门顶部挑出一个弧形的雨棚，上铺红色筒瓦，尺度适宜。两端还各立了一个绞绳柱。门及旁边小窗上面都有铸铁花栅。可惜目前，八角塔楼顶部的杆件已毁，檐下的齿饰也被改成了双层叠涩。

该建筑是3层混合结构，业主不著名。这个缩小版的西班牙式住宅是近代上海随着租界的不断扩张、地价飞涨后，一些殷实人家只能用零星不规则土地建房的一个典型实例，它也是中国民族资本家在外国列强称霸的上海“夹缝中求生”的写照。设计师的巧妙构思却从另一侧面映衬出西班牙风格的强大适应性。

## 3.5 新华路211弄1号

新华路211弄建于20世纪三四十年代，是由美国人雷文法兰创建的上海普益地产公司，为了适应当时国内商贾和在上海的上层侨民需要而建造的，时称外国弄堂。由匈牙利建筑师邬达克设计。

1号[1]为西班牙式砖木混合结构的独立花园洋房，占地934平方米，建

[1] 新华路211弄1号由李珏娜、王慧琦、王琪、强丹、徐宏、钱瑜阳测绘小组测绘于2007年7月。朱丽莎参与了前期考察并拍摄图3-45。

于 1940 年前后。上海解放后，侨民回国，该房屋由上海乐团租借使用，后来成为多家合用居民住宅。

它由东侧主楼和西北侧辅楼组成。主楼 2 层、局部 3 层。辅楼 2 层（图 3-42）。



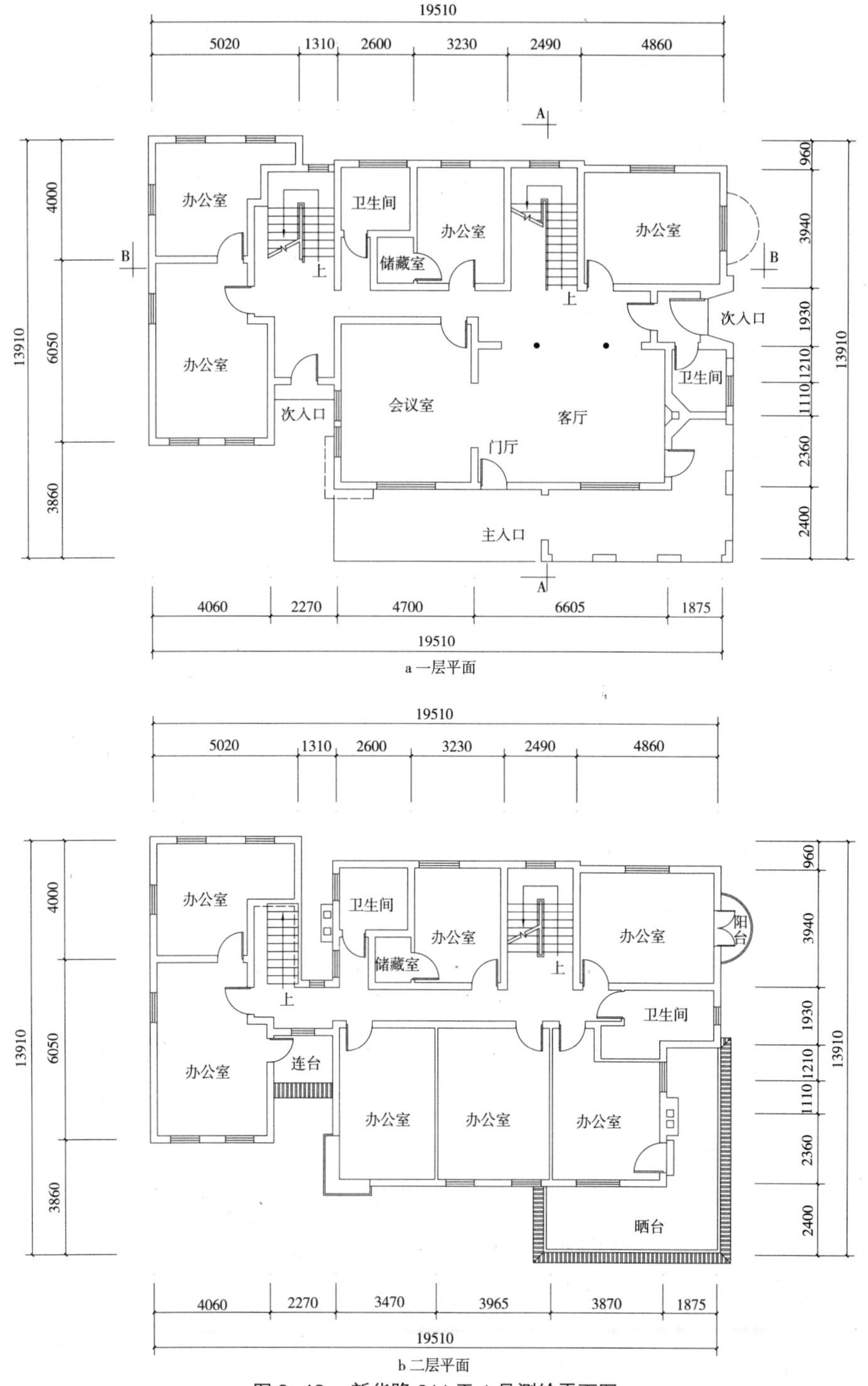


图 3-42　新华路 211 弄 1 号测绘平面图

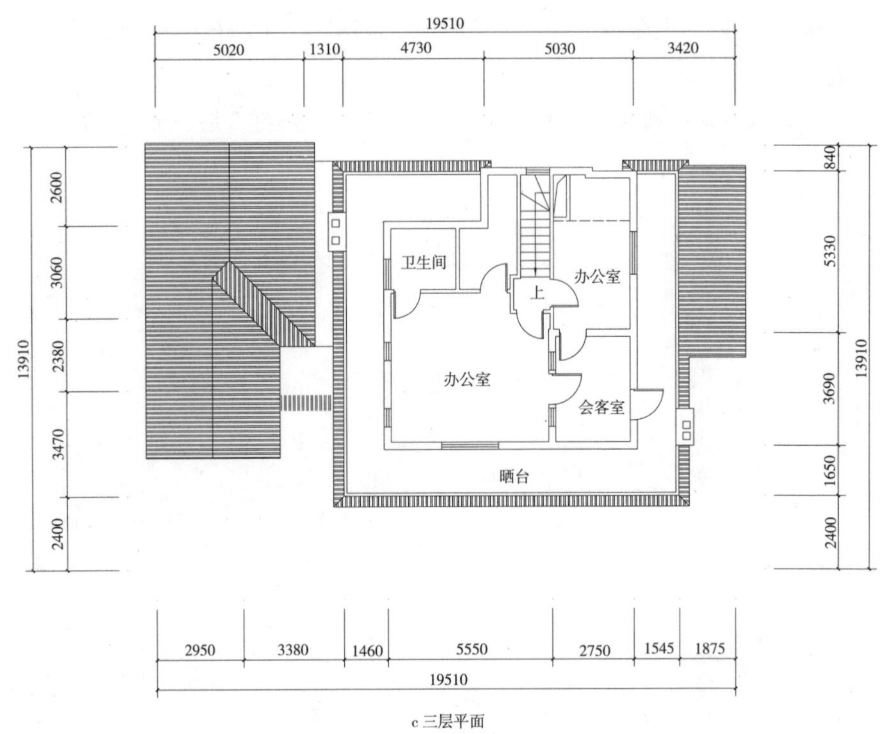


c 三层平面

图 3–42　新华路 211 弄 1 号测绘平面图（续）

图 3–43　新华路 211 弄 1 号住宅南立面
（资料来源：参考书目 41）

外观　整幢建筑系砖木结构，体形变化有致，经济实用。主楼二层女儿墙采用红色筒瓦压顶，三层为红筒瓦坡屋面，外墙采用淡黄色水泥砂浆粉刷（图 3–43）。东立面入口大门上部有弧形门头顶盖，配以右侧方形、左侧圆拱形窗，立面造型别致。二层挑出轻盈的半圆形阳台（图 3–44），螺旋形底托，反“S”形铁制栏杆。

南立面、西立面门窗间有螺旋形花纹小柱。两座贴墙伸出屋面的砖砌烟囱顶部饰以三个联列式尖拱，体现出建筑的个性，使整个建筑形成了向上的动感。且烟囱的中部配有和窗护栏、阳台栏杆一样的螺旋“S”形装饰图案，显得十分精致。

花园 300 平方米的花园里绿树成荫、中间有一块地毯似的绿茵草坪。在房屋主体和花园间设置了一个南北进深 2.4 米的半开敞外廊。外廊内部为白色粉刷墙面，铺有将军红色橡胶印花铺地（图 3–45）。外廊中有复古花岗石裂纹装饰吊灯。外廊的南面有后期开挖的小池塘。

a 南立面

b 北立面

c 东立面

d 西立面

图 3-44 新华路 211 弄 1 号各向立面测绘图

a 从廊子远眺私家花园

b 红瓦坡屋面

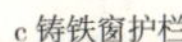

c 铸铁窗护栏

d 墙角处理

e 白色粉刷内廊配将军红橡胶铺地外廊

图 3-45 室外

室内　建筑室内地坪铺柳木地板（图 3–46），花式木门，半圆顶钢窗，厨房设备一应俱全，主要房间旁边有储藏室。有现代化的浴室、厕所以及暖气系统。整座建筑底层为客厅、餐厅和书房，南面是拱券走廊，二、三层为卧室、起居室，各主要房间均有壁炉。

总之，无论是外观还是室内，新华路 211 弄 1 号都充分运用了各类建筑元素，将西班牙风格发挥得淋漓尽致。它不仅是邬达克作品中最彻底的西班牙式住宅，在近代上海西班牙式住宅中也是一个较纯正的典型。

a 会客室

c 办公室（1）

b 门厅

d 办公室（2）

图 3–46　室内

# 第四章　关于上海石库门里弄住宅

上海的石库门里弄住宅因覆盖面广、居住人口多、存在时间长而非常具有普遍性。石库门住宅的保护更新占上海旧城改造的一大部分。从现有的石库门住宅更新模式看，更新过后里弄的居住功能大都被刻意削减，居民外迁的现象也破坏了原有里弄的社会文化结构。

石库门里弄住宅的更新应从实际使用者的要求出发，考虑居民的居住需求和居住愿望，有针对性地对旧里进行更新研究。石库门里弄住宅的紧密布局形成了其特有的邻里交往和居住场所精神，因此在更新设计时应该抓住这些最基本的场所精神，延续里弄住宅生活方式，并结合时代要求，作出合情、合理的更新。城市街区型里弄住宅具有一定的优势，如何进一步加强非物质层面的研究是里弄更新的方向。

在具体的石库门里弄住宅更新中，需要从整体角度分析各式住宅的更新层次。

第一，位于历史保护地段、整体街区建筑布局完整、具有很高的历史保护价值同时又有一定的可使用价值的里弄住宅，适合采用整体更新的方式，可以通过回归原有使用方式和置换内部功能的方法，利用历史的“外壳”焕发里弄内在固有的生命活力。

第二，大量的非保护里弄住宅，具有一定的历史文化保护价值和街区规模，经过结构优化、环境改善与功能重整，仍可以作为居住功能使用的，应采用部分更新的模式。在更新手法上可以采用“针灸式”方法。具体措施如下：①减少现有居住承载力，降低居住密度；②加固里弄建筑结构，控制新建建筑设计；③改善里弄住宅交通结构，加强道路设计；④营造老年人易居空间，强化无障碍设计；⑤加强景观绿化设计，增设景观小品；⑥公

共服务设施配套，改善室内外设施。❶

第三，那些年久失修的石库门里弄住宅，已经丧失了大部分居住功能，亟待推翻重建改作其他用途，但是在建筑形态或里弄“符号”上仍有特别的历史价值。这种情况适宜采用局部保留整体更新的方式，通过提取里弄住宅局部“符号”，达到里弄价值的回升。❷

## 4.1 现代居住区与石库门住宅的比较❸

在经济飞速发展的今天，居住空间的变革已经成为建筑的主旋律之一，上海的石库门住宅面临着窘境。如今的石库门住宅大多无法满足现代人的生活要求，布局不合理、设施陈旧、结构老化、缺乏绿地等问题都给居住其中的居民带来了困扰，于是大批的石库门里弄被拆除。但是近年来，搬进新居的部分居民异常怀念石库门里的日子，怀念那种浓郁的里弄文化。通过现代居住区与石库门住宅的比较，我们可以发现石库门住宅在空间构成、建筑装饰等方面仍有值得借鉴之处。

### 4.1.1 规划结构和道路关系的比较

根据基地的大小和小区的规模，现代居住小区规划结构大致有 3 种形式：

- 以居住小区为规划基本单位来组织居住区（居住区—居住小区的二级结构居住区）。
- 以居住组团为基本单位组织居住区（居住区—居住组团的二级结构居住区）。
- 以住宅组团和居住小区为基本单位来组织居住区（居住区—居住小区—居住组团的三级结构居住区）。

由于这些规划结构的不同，居住区的道路一般可分为 3 级或 4 级。

考虑到当代人生活的便利和安全，有的居住区的道路系统还进行了人车分流，划分了相对独立的步行系统和车行系统。此外，还考虑了消防车系统。

从图 4-1 某现代居住区的交通分析图中我们可以看到，居住区的主次道路基本环绕整个小区，组团级道路以支路的方式与次要道路连接进户。在小区景观带边设置了独立的步行道路。此外，在车行道与住宅的间隙还设置了一定数量的室外停车场地，适应了现代汽车进入家庭的需求。

与现代居住区相比，上海石库门住宅的总平面结构形式与交通结构形式

---

❶ 详细内容参见本书 4.4、4.6、4.8 节。

❷ 详细内容参见本书 4.2、4.3 节。

❸ 本节根据孙轶琳论文修改，文中图片、表格除注明外 2004 年拍摄、绘制。

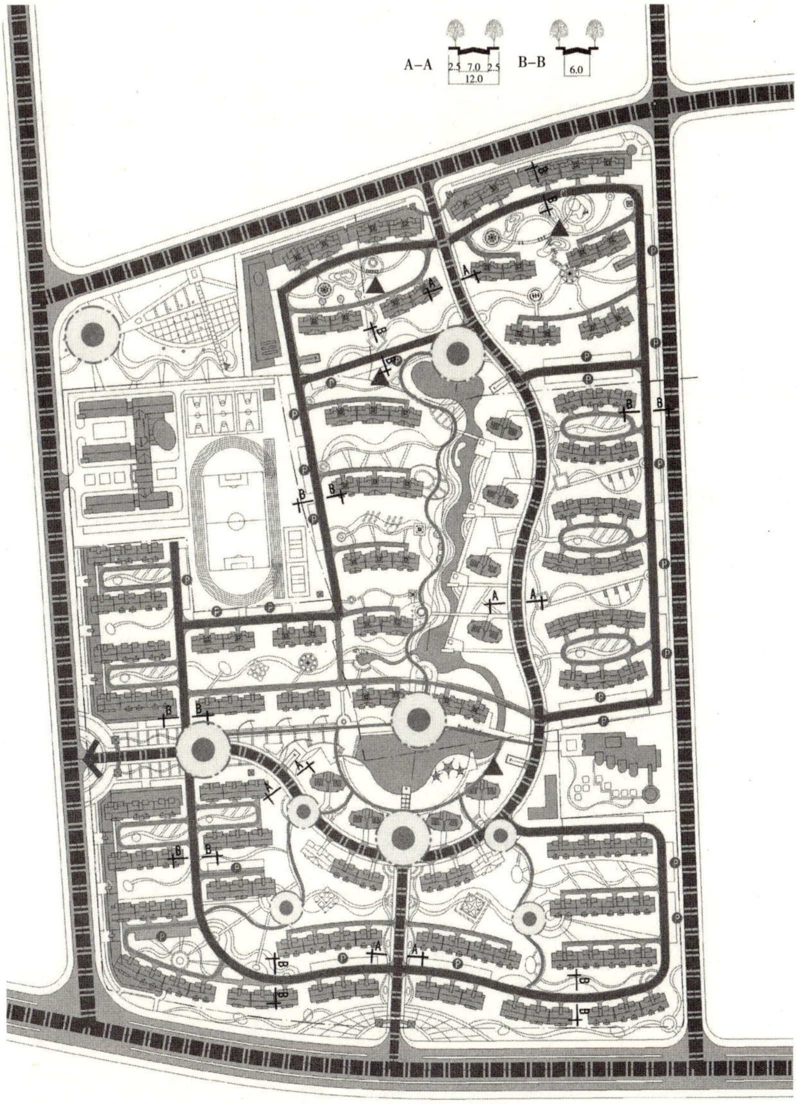

图 4-1 某小区交通分析图

相对比较简单。

上海早期的石库门住宅用地和规模都相对比较小，所以其道路层次少，一般采用“干弄式”。这种形式特点在于没有主弄与次弄之分，常由马路直接通入一条或数条弄堂；一般在规模不大的里弄中，也有采用死胡同的形式。

干弄式——在具体场地布置时有 4 种类型：①“一字形”。在小规模的里弄中，比较简单的布置形式，即在一条弄道的一边或两边布置行列式住宅，弄道两头通向马路，呈“一字形”（图 4-2）。②“T 字形”。将一条里弄尽端的两面扩大，呈“T 字形”

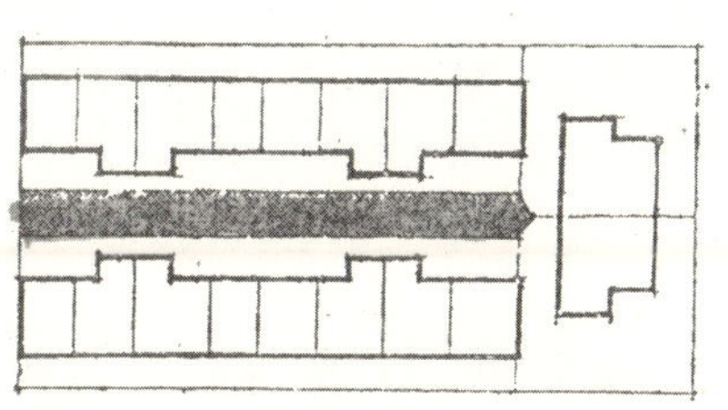

图 4-2 一字式

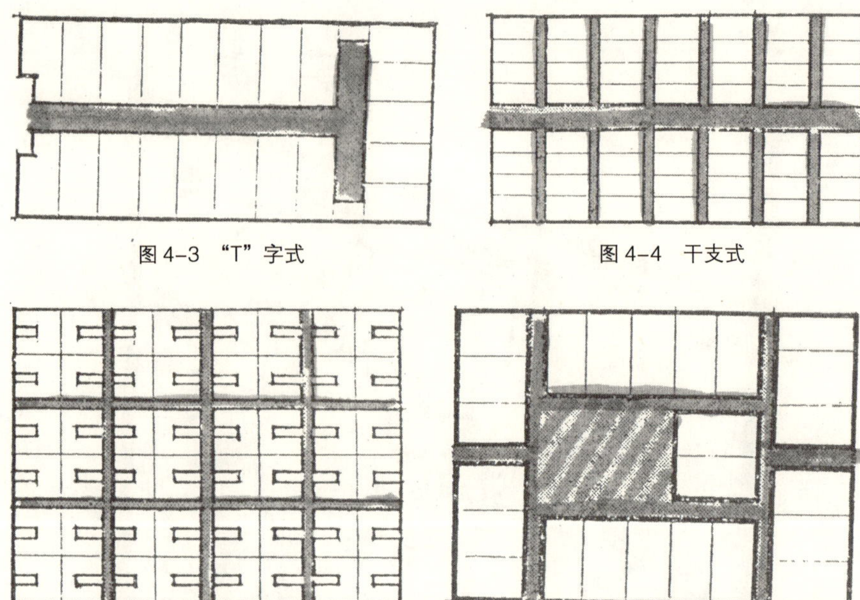

图 4-3 “T”字式　　图 4-4 干支式

图 4-5 网格式　　图 4-6 坊院式

（图 4-3）。③“L 字形”。将一条里弄的尽端的一面扩大，呈“L 字形”。④“综合形”。当里弄规模较大时，常并用以上各形式。

干支式——当里弄的规模更大时，常采用干支式结构布置。它有主次分明的总弄和支弄，一般总弄是贯通的，也有死胡同形式的，而支弄则多为尽端式，建筑沿支弄方向布置。尤其在闹市区这种形式更有闹中取静的效果（图 4-4）。

网格式——这种形式不分总弄与支弄，是采用东西和南北相交的网格系统。弄口可直接通向马路，里弄组成常为传统的二合院、三合院、四合院（图 4-5）。

坊院式——当里弄式住宅的场地二面或三面沿马路时，中央形成一块集中的空地，作为弄内住户的活动场所（图 4-6）。

自由式——在高级的里弄式住宅中，常采用独立式或双联式组合成自由式布置。建筑周围有大面积的绿化，弄内各户分散，在保持通风采光朝向良好的前提下，弄道随地形作灵活布置（图 4-7）。[1]

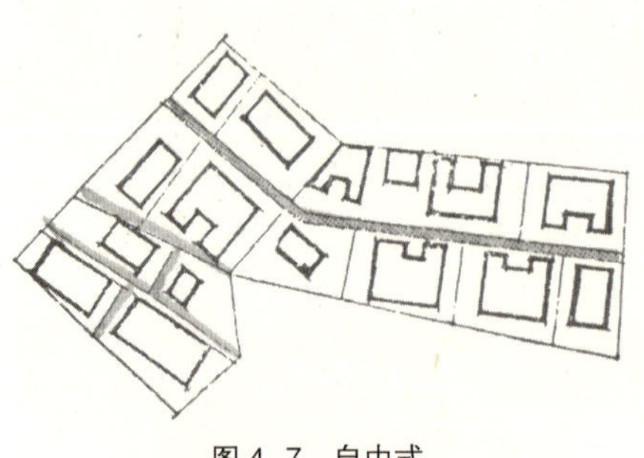

图 4-7 自由式

由此可见，石库门住宅中的总弄其功能相当于现在我们所说的居住区的主干道，而支弄相当于现在居住区的次干道。但总弄的宽度一

[1] 王绍周，陈志敏．里弄住宅．上海：上海科学技术文献出版社，1987：51-53.

般为 4~5 米，支弄的宽度在 3 米左右。可见弄堂比现在的小区道路窄了许多，这是由于交通工具的变化而引起的。因此现存的石库门住宅区都普遍存在交通问题（包括停车的问题）和消防通道的问题，这应是我们迫切需要改进的地方。



### 4.1.2 主入口形式的比较

提起现在的居住区主入口（图 4–8），我们会想到很多元素。诸如欧洲的罗马柱、喷泉、雕像、古典主义的沿街商铺、形状各异的铁门、现代简约风格的设计、漂亮的绿化景观……但是你很难用一个元素或一个词来概括多数居住区的入口特点。如果要概括其空间特征的话，倒是很简单——大而宽敞，视线很容易就进入小区的轴线或主要景观中去。这样的入口，使得小区开放性很强。

图 4–8 现代小区入口

石库门住宅的入口十分隐蔽，沿街空间与弄堂口把内部住宅团团围住，使它们后面的住宅成为一个封闭的区域（图 4–9）。城市嘈杂的街道与弄内安静的居住环境被截然分开。弄堂成为一种绝好的闹中取静的理想居住地。

图 4–9 空中看弄堂

至于整个弄堂的对外联系，则仅为少数几个弄堂口。然而这堵“厚墙”又不是一堵真的墙。它在空间上将内部封闭起来，但在视觉上却又是开敞通透的。它的底层多为小商铺，这些店铺将弄堂与外部的城市公共生活联系起来，使弄堂具有一种“外向型”的空间特征。同时，弄堂的沿街空间还给整个弄堂带来了强烈的视觉上的统一性与可识别性。间或出现的底层店铺，形式各异的二层阳台，带来各种图案装饰的顶部女儿墙或开有老虎窗的瓦屋顶，错落有致、富有韵律，形成了上海城市空间中最有特色的街景之一。弄堂口是由外部城市空间进入弄堂内部空间的门户，它往往是视觉的中心和装饰的重点。弄堂口常用过街楼的形式，既增加了入口的尺度，又带来了额外的使用空间，使人们一开始便能体会到弄堂空间的高利用率。[1]

在比较了二者的主入口空间之后，我们可以发现，由于设计思想的差异导致了设计手法上的区别，最终形成了空间上的不同。孰优孰劣，很难用一个尺度去比较，因为人的生活理念已随时代而变化了，但是我们认为石库门住宅的入口更为符合当时情况，入口空间处理也相对合理。而现在的居住区入口一味地追求美观大气，却缺乏对入口空间功能的思考。虽然可运用的元素多了，但是有时反而成为累赘。如果去掉某些现代居住区的入口元素而不影响其空间效果，那就说明这些元素缺乏存在的合理性。

### 4.1.3 空间艺术特征的比较

现代居住区的空间问题是许多建筑师与规划师所探索的问题。现代居住区中我们经常可以看到大面积集中绿地或景观水系（所谓公共空间），然而多数的情况是优美的环境却无人问津或少有人去，原因是这些设施大多没有考虑人在其中的尺度关系及实际住宅与其的距离；有的设计只考虑了平面构图却没有考虑三维空间情况。在居住区周边的临街商业空间（公共空间）倒是另一番景象，由于其方便了人们的生活、创造了交流空间而受到欢迎。在居住组团中的绿化及小景观空间相对而言也较成功，其中的休息长凳、锻炼器材、孩子玩耍的场地和小型游乐设施旁常常聚集着人群，可见距离住宅较近的半公共空间有着较强的实用性。

与之相比，石库门住宅有着强烈的空间艺术特征。这种空间艺术特征首先表现在弄堂中不同层次的空间序列上，即从街道到总弄再到支弄最后入户这样一种空间组织方式上。它将居民的居住空间有序地分隔成公共空间（街道）、半公共空间（总弄）、半私密空间（支弄）和私密空间（住宅内部）这样几个不同的层次，但又将这些不同层次的空间有机地组织在一个有序的系列中。这种空间组织方式由于对外相对封闭，因此产生了强烈的地域感、认

---

[1] 罗小未，伍江．上海弄堂．上海：上海人民美术出版社，1997.

图 4–10　弄内的拱券

图 4–11　入口过街楼

同感和安全感，使得整个弄堂形成了一个完整的社区。对内，这种空间组织方式又能带来一种浓烈的邻里感和社区感。总弄是整个弄堂内居民相互交往的公共活动空间，次弄则是近邻之间的半公共交往空间。在这样的生活空间极易产生出亲密的邻里关系，许多人正是由于这种和睦的邻里关系而不愿搬离弄堂。

总弄对弄外的城市街道来说是内部空间，但对于弄内的居民来说又是外部公共活动空间。这里是全弄的交通要道，也是全弄居民的公共交往之处。从视觉效果上看，总弄的生活空间由前后弄门（过街楼）及均匀间隔的住宅山墙组成。山墙之间即为各支弄。支弄弄口往往有砖发券相连，构成了总弄的“沿街立面”。有时总弄内也有一些砖发券或过街楼将弄道分隔成更加丰富的空间层次（图 4–10、图 4–11）。从使用上看，总弄是通往各支弄的要道，更起着弄内公共广场的作用。小孩在这里嬉戏玩耍，老年人在这里休息、聊天，这里成了名副其实的“社区中心”。❶

通过比较我们可以看到现代居住区空间的单调和不实用性，如何改进成了重要的问题。

### 4.1.4　装饰特点的比较

现代住宅区的特点主要表现为简洁，装饰手法以简约为主，符合“少就是多”的设计理念。也有少数住宅走“古典主义路线”，把中世纪欧洲盛行的一些建筑装饰运用到现代的住宅设计中去。但很少有设计师将装饰与空间

❶ 罗小未，伍江 . 上海弄堂 . 上海：上海人民美术出版社，1997.

划分相结合。此外，与石库门住宅的入户门相比较，当代住宅的单元门则逊色很多！

石库门住宅装饰丰富多彩。作为一种住宅类型，弄堂建筑的空间形式与视觉形象大同小异，存在着广泛的共性，而弄堂建筑的装饰，则往往是区别弄堂之间视觉形象特征的主要标志。各弄堂的可识别性主要通过不同的装饰—— 一种极易让人留下深刻印象的视觉元素而体现出来。这也就是每个弄堂的建筑装饰都被仔细刻画的主要原因。

第一个装饰重点是弄口（图 4–11）。弄口是弄堂的门户，它是整个弄堂的标志。因此这里往往都被精雕细琢。一般弄堂口均有过街楼，过街楼下往往有半圆拱券，其上都标有弄堂的名称、建造年代，字符周围总有繁覆的图案装饰，具有鲜明的标志性。

第二个装饰重点是每家每户的石库门门楣（图 4–12~ 图 4–15）。石库门的装饰风格成为各弄堂可识别性的重要视觉元素。走遍上海，到处都能见到有着强烈、统一的构图特征的石库门。然而，又很难找到两个相同的石库门。整个城市被如此协调地统一在同一个风格之中，但又给各弄堂建筑留下了一个尽可以发挥其自身风格的空间。

第三个装饰重点是建筑山墙上的装饰（图 4–16）。当你走近弄堂，山墙

图 4–12　三角形

图 4–13　矩形

图 4–14　半圆形

图 4–15　弧形

尤其是山墙的顶端很容易成为第一视觉印象，它往往位置最显眼，尺度最大。因此这里也就成为设计者与建造者精心雕琢的又一个装饰高潮。为使整个弄堂建筑风格统一，在同一个弄堂中山墙上的装饰图案往往都做成统一的风格，使弄堂产生强烈的可识别性。这些装饰图案一般都很精致，用水泥做成，以青砖或红砖的墙面为背景，显得突出、高雅而又落落大方。有的山墙面上，还会有一两个阳台悬挑出来，使墙面更显活泼。阳台的栏杆则也是一个重点装

图 4 –16　建筑的山墙

饰的部位，它的装饰风格，往往与石库门门饰或墙面装饰协调统一。❶

如今千篇一律的现代居住区中，各单元及住户的区别仅依赖于 A、B、C 或数字编号，石库门住宅中“大体协调统一，细部千变万化”的装饰手法，是克服现代各居住区间类同的有效方法之一。从现代居住区的入口和各单元门入手，运用一定规律的元素作为装饰，“同中求异”，必将事半功倍。由于“装饰”有“画龙点睛”之效，所以在现代居住区中应注重装饰的重要性和必要性。

### 4.1.5 石库门住宅中的天井与现代住宅区中的绿地

石库门住宅的使用对象为城市中产阶级，地价、房价限制了住宅的面积，无法在住宅中留出大院子，小小的天井就充当了传统住宅中庭院的作用，为紧凑局促的空间增加了一些通透感。从大尺度上说，石库门住宅是一种高密度住宅，建筑间距小、缺少大面积室外空间。但从小尺度来说，天井的设置在很大程度上弥补了这一缺陷，使房屋不觉拥挤，室内外空间交相辉映，在心里感觉上建筑密度被大大降低了（图 4–17）。

图 4–17 天井
（图片来源：参考书目 8 P107）

天井分前天井与后天井两类。前天井的基本功能是改善室内的通风与采光，并为住户的露天活动提供场所，同时也使弄堂的公共室外空间与住宅的内部空间之间有一个过渡。它虽然狭小，对于门外弄堂的公共空间来说又显得开敞、“公共”得多。它面积不大，却巧妙地达到了空间循序渐进的目的。后天井则主要用来满足后面房间的通风与采光要求。同时也打破了由于进深过大而带来的室内空间过于沉闷的局面。

天井提供了住宅生活中不可缺少的室外活动场所。这种露天但又封闭的空间既很好地保持了住宅与自然——阳光、雨水、绿化的联系，又有别于户外嘈杂的公共环境，是一种亦内亦外的特殊过渡空间。对内它是一个“外部空间”：没有屋顶，阳光和雨水可以宣泄而下，花草树木可以茁壮成长；对外，它又是一个不折不扣的“内部空间”。进入天井，客堂间落地的通长格子门，两厢大片的花格窗，都使天井与室内空间保持着最密切的联系。在这里，室内室外被真正有机地统一起来了。❷

现代住宅区中的绿地保留了“天井”的一部分功能——通风和采光，但

---

❶ 罗小未，伍江．上海弄堂．上海：上海人民美术出版社，1997.

❷ 同上。

现在的绿地更多的是作为住宅区的一处景观，绿地与住宅没有真正融合在一起，因此失去了绿地存在的另一个重要用途与意义——交往空间。此外我们现代联排别墅中前后部庭院的利用率很低，有的已经布满了杂草，有的只作为停车使用，更有的用来堆放杂物。[❶]

**现代居住小区与石库门住宅优缺点对照　　表 4–1**

| | 现代小区 | 石库门住宅 |
|---|---|---|
| 道路 | 道路等级明确，人车分流适当，有应急的消防车道 | 宽度小，消防车道存在一定的问题 |
| 住宅 | 开敞且装饰简洁，开窗面积大日照良好 | 比较封闭，开窗面积小，居住私密性强，建筑装饰丰富 |
| 公共空间 | 空、大，缺乏变化，公共空间的利用率低 | 变化丰富，空间有一定的过渡，具有趣味性及实用性 |
| 绿化 | 绿化率高，有集中绿地、组团绿地及宅前绿化 | 绿化极其缺乏，无一定规模的绿地 |
| 停车 | 用地下车库及地面临时停车解决了汽车家庭化的问题 | 由于道路狭窄、土地有限，基本没有停车位 |
| 容积率 | 住宅层数多，容积率高 | 住宅层数少，容积率低 |
| 地域性 | 无地域性特色，形式单一无变化 | 地域特色明显，标识性强 |

带着以上问题，近年来我们结合上海旧城区改造，选择了不同地块，分别进行了类里弄住宅实践（见 4.2.3 节）、“上海盒子”住宅区设计（见 4.3.5 节）、新旧共存的尝试（见 4.4 节）。这些设计方案不是实际开发项目，还很不成熟，但是具有开发可能性，有一定的参考价值。我们认为不久的将来上海就会有它自己的住宅。

## 4.2　生活空间与类里弄住宅研究[❷]

居住空间是与人的生活行为息息相关的，一个良好的居住环境不但能提供修养身心的地方，而且也是一个城市文明的象征。住宅设计研究是未来建筑领域中的重点课题之一，在上海，人们关心的焦点也日益从“住得下”转向“住得好”。

卫生通风条件差、缺乏绿地等问题已给许多石库门住宅使用者带来

❶　此处更详细内容可参阅本书 4.5.2.2 节。

❷　李剑、蔡猗雯参加了本节设计工作并拍摄绘制文中图片。

了生活上的困扰，于是一幢幢老石库门住宅被拆毁，一幢幢现代化的摩天大楼取而代之（图 4–18）。我们不得不承认这一事实所负载的某些观点：文明的进步是以文明的消失为代价的。❶

其实石库门是经过长期的历史发展而逐渐形成的，它的形式不但蕴含着浓厚的历史背景，其空间构成在如今看来也有值得借鉴之处。在摒弃其存在的缺点后，使其适应现代化的生活特征，并创造出多样性的交往空间，对于保护和发展传统民居文化有十分重要的现实意义。

图 4–18　现代高层住宅与石库门住宅共存

### 4.2.1　石库门住宅的优点

居住的意义，不仅是为了得到一定面积的遮蔽物，而且是要使心灵达到温馨宁静的“在家”状态。正如刘禹锡在《陋室铭》中所说：“山不在高，有仙则名。水不在深，有龙则灵。斯是陋室，唯吾得欣。”石库门住宅正是上海人根深蒂固的“家”。

● 动静分离的设计手法

早期石库门住宅主要是采用传统三合院的设计手法，将各种房间围绕天井布置。民居左有邻，右有舍，前后弄堂不宽敞，但居住其间却不感到喧扰，这与四周采用高墙封闭、少开窗户的设计手法有关。厚重的墙壁隔离了外部环境的喧嚣，使得居家成为一块安静的“绿洲”。

● 空间功能多变

在老式的石库门住宅中，客堂面向天井，设置统排落地长窗。居民在需要时，可卸下落地窗，敞开石库门，打通客堂、天井和原来公共的弄堂，形成室内外融通的大空间，进出十分方便，采光通风也很好，可以适应大量人流集中活动。这同现代住家中自由化分居室空间有异曲同工之妙。

● 公共空间与私密空间

石库门住宅中的天井和厅堂是采光通风最好的地方，也是家庭成员或街坊邻里之间相互交流的地方。而两侧的厢房（卧室）则是一个相对封闭的空间，室内光线比较暗，开窗较小，仅靠天井和后天井采光，以提

❶ 田银生，刘韶军 . 建筑设计与城市空间 . 天津：天津大学出版社，2000.1.

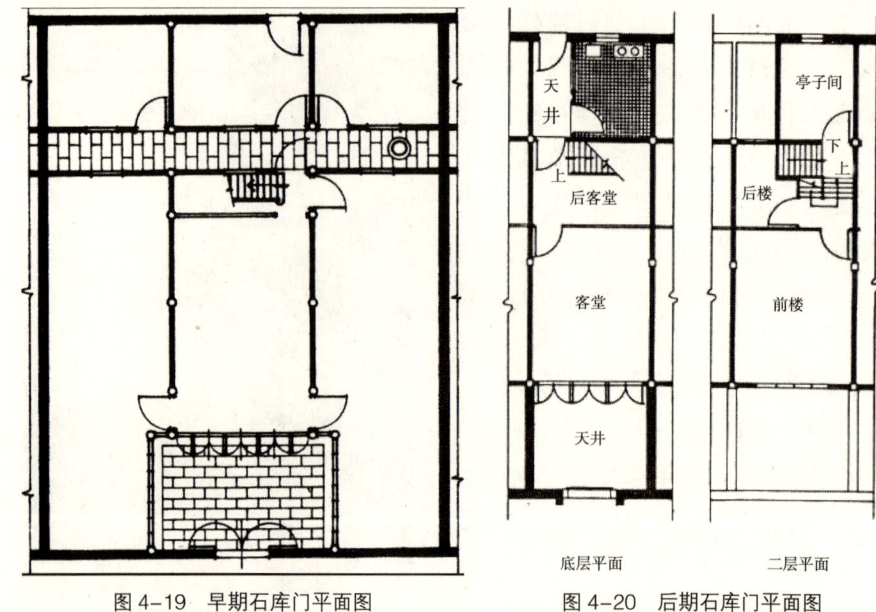


图 4–19　早期石库门平面图

图 4–20　后期石库门平面图

高其私密性。私密的厢房与宽敞明亮的厅堂形成强烈的对比，强化了厅堂在家庭中的重要性，有利于家人之间的沟通和交往，从而增进了家庭之间的亲密气氛和凝聚力。

● "井文化"的延续

石库门住宅在每个入口处都设有天井。天井的设立在石库门住宅中具有现实意义，首先，由于支弄比较狭窄使得石库门住宅，特别是底层房屋的采光通风欠佳。天井的设立相对加大了房屋之间的距离，在有限的空间中争取到充足的光线（图 4–21）。其次，石库门住宅缺少绿化植被，于是每家每户的天井便俨然成了一个个的小花园，不但营造出了一个清新的生活空间，而且还调节了居家的小气候。

● 生活空间

上海的石库门住宅呈鱼骨状分布，当中是总弄，两边是支弄。总弄一般宽约 5 米，是主要的交通要道；支弄一般只有 3 米宽，相对狭窄且封闭，却成为邻里交往、孩童游戏的好地方（图 4–22）。

其实上海的里弄是一种生活方式，是一种对生活的理解。虽然上海人有着中国最为狭窄的居室，然而，作为补偿却有着最为舒适的起居室。总弄、支弄都是上海人的生活场所，是游乐的地方，是门口的会客室。

在石库门住宅中，总弄作为主要的交通空间，不但起着从城市街道向小区内部过渡的作用，而且限定了小区的范围，形成了小区内的空间领域。随着交通工具的发展，特别是助动车的普及，噪声和污染渐渐成为一大公害。但在里弄中，就没有这样的困扰。由于总弄的尺度比较适中，限定了车速，

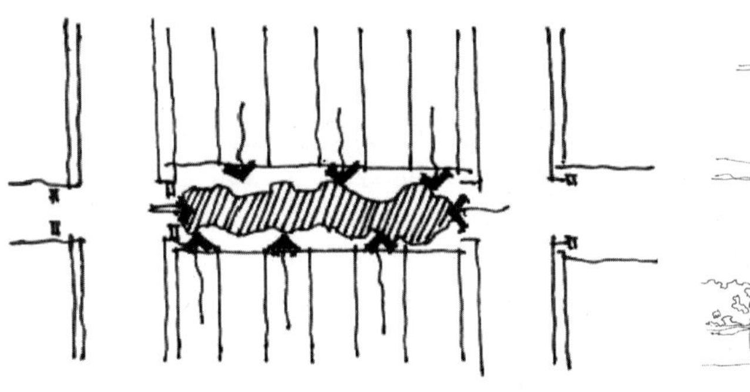
图 4-21　石库门的支弄（1）

图 4-22　石库门的支弄（2）

防止了噪声的干扰。在里弄中，骑车的人都自觉地下车推行，保证了小区内交通的安全。人们之间不再行色匆匆，而是可以一边聊着天，一边推车到家。其次，虽然石库门的总弄属于公共空间，但通过过街楼和门洞等建筑手法的处理，杜绝了相当一部分外来人流的干扰，这样不但保持了弄堂里的宁静而且形成了强烈的空间领域感，使得居民们只要一踏入石库门弄堂便犹如进入了自家客厅。于是，一个石库门里弄就犹如一个大家庭，生活气息浓郁的弄堂空间就犹如家里面的客厅，老年人可以在这里驻足交谈，小孩子可以在这里畅快玩耍。

日本建筑师桢文彦认为人们对室外的空间感知是领域问题。领域是人对环境的一种感觉，"每个人对城市空间都有一种归属感，如对自己的住宅、街道、每天上学或上班的路、常去的热闹地方等，又如长期旅行回来后对街道有一种亲切感……所有这些就是人的领域感"。[❶]石库门住宅的领域感较强。

如果说石库门的总弄限定了小区的领域感，那么支弄里则更具有浓郁的生活气氛。支弄是人与人生活间的一个"交集"点，它为人们提供了聊一聊家长里短的空间。由于生活空间的狭小，支弄便成为厨房的一部分。平时邻里们在这里抬头不见低头见，若是到了做饭的时间那更是热闹，这边传来张家的切菜声，那边又是李家的饭香味。于是做饭变成了一种乐趣。邻里之间的距离在欢笑声中不知不觉地缩短了。人们总是在自己的家里比较坦然，那么支弄俨然成为各家居室的延伸。它既是公共空间又是私有空间，空间属性的模糊反而使其更具有人情味，亲切而有生机。

如今，随着生活节奏的加快，人与人之间相处的机会越来越少，凡事都要讲究效率。人们似乎再也不可能悠闲地生活、交友甚至聊天。彼此之间的生活似乎是平行的，永远不可能相交。现今的许多小区，空间和绿化由于人为的限定和划分不成系统、缺乏情趣；人与人之间缺乏最起码的交流；精心

❶ 武云霞．日本建筑之道　民族性与时代性共生．哈尔滨：黑龙江美术出版社，1997.10.

设计的公共空间却游人寥寥。人们在强调个性和独立的同时也渴望着交流和沟通。于是人们怀念那相濡以沫的日子，石库门里的点点滴滴。在里弄中，人与人之间是和睦的、熟悉的，人们的生活状态是安逸的，心平气和的。这也许就是里弄赋予人们的一种生活状态，一种生活方式。

### 4.2.2 类里弄住宅研究

中国的传统居住模式，受地域自然条件和人文条件的限制，而呈现出明显的地域属性，住宅的类设计模式，易于表达住宅地域特性，因而这种类设计模式也最易体现建筑师们追求的人本主义精神。石库门住宅作为上海地区的传统建筑形式，其优点可作为类设计模式的典型。

本次设计，我们试图为上海市区建立一个新型居住小区，在居住理念上借鉴石库门交往空间、公共共享的特点，从而为改善现代小区缺乏交流、相对冷漠的邻里氛围提供参考。

基地拟位于上海市中心区，基地面积 25790 平方米，建筑占地面积 9020 平方米，建筑面积 54093 平方米，由三大部分组成：联排式住宅、庭院围合住宅和一栋板式高层住宅。容积率 2.1，绿化率 32%。属于高低层相结合、高密度的居住小区（图 4–23、图 4–24）。

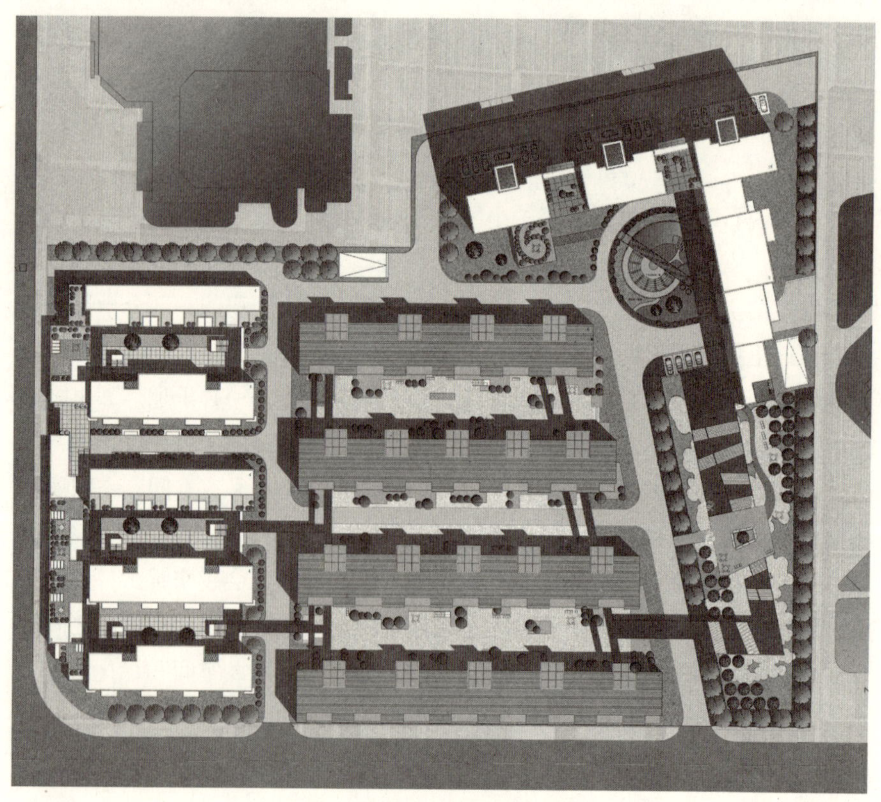

图 4–23　类里弄住宅区平面

图 4–24　鸟瞰图

基地东侧有大块的集中绿地，绿地中设有地下车库入口，地下车库位于联排式住宅的下面，进入小区的车辆可以沿着一条林荫道经地下到达小区的内部。这块绿地是整个小区的公共活动空间。

小区设有两个主要出入口和一个消防出入口，每个组团的内部以人行为主，这样，在每栋建筑之间就是相对封闭而且安全、半开放的公共空间供住户使用。

采用地面停车和地下停车相结合的模式。在右侧高层处设置部分地面停车，可停车 24 辆。在中间联排式住宅的地下是集中地下停车库，容纳 254 辆车，设有两个双车道出入口和 6 个人行出入口。其中每个人行出入口都可以直接到达地面两栋住宅之间的公共区域，停车者可以更加方便迅捷地到达目的地，停车场不再孤立。

在城市中心的住宅区，容积率居高不下。为了使高密度居住区的居民同样拥有优雅的居住环境，我们认为将外部空间环境立体化是一个方向，值得探讨与尝试。

外部空间的立体化设计不仅丰富了外部空间环境的层次，创造了多样性的外部空间，而且增强了外部与内部空间的联系。

我们尝试通过建立一个新的步行区域，在没有车辆来往的新的层面上，形成空中立体街区。通过楼梯、屋顶、阳台等住宅内部的公共空间向外延伸，与外部空间连成一片，同时这些区域又成为邻里沟通的交往场所。

由于这个层面和车行层面完全分开，也就可以保证人流尤其是老年人与儿童的安全。主体建筑与新的步行区域相互交接，形成楼层内的交往空间并设有垂直交通，步行区域基本覆盖整个基地，所以住户可以在空中就方便地到达三个不同的居住组团。

● 联排式住宅

最南面的中间组团是四幢六层、高 18 米联排住宅，采用 5 米 ×6 米的柱网。这个组团的基本房型有三种，全部为跃层式。其中 A1 为一梯两户，两个一室两厅；A2 为一梯三户，两个两室两厅加一个一室一厅的小户型；A3 为三室两厅和两室两厅。变化多样的房型，可以供城市不同人口和类型的家庭选择。在联排住宅的两端，房型有所变化，使三层和五层处各有一个较大的交往空间，是室内空间的直接延伸。

联排式住宅间由连廊连接，每两幢建筑中间部分是仅供人步行进入的开放空间，由于两边是长长的联排式住宅，所以在形式上看就好像是被放大了的弄堂。这样的开放空间，是介于城市开放空间与私人领域空间之间的空间，是城市大环境到具体的居住环境的过渡与渗透，是仅为居民服务的相对私密的开放空间，也是最亲切、最易产生交往行为的场所。在平面布置上，采用简洁的块面凹凸绿化设计，穿插设置绿化和桌椅，可以供两边的住户在此闲谈休息。同时在每个单元之间都设有地下车库的出入口，方便住户出入（图 4–25）。

立面设计上，采用平顶挑檐，利用块面的凹凸与错位，产生一系列规则的变化，给立面带来节奏感与韵律感。凹凸的变化部分分别为住户的内部空间与半开放的阳台之间的转换。

● 庭院围合式住宅

在基地的西侧是 5 排 4 层高的庭院式住宅，临街是一排 2 层高的商铺。这一组团与联排式住宅组团之间由一条消防车道分开。

两栋 4 层高的建筑围合成了一个内院，为数不多的住户分别通过院子由南北两面进入自己的家。这样由于整个院子是被围合起来的，仿佛是一座封闭的城中之城，外面的喧嚣拥挤被隔之于外，强烈的围合感、地域感和认同感使居民一进入院子便似乎已经到“家”了。这个院子的雏形脱胎于石库门建筑的支弄，所以这里极易产生亲密的邻里关系，在这个静谧的院子里人们可以闲谈停留，散步纳凉。它增强了人们交流的机会，好似一个“公共起居室”。

在这个庭院里设有两个楼梯，连着各层入户的外廊。连廊的设计可以充当整个层面的公共平台，这样的安排也节约了内部设置楼梯的一梯两户式的

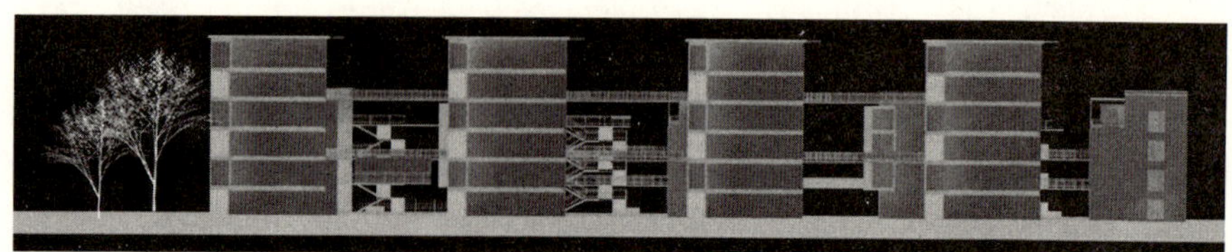

图 4–25　联排式住宅剖面

楼梯面积。这些外廊在三层处与联排式住宅的连廊相连接，实现了空中街区的理想（图 4-26）。

图 4-26 庭院围合式住宅

在房型上，南入口的这栋建筑为 3+1 的跃层式，房型基本都是两室两厅，只是面积大小和格局略有不同。

- 板式高层住宅

18 层的高层住宅，层高 3 米。高层住宅标准层由三个一梯两户组成，主要为两室两厅，平面上采用两道门，即每户人家都是通过一个北向的敞开式平台入户，平台处设有花台。

在空中设有一个大的交往空间，在立面上就是内凹部分，两边的住户可以到这个空间活动，这其中设有绿化和休息的椅子，在住宅内部形成空中花园。顶层房型是跃层式，顶层中部设有两个屋顶花园。

建筑立面表现的是基本方形骨架，在其中无规则地设有凹凸的块面变化，低层局部有架空，以丰富立面造型。这些变化有些是建筑内部空间的需求，有些是为了形成两户之间的交往空间。在建筑材料上则是混凝土和玻璃以及金属窗框，凸显整体小区建筑风格——现代、简洁，强调块面感。

我们认为不必局限于石库门住宅的形式，只要能够创造出同样的邻里交往空间，就继承了石库门住宅的精髓。正如吴良镛先生指出的：“我们要研究人居环境学，找出各个地区的范式。要根据地区性的特质，去因势利导，包括需要探讨建筑地区性，发展地区建筑。”只有这样，当代住宅设计才能走出千人一面、千篇一律的沼泽。

## 4.3 模数与“盒子”❶

### 4.3.1 维特鲁威与《建筑十书》

维特鲁威在他的《建筑十书》中有这样一段话：

“在人体中自然的中心点是肚脐。因为如果人把手脚张开，作仰卧姿势，把圆规尖端放在他的肚脐上作圆时，两方的手指、脚趾就会与圆相接触。不仅可以在人体中这样地画出圆形，而且还可以在人体中画出方形。即如果由

❶ 本节作者刘琦，文中图片拍摄、绘制于 2006 年，编者作了修改。

脚底量到头顶，并把这一计量移到张开的两手，那么就会高宽相等，恰似地面依靠直尺确定方形一样”。❶

从维特鲁威在书中的前后论述看，他是在讲神庙的均衡，而均衡又是由比例得来的。古罗马时期的建筑家认为，比例是在一切建筑中细部和整体服从一定的模量而产生均衡的方法。“实际上，没有均衡或比例，就不可能有任何神庙的位置。即与姿态漂亮的人体相似，要有正确分配的肢体”。正是基于对人体比例的认识，维特鲁威强调：“如果自然构成人体，使肢体按照比例与其综合的全部外形相对应，那古人似乎就有根据来规定：在完成建筑时各个细部对于全部外貌应当在量度方面保持正确”。

### 4.3.2 柯布西耶与红蓝尺

无独有偶，勒 · 柯布西耶也有一副关于人体与比例的名作建立在一个模数系列上，这套“模数”以一个 1.80 米身高的男子身体的各部分尺寸为基础形成一系列接近黄金分割的定比数列，选定下垂手臂、脐、头顶、上伸手臂四个部位为控制点，与地面距离分别为 86、113、183、226 厘米。这些数值之间存在着两种关系：一是黄金比率关系；另一个是上伸手臂高恰为脐高的两倍，即 226 和 113 厘米。用这两个数值为基准，插入其他相应数值，形成两套级数，前者称“红尺”，后者称“蓝尺”。将红、蓝尺重合，作为横纵向坐标，其相交形成的许多大小不同的正方形和长方形称为模度。

与此同时柯布西耶将他的“模数观念”，即采用与人体比例相关的模数，运用到建筑设计以及城市规划之中，将人与环境紧密地联系起来。

马赛公寓（图 4–27）是柯布西耶的理想居住单元（unite d habitation）的一个具体应用实例，该公寓共 18 层，有 23 种不同的居住单元，建于 1947~1952 年间，在当时即被称为“居住单元盒子”。其尺寸系统是根据柯布西耶的模数理论制定的，设计人试图使公寓的整体和细部均符合人的尺度，又便于标准化和装配化。马赛公寓可以说是第一个几乎全部以预制混凝土外墙板覆面的大型建筑物，它的建成为现代工业社会的大众提供了一种新的居住模式。

图 4–27　马赛公寓

❶ 维特鲁威著，高履泰译 . 建筑十书 . 北京：中国建筑工业出版社，1986：63.

### 4.3.3 贝聿铭与他的几何模数

图 4–28 中银大厦

贝聿铭也非常擅长于把模数体系运用到自己的设计中，在中银大厦（图 4–28）的设计中，贝聿铭采用了非常精彩的模数制，并用它贯彻设计的始终，从而取得了近乎完美的效果。最基本的模数来源于立面上的一块石材的尺寸。这个尺寸为 1150 毫米 × 575 毫米，是 2/1 的比例关系。而建筑的基本轴网为 6900 毫米，层高为 3450 毫米，它们分别为石材长宽的 6 倍。建筑的门高为 2300 毫米，是 3450 毫米的 2/3，为四块砖的高度，同时也是理想门高。建筑各处的尺寸都符合这个模数，这样一来，到处都是整块的石材，决不会出现不合模数的石材。而且在施工过程中，一块标准尺寸的石材无论用在在哪里都不用切削，大大方便了施工。

卫生间以装修面砖作为模数，其尺寸为 150 毫米 ×300 毫米。所有卫生间的开间、进深、净高都为其整数倍，厕位、洗手池等的中线，灯、排气孔均与模数线相齐。顶棚、铺地的分格也严格遵循这个模数。所以，卫生间所有的线角都前后左右、上下交圈。装修效果非常完美。在吊顶的设计中，采取两套模数。主要空间为 1150 毫米 ×1150 毫米，办公空间为 575 毫米 × 575 毫米，两个 575 毫米 ×575 毫米又正好是日光灯槽的尺寸。

贝聿铭甚至把模数制贯彻到节点大样中去。在设计节点之前，先打好 575 毫米 ×575 毫米的方格，形成所谓的“模数线”。用统一的模数以不变应万变，这是贝聿铭惯用的手法之一。

### 4.3.4 规整、几何化的上海石库门住宅

同样的秩序也出现在上海的石库门住宅中（图 4–29）。

● 开间

1870 年左右，在石库门住宅发展的初期，它的建筑形式更接近于传统的江南民居，采用低矮的立帖式木构架，多为三开间、五开间的大院，但已经开始出现横向式与纵向联列的组合，有了英国毗连式住宅的布局特征。1880~1910 年是老式石库门里弄的兴盛时期，随着上海的经济发展尤其是租

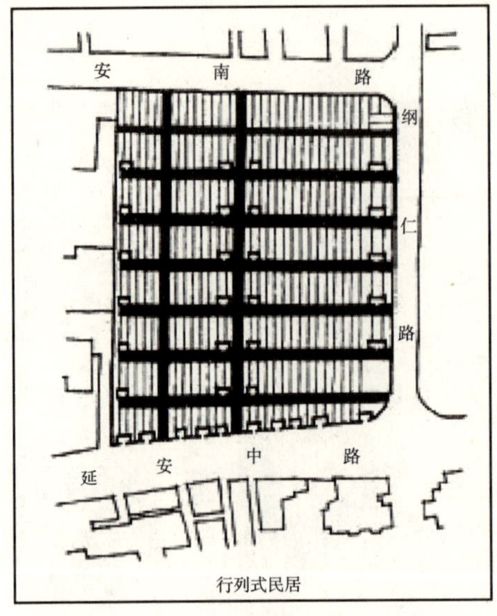


图 4–29　典型上海石库门住宅总平面

界内人口激增，住房矛盾加剧，地价房价成本提高，房地产商逐步淘汰了三开间二厢和五开间二厢的石库门，推出了二开间单厢和单开间平面，增加了建筑容积率，以适应当时市民的租售要求。

如果我们将单个开间看作是一个模数，那么石库门住宅开间数量的演变也可以看作是对于序列的一次重新的分解和组织。

● 间距和进深

在我们对石库门住宅间距和进深作一研究之后，也可以找到一些潜在的规律。早期石库门住宅，一般高二层，前天井进深约在 2.50 ~ 3.00 米之间，支弄弄堂宽度在 2.50 ~ 3.50 米之间，两者相加，房屋间距在 5.50 ~ 6.50 之间，如果将建筑高度与房屋间距相比，其比例约在 1：0.8 ~ 1：0.9。而石库门发展到了后期，支弄宽度放大，前天井进深则缩小，有的只有 2.00 米进深，建筑间距与高度仍然保持原来的比例，由此可见天井进深的调整与房屋间距直接相关（图 4–30）。

到后期，石库门住宅越规整、几何化，这是上海这座城市发展的必然选择，因为规整、几何化能最大限度地利用土地。

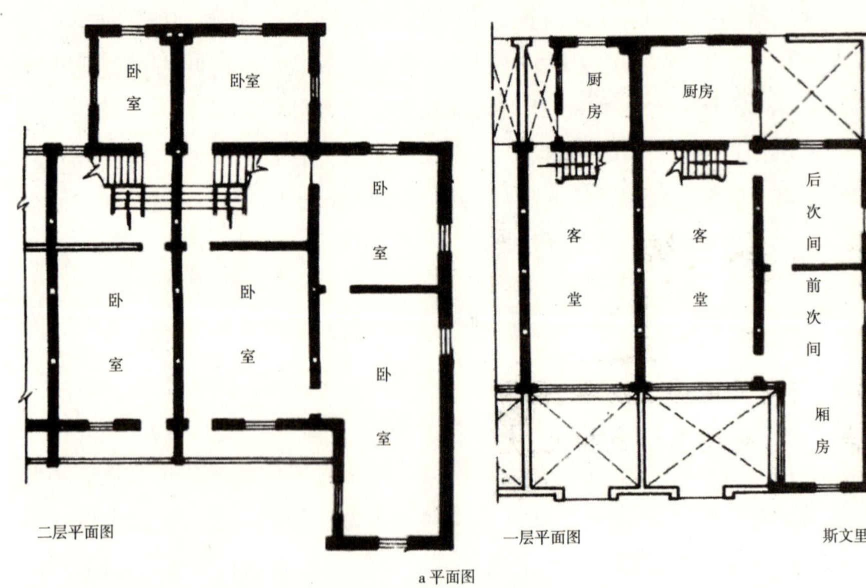


图 4–30　某石库门住宅

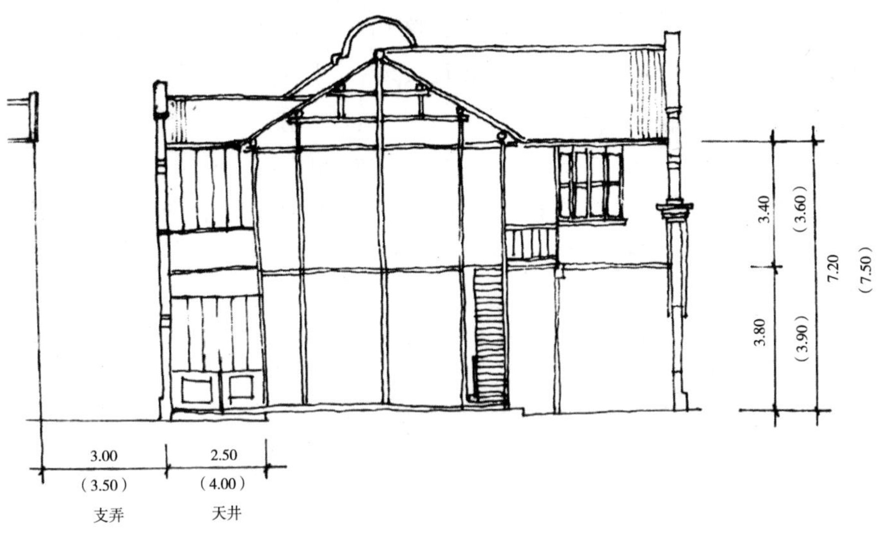


b 剖面图

图 4-30 某石库门住宅（续）

### 4.3.5 “上海盒子”住宅区设计

古今中外以模数为基础的建筑杰作有很多，可见模数是建筑师进行创作的有效手段之一。于是我们在做以“上海盒子”（图 4-31）为主题的居住区设计时，尝试着以模数为设计依据进行创作。这里的“盒子”，指的并非是简单的形式上的立方体，而是一套由模数营造出的秩序，“上海”两字则表达了对原有场所精神和周边环境的尊重。

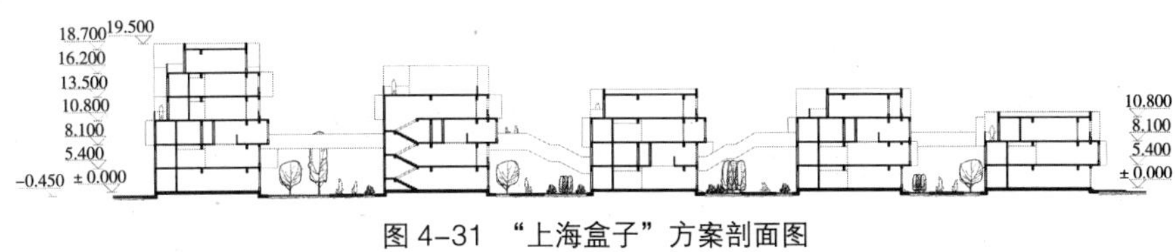


图 4-31 “上海盒子”方案剖面图

此次设计的基地在上海的闹市区，北面紧邻苏州河，东面则是一片保留较为完好的石库门里弄——斯文里。在设计中，面对着环境和历史两大课题，我们尝试着用模数来沟通新旧建筑之间的关系，并试图创造一种在上海具有普遍适用性的、适合工业化生产的高密度集合住宅。上海地区寸土寸金，在建筑设计尤其是住宅设计中，需要考虑将土地资源发挥到极致。因此，总平面布局中我们采用规则的横平竖直的排布方式，有效地保证了空间利用率。

#### 4.3.5.1 弄的模数

在交通组织上基本保留了原有旧式里弄的“丰”字形布局，有明确的主弄支弄之分。主弄设定为车行道，贯穿整个小区，汽车进入小区后可以直接进入地下车库；支弄则作为纯粹的步行空间，布置绿化和休憩设施。在每一条支弄的端部，都设置了“节点”与地下车库相连接，避免行人与车辆产生互扰，形成亲和的、适宜交流的环境。而在支弄的中部，也有一定数量的节点，通过廊与通道将各个“支弄”空间联系起来，将适宜于交流的人群范围扩大。以上做法一方面实现了人车分流、另一方面也划分出空间属性：小区与组团，公共与半公共，喧闹与静谧……在弄的尺度把握上，建筑间距严格按照 1：1 的标准来排布，保证了每户最基本的日照。

#### 4.3.5.2 开间的模数

在多层建筑单体的设计中，受石库门开间规律性变化的启发，我们选用了一个固定的开间，将 4 米作为一个模数来使用。4 米能够满足客厅及卧室的基本的使用需要。

为了适应模数制的开间，我们采用了一种称为箱形框架的结构形式。目前该结构在中国的运用还比较少，但是在日本等国已经是一种比较成熟的形式。

在结构设计中，分户墙和室内隔墙均为非承重墙，能满足隔声及耐火要求即可，而且不存在框架结构因梁、柱造成的室内凹凸不平问题，从而可获得充足的有效空间。

箱形框架结构还为住宅的平面布置和户型变化提供了很大的自由度，建筑的构成也非常灵活。通过“盒子”的组合，运用水平位移和垂直错落等手法，形成了富于变化的单元和大小不一的露台。用户可以自行选择中意的房型，并根据住宅私密性程度来决定立面的做法，其结果无论是平面还是立面，都有多种可能性。每家每户都可以拥有自己特有的标识性，住宅的个性化在这里充分表现出来。

如今建筑领域的工业化程度越来越高，上述的盒子完全可以采用装配式

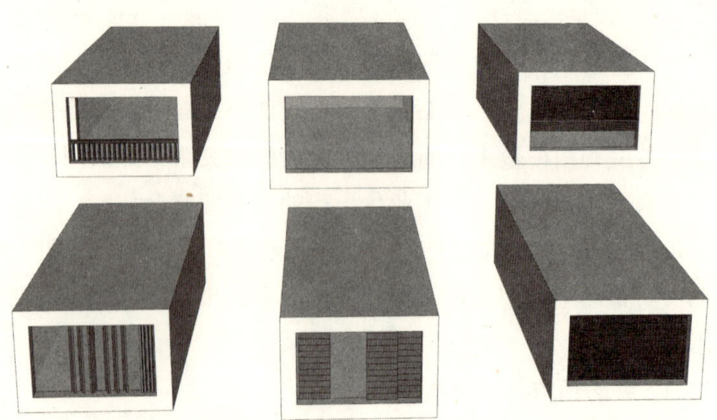

图 4–32 “上海盒子”方案的模数单元

的方法完成。在工厂使用标准的模具，通过预制的手段获得独立的单元（图 4–33），继而在现场完成组装。这样做一方面缩短了施工的时间，同时也可大大节约建筑的成本。

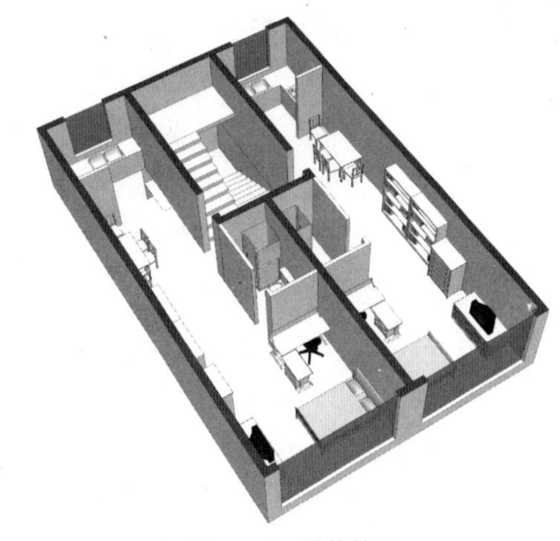

图 4–33 模数单元

#### 4.3.5.3 构件的模数

在基地北部的高层设计中，考虑到体量相对较大，很难与多层保持统一的几何感，因此除了在天际线上维持了与多层“盒子”的统一之外，我们在外立面的处理上，采用了一套更小尺度的构件来处理多层与高层的关系。900 毫米 × 900 毫米的洞口轴线尺寸仍然建立在模数的基础上，与 2700 毫米的层高、15300 毫米的套房总开间相关。这层表皮也很容易使用工业化的手段来实现，预制制作加上现场的吊装装配，很好地体现了建筑的经济性和集成化。当然，这一构件的组合并不只是一层单纯的表皮，由于窗洞的开启、闭合同样可以由用户任意支配，这样其实又与多层立面的处理手法统一了起来，形成了另一系列的“盒子”，于是在模数制的框架下，完成了一整套可变的建筑尝试（图 4–34、图 4–35）。

在整个设计过程中，我们试图运用“模数”这一手段来综合解决居住建筑设计中所面临的诸多问题。在保证强烈形式感的基础上，利用模数所营造的一系列秩序来达到实用和美观兼顾的目的，同时也使得这一居住区依旧保留了原有石库门里弄的场所精神。

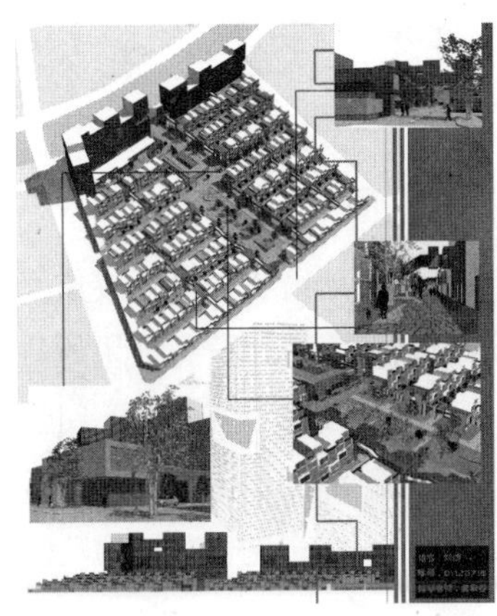

图 4–34 “上海盒子”方案鸟瞰图及局部透视图

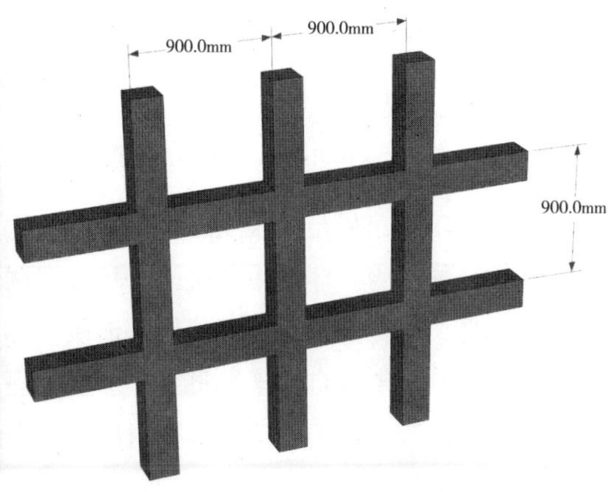


图 4–35 模数单元立面原型

## 4.4 新与旧的共存——石库门住宅改建研究❶

作为上海都市文化重要发育时期的建筑风格，石库门住宅长期影响到后来的城市形象。这里的城市形象不仅仅是建筑形式的拼贴，更深藏着城市历史、审美趋向及价值观。城市形象不仅是空间的概念，更多的是文化的概念，体现着文化与形象的关联性。由此，我们可以理解，为什么近年来那些搬进新居的居民们常常怀念石库门里的日子，怀念那种浓郁的里弄文化。

如何使石库门住宅与现代生活相结合并创造出多样性的交往空间，如何维持石库门住宅的主体居住功能而非单纯商业功能是一个有现实意义的课题。于是，我们把研究区域定在上海著名商业圈“新天地”地块南面的石库门住宅，结合城市更新进行了一次“新旧共存”的尝试（图 4–36）。

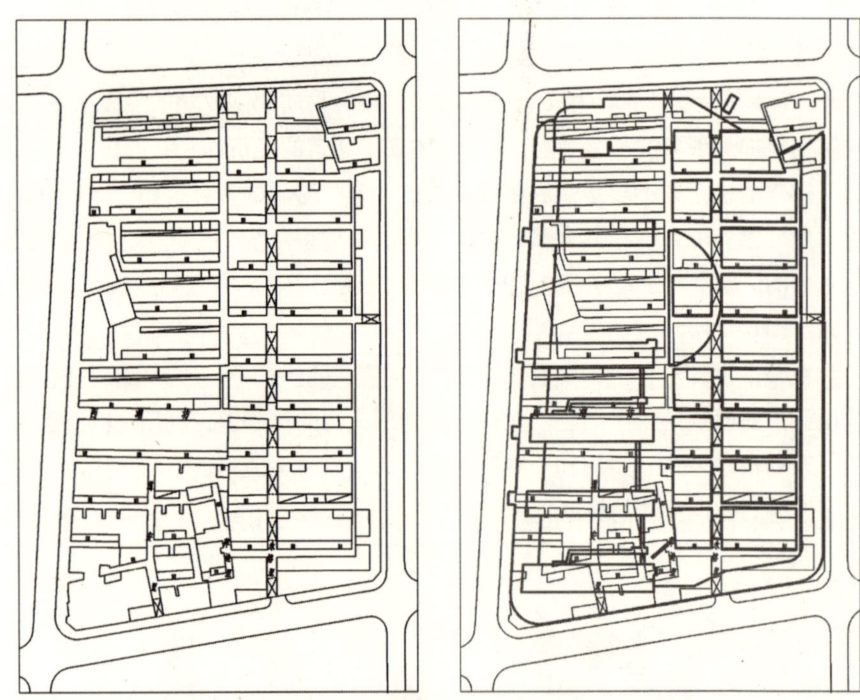

图 4–36　左图为改造前布局、右为改造后布局

从现有功能布局与未来发展来看，整个“太平桥”地区将被规划成集商业、居住、休闲为一体的中心城区。从我们调研的情况来看，研究地块的建筑密度偏高、绿化少、环境差。但是地块东部，有一片九排整齐的石库门住宅保存完好，过街楼自始至终贯穿，形式感强烈，建筑细部也保存完好。考虑到“新天地”南侧的人流可能被引导进这个地块，我们将这个基地的功能

❶　李炜琳参加了本节设计工作并于 2006 年拍摄、绘制文中图片。

定位为内部纯粹住宅、沿街商业，沿街一层采用“外铺内里”的方式，即底层沿街一侧为小型商业店面，后面和楼上为居住空间。新建小区主要出入口位于西侧中央，次要出入口位于南侧中央，与原小区出入口一致，商业街主要出入口位于北侧和东侧。

### 4.4.1 手法的探讨——保留与改建

经过现场调研，该街区的石库门住宅现状呈不均衡状态，西部年久失修，东部保存较好，于是我们提出了对原有里弄建筑采取“部分拆除、部分保留、部分改建”的设计思路，充分发挥各部分的价值。考虑到部分拆除并不会对城市肌理造成不良影响，我们将西部及沿街质量较差的住宅拆除重建，东部质量较好的里弄建筑予以保留。我们对保留的东部里弄建筑进行改造使其适合当代人的生活方式，新建部分以东部的老建筑为背景则更具韵味。

从西侧中央主入口进入小区，在基地中部新旧建筑交界的地方，我们选了三幢老里弄建筑，重塑空间结构，改造成为社区服务中心（图 4-37）通过外表玻璃的包裹，使得这三个建筑仿佛是陈列在博物馆里的文物。新与旧、过去与现在在这里交融、共生。同时，借助改造，为保留的东部石库门区域留出一些“过渡性”空间，种植绿化，供居民停留休息。

图 4-37 改造三栋老里弄建筑成为社区服务中心

### 4.4.2 手法的探讨——注重地域文脉

这个传统街区的沿街商铺可以说是一个地域特色，建筑本身形成的沿街围合，增加了内部区域的私密性和安全感。所以在新建筑设计时我们将此建筑形式予以保留，设计方案在街区的周边围合一圈 2 层商业建筑，既符合地块特性，又将小区和嘈杂的街道隔绝，保证了小区的私密和安静。

为配合规划中的商业、住宅、休闲一体的特殊功能和“新天地”的文脉关系，我们从地块独有的城市肌理出发，将韵味十足的小巷充分展现出来，利用小巷空间，使其成为商业内街，在小区东侧形成一条独立的商业带，使“新天地”的文脉得以延续（图 4-38）。商业街的一边是保留的老建筑山墙，并改造老建筑为商铺；另一边是新建的两层商业店铺。与一般的商业街不同的是，这里有原汁原味的老建筑，尺度亲切，别有一番风味（图 4-39、图 4-40）。

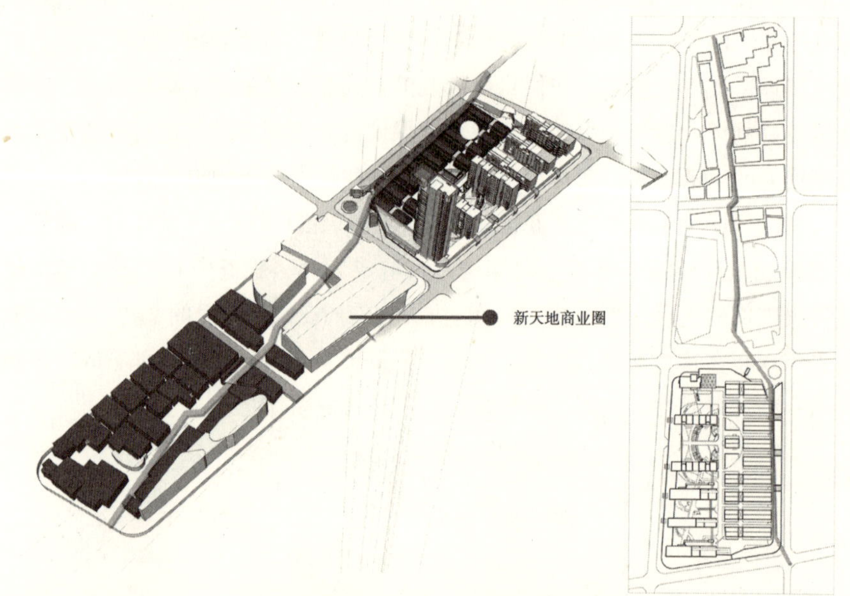


图 4-38 “新天地”文脉的延续（左下侧为“新天地”鸟瞰图）

改造前

改造后

图 4-39 新旧共存的小巷（商业内街）

连续的沿街店铺商业价值高，但也存在连续面过长、无停留和过渡空间的问题，为此，本方案沿街结合电话亭等公共设施，设计了一些停留空间，供路人休息（图4-41）。东侧的停留空间设计在商业街的内侧，是与小区交接的凹空间（图4-42）。

为实现人车分离，满足现代都市生活要求，我们在地块西部新建区域设置了地下停车库，地下车库设置2个出入口分别靠近小区的主要出入口。

在地块的北面我们还设计了一幢高层居住建筑，这一视觉上的地标，不仅统一了整个街区，而且

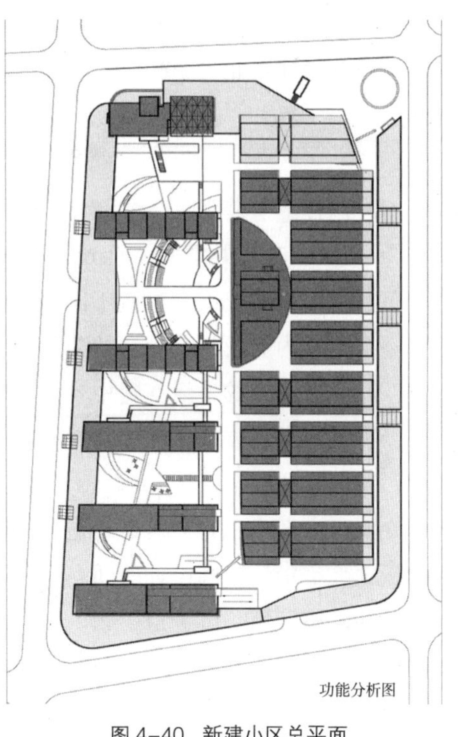


图4-40　新建小区总平面

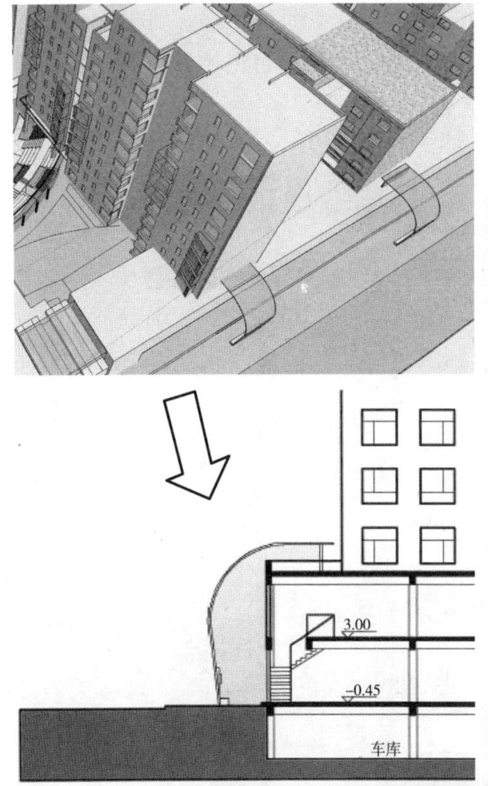


图4-41　西部沿街店铺用公共设施形成可停留的缓冲空间

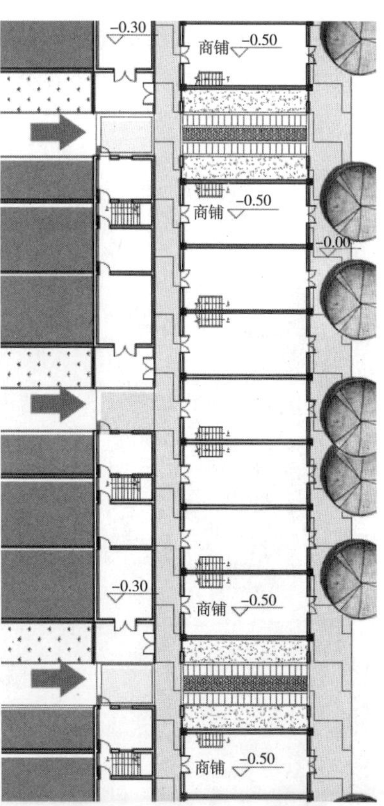


图4-42　东部商业街平面

提高了地块容积率，充分利用了土地。高层建筑东面设计为弧形造型，主要是为了借景基地东北方向的大面积绿地，弧线造型使群体建筑形态丰富有致。

### 4.4.3 手法的探讨——垂直里弄、空中庭院

石库门住宅有着强烈的空间特征，居民的居住空间被有序地分隔成公共空间（街道）、半公共空间（总弄）、半私密空间（支弄）和私密空间（住宅内部）几个不同的层次，这些不同层次的空间有机地组织在一个秩序中。总弄是整个弄堂内居民相互交往的公共活动空间，次弄则是近邻之间的半公共交往空间，在这样的生活空间中容易产生出亲密的邻里关系，这是石库门住宅最令人难舍的地方。由于相对封闭，而使石库门住宅区域产生了强烈的场所感、认同感和安全感。

在研究方案中，我们尝试将这一特质以竖向形式融入建筑单体中。在新建的板式住宅中，我们设计些凹空间，这些空间与小区立体廊桥相连，成为一个公共停留区域，可种植植物，凹空间的两侧有阳台突出，是各家各户的厨房工作阳台。在阳台上的人和在下面公共平台停留玩耍的人有了一个可以互相交流的空间，横向里弄便于交流的特性在此垂直空间中复苏了（图 4–43、图 4–44）。

另一种可能性是空中庭院的尝试，其目的是让传统里弄建筑中的庭院空间在新居住区中获得重生。在公共空间中，设计师通过出挑的形式，形成具

图 4–43 垂直里弄

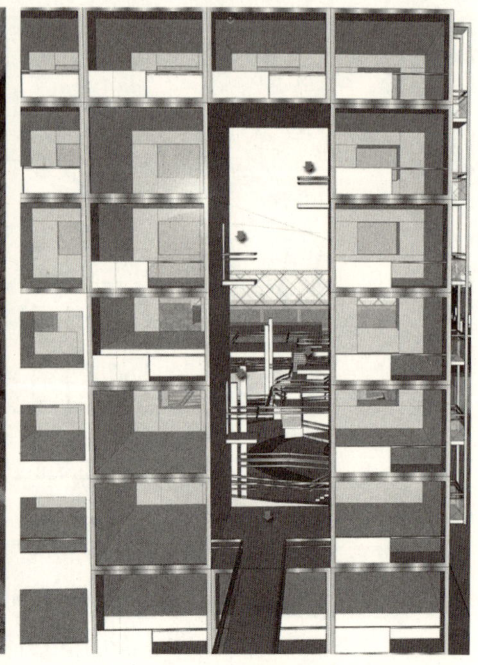

图 4–44 垂直里弄

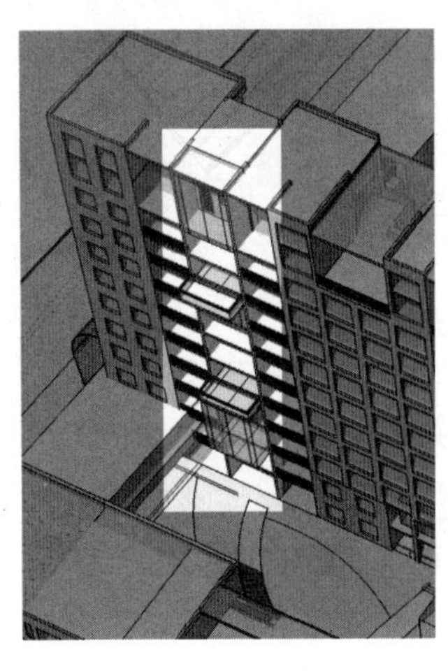
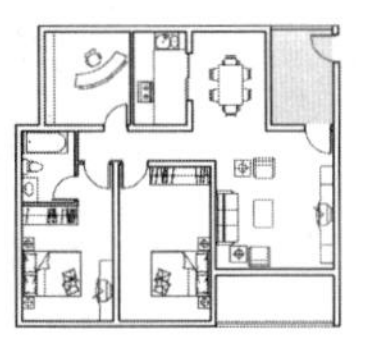
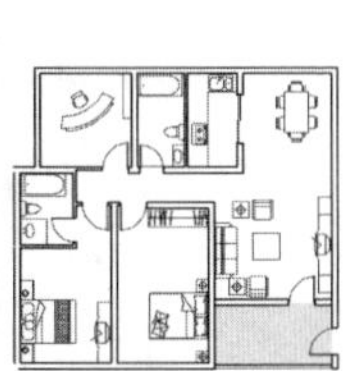
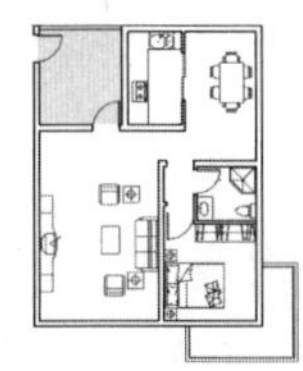
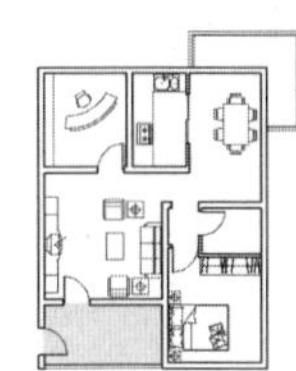
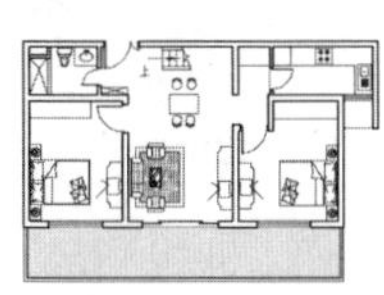
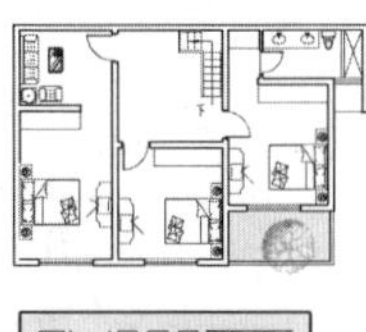
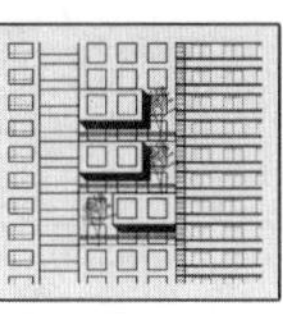

图 4-45　空中庭院

有 2 层、3 层层高的或室内或室外的公共交流平台；同理在高层建筑中，也利用出挑的形式营造了具有局部两层层高的空中庭院。在这些平台、空中庭院中，人们可以与大自然充分接触，修身养性。同时又可以俯视老里弄建筑及其庭院空间（图 4-45）。

#### 4.4.4　手法的探讨——入口处理与立体廊桥

小区南入口继承了原里弄过街楼特色，抽象的玻璃质感过街楼入口唤起了人们对过去的回忆，同时也和原里弄的过街楼一样，使小区对外封闭性更强，具有安全感（图 4-46）。

结合西部入口，我们设计了下沉式绿地。由于基地中很难围合成一个较大的中心绿地空间。仅仅利用建筑间距，得到的绿地空间还是过小。为尽可能扩大中心绿地空间，我们设计了下沉式中心绿地，部分建筑底层架空，使中心绿地穿越建筑，得到一个大于建筑间距的绿地空间。建筑作为景观的加入，也丰富了中心绿地景观的趣味性。

图 4-46　小区南入口

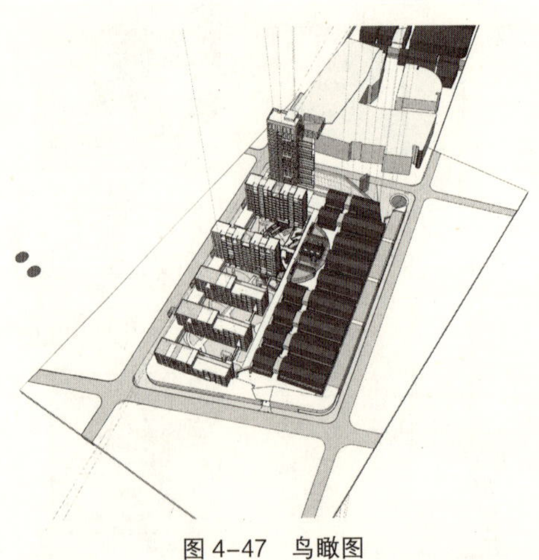

图 4-47　鸟瞰图

在新建筑中我们利用立体廊桥联系南北向 6 栋主体建筑（图 4-47），廊与楼梯空间、阳台、平台结合，空间时而放大，时而缩小，扩展建筑内部空间与建筑外部空间，形成新的空间构成。建筑与建筑间，由于有了廊桥的联结，组团封闭性加强，同时也增强了内部的私密性。立体廊桥是里弄空间的竖向拓展形式，石库门里弄的特色又一次在新建筑中得以延续。立体廊桥跨越中心下沉式绿地（图 4-48），二者有机结合，使空间连续贯通。多种交往空间更人性化，更丰富，这里成为小区的主题空间。

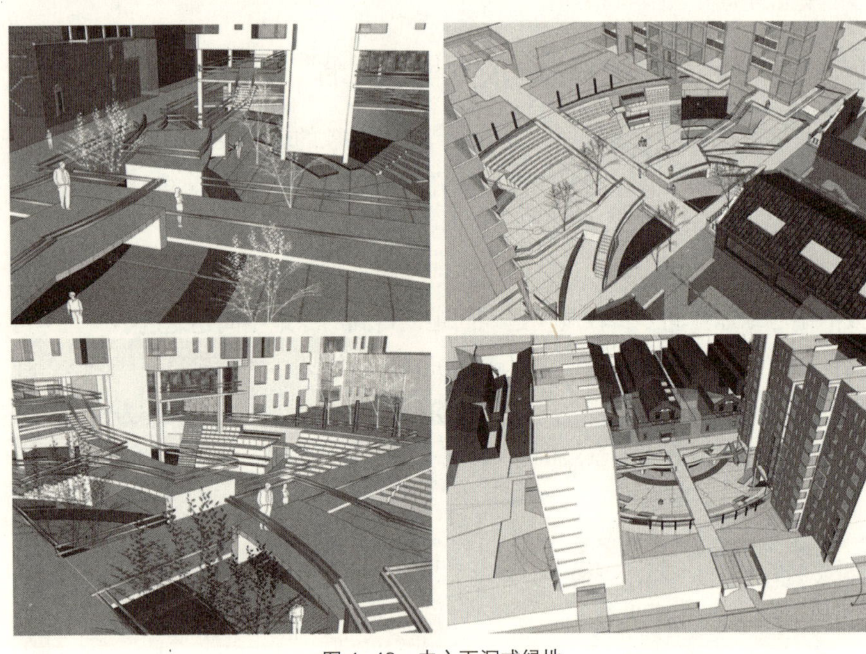

图 4-48　中心下沉式绿地

### 4.4.5　小结

在今天欧美发达地区那些富有魅力的城镇中，“新旧共存”已是一个恒久的主题。从具体做法来看，几乎是一个从新到旧的连续的谱系：从内外原封不动的修缮，到外部不动内部大规模改造，增加不同规模的外部新设施，仅保留几个旧的支撑结构，再到仅仅拿旧建筑作为一个现代建筑总体构思中的微量元素等……其改造的理由来自于经济、时尚、建筑师个人风格倾向等多种原因。虽然它们的处理方式多种多样，但基本态度都是用一种更自由、更灵活的态度看待我们的历史环境，新的改造无论在功能和风格都以满足现代人的现代生活需求为出发点。

与欧美国家相比，国内的手法相对单一，要么是推倒重来、完全新建，要么是“整旧如旧，和谐统一”。前者的结果是缺乏历史感，后者的结果是保护了一些有历史价值的片段，但人气不足，回报较小。因此，有必要探究城市更新过程中新旧共存的可能性。不仅仅注重形态、外表等物质层面的东西，还应该从文化的深层结构入手研究生活方式与物质形态的互动，在深层次上促进地域特征的表达。在我们的研究方案中，没有把老建筑当作包袱，而是利用二者的对比，使新老建筑相得益彰。建筑的现代化是必需的，本土化不是绝对的。我们的目标是在维护原有城市肌理及满足现代生活要求的同时，在新居住区中营造出具有传统里弄精神的现代交往空间。

## 4.5 探寻富有邻里感、人情味的现代联排式住宅区❶

锦秋加州花园联体别墅小区位于上海市宝山区陈太路，建造于20世纪末期，开发至今已完成了第七期工程。虽然石库门住宅和锦秋加州花园建造的时代背景不同，规模不同，现状也不同，但是作为联排式住宅，这两者之间还是有不少值得分析和比较的内容。

### 4.5.1 锦秋加州花园简介

位于上海大学新校区附近的锦秋加州花园（图4-49~图4-51），是1998年在上海建造的首个联体式别墅小区，这个由香港远东发展有限公司投资兴建的大型住宅小区，曾经在上海的别墅市场上掀起过一波浪潮。锦秋加州花园占地面积约2000亩，小区共建设近50万平方米的住宅并全部交付使用，入住率高达85%。锦秋加州花园的住宅普遍偏小，比较容易产生“家”的温馨感，在功能上有它的合理性，也适应上海的城市发展需求。

建筑材料方面，屋面选材新颖，较之传统的瓦片更加轻薄，防水性能好。小区内无论是住宅还是公共设施，用色都很大胆，以鲜亮的橙、黄、蓝色为主，给人以清新、明快的美感。

锦秋加州花园是以曾经风行美国、澳洲、新加坡的联体别墅为蓝本来设计的，设计者创建联排式花园别墅的初衷，一方面是提高别墅区的容积率，

❶ 倪秀君参加了本节前期调研，文中图片绘制、拍摄于2005年，王向波绘制了图4-50。

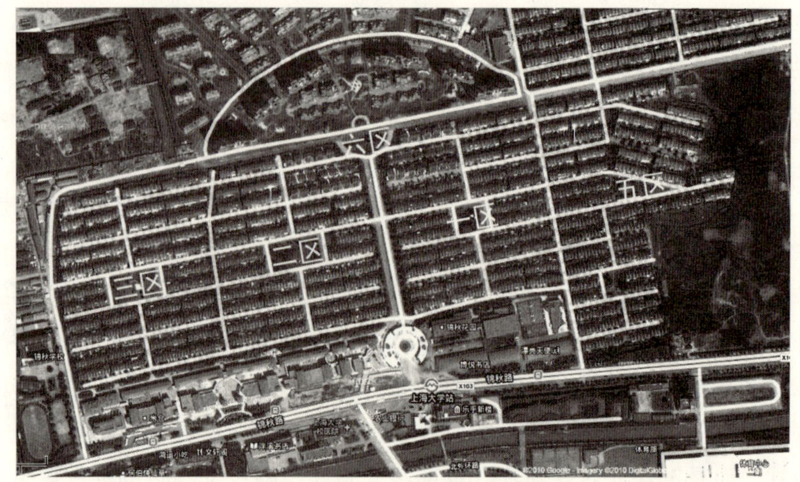


图 4-49　上海锦秋加州花园总平面
（图片来源：http://www.google.com.）

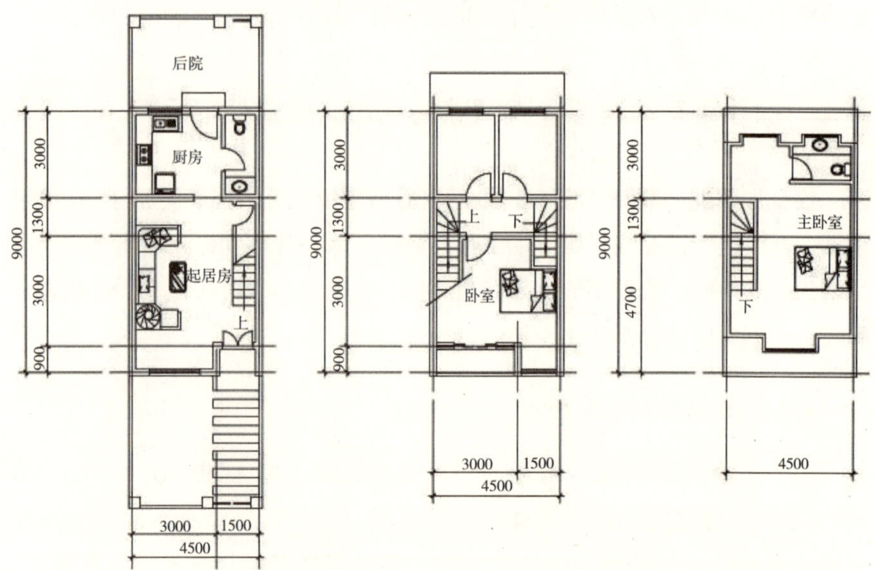


图 4-50　锦秋加州花园一期主要房型一层、二层、三层开间约 4.2 米，进深 10 米，开敞的前院近 30 平方米，宅前道路宽 5 米

图 4-51　锦秋加州花园外观

另一方面是增加邻里之间的沟通与交流。据考证，锦秋加州花园的设计者在设计此住宅小区时，也的确考虑了要贯彻“本土化，民族化”的理念，在设计上，体现了将新时代的商品房开发与里弄空间特色相结合来满足居住者的“石库门文化情结”的意图,在总体布局上,也的确有些类似于新式里弄。但是,在目前使用中，我们还是看到了不少问题。

### 4.5.2 石库门住宅与锦秋加州花园的比较

从早期石库门住宅发展至今日的锦秋加州花园，我们看到了很多值得称赞的进步之处：日照通风不良、嘈杂拥挤、建筑密度过高等不合理的现象改善了；天天倒痰盂、洗马桶、几户人家合用一个厨房间的不便之处没有了。但石库门里弄的许多优点在锦秋加州花园样也没能得到体现。尤其是那种现代人渴望的交流与沟通场所较少；那种抬头不见低头见，见面寒暄几句、话话家长里短的日子没有重现，即那种富有邻里感、具有人情味儿的浓郁的里弄文化未获重生。

#### 4.5.2.1 道路

在布局上，为了节约用地，石库门住宅前后排的间距较小，一般为 1∶0.7 左右（图 4–52）。从当前的冬季日照要求来看是欠缺的，但最初的设计意图是一个单元归一户使用，底层都为客厅餐室，而楼上房间的日照条件是可以的。改为多户使用以后，底层住户的冬季日照条件就差了。为了减少干扰和争取阳光，老式石库门里弄住宅和新式石库门里弄住宅往往将前天井围墙和厢房山墙面向支弄，以取安静，并从前天井和里弄的相邻空间争取日照。新式里弄住宅则以屋前的小花园作为住宅与弄堂的间隔来求取安静。也有不设小花园，而用提高底层窗台高度、加阔里弄宽度的办法来求得安静。也许正是由于石库门住宅的间距较小，贴近人们活动的尺度，所以易使人产生亲切感，也使人们乐于时常到公共空间活动。

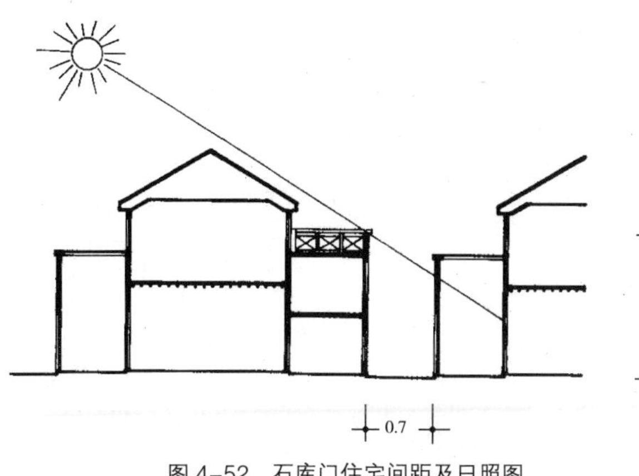


图 4–52 石库门住宅间距及日照图

图 4–53 间距 5 米的锦秋加州花园宅前道路

但是在锦秋加州花园中，建筑体量、间距较大（图 4–53），虽然能满足日照和安静的要求，却无法达到一定比例的主、支弄空间，难以形成里弄建筑的空间特色。因而，也就无法实现设计者的设计意图了。在锦秋加州花园，几乎所有的道路上都能看到快速穿行的车辆，却很少看到人们驻足交谈、小孩儿畅快玩耍的场景。而在石库门住宅中，机动车无法进入，作为主要交通空间的总弄一般 4 米左右，既便于非机动车通行，又限定了非机动车的车速，防止了噪声的干扰和汽车尾气的污染。支弄一般相对狭窄且封闭，是邻里交往，孩童游戏的好场所（图 4–54）。

如今汽车已成为人们生活的重要工具，尤其在联排住宅区，不能排斥汽车的进入。但这并不意味着必须让所有的道路都通汽车，合理地规划车行道路，仍有可能形成宜人的生活区域。

现代联排式住宅可以从以下几方面改进。

- 缩小次级道路的间距。一方面，在空间感上，贴近里弄建筑的空间特色；另一方面，变窄后的次级道路限制机动车通行，使部分区域能“留得住人”。
- 采用周边式行车的方法阻止机动车辆在次级道路上行驶（图 4–54）。
- 设置街心花园或建筑小品阻止车辆进入次级道路，并将车辆引入地下车库（图 4–55）。

### 4.5.2.2 院子

锦秋加州花园的每套别墅都配有前后两个院子，院子的面积达 20~30 平方米，但利用率却不高。由于院子都是由铸铁栏杆围合而成，几乎没有私密性可言（图 4–53）。对于居住建筑的私人领地，低矮、稀疏的几根铁栏杆基本形同虚设，要不是这里经常有保安巡逻，安全问题就实在令人担忧了。房主们对于这样的院子也十分无奈，要么弃之不用，令其杂草丛生；要么干脆搭个棚或做个构架之类的东西来增加院子的私密性；还有的甚至在院子里加

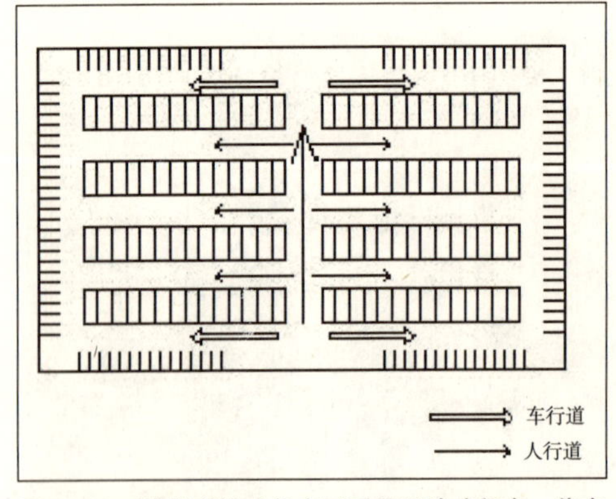


图 4–54　现代联排式住宅可采用周边式行车、停车的方法，以形成部分人行区域

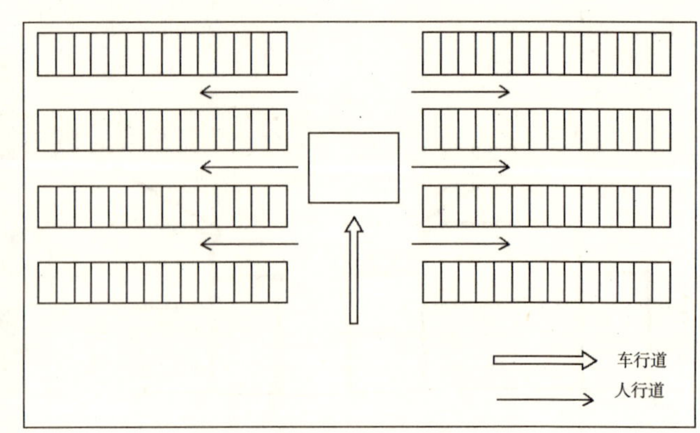


图 4–55　设置街心花园并将车辆引入地下车库

建了建筑，以作为底层住宅的延续。锦秋加州花园的院子和石库门住宅中的天井比起来实在逊色很多。石库门住宅的天井类似传统住宅中庭院，为居民提供了不可缺少的室外活动场所。这种露天但又封闭的空间既很好地保持了住宅与自然——阳光、雨水、绿化的联系，又有别于户外嘈杂的公共环境，是一种亦内亦外的特殊过渡空间（图 4–17、图 4–20）。

改进措施：吸取石库门里弄中天井和院子的设计优点，采用部分实体围合的方式来提高私密性较差造成的低利用率。

#### 4.5.2.3 住宅中楼梯

石库门住宅中的横置楼梯十分巧妙地将各个不同功能的用房有机地串联了起来，楼梯的位置并不拘泥于某个特定的地点，却总能恰当连接层高相异的主要用房和附属用房（图 4–56）。虽然楼梯的宽度通常很窄，坡度也陡，但仍不失为石库门住宅的一大特色。

锦秋加州花园的部分住宅在楼梯处理上就显得不太合理了，楼梯所在的位置完全处于别墅所有房间的一侧，即顺置，使主要房间的布局都受到其影响，楼梯仅仅解决了居住空间的上下交通问题，并不像石库门住宅中的楼梯那样趣味十足（图 4–50）。

改进措施：将楼梯横置，使主要空间变得完整、宽敞。

#### 4.5.2.4 层高

锦秋加州花园别墅的主要房间层高仅 3 米，很容易产生压抑感和局促感。在石库门住宅中，附屋与正屋的层高通常是不同的，这样的设计手法，既能使层高与进深形成恰当比例（一般附属部分的进深较浅），又能使石库门里弄住宅的横向轮廓线，体现出前高后低、主次分明的面貌，有利于形成丰富的建筑北立面（图 4–57）。

改进措施：作为一个单元归一户使用的联体别墅，在层高上，并不一定要将厨房、工人房等附属用房的高度设计为等同于主要用房。

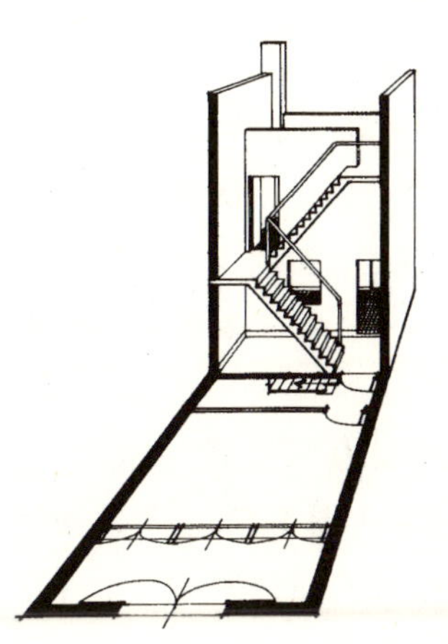

图 4–56 石库门住宅中的横置楼梯

图 4–57 丰富的北立面

#### 4.5.3 小结

今天，重现里弄文化的现代联排住宅有一定的社会需求，它的确是实现类里弄居住方式的手法之一。但是如何建造现代的联排式住宅并不是一个简单的问题，处理不当依然会给居住者带来生活上的困扰。通过吸纳传统里弄中丰富的交往空间，结合现代生活特点，营造出一个人与人、人与自然和谐共处的现代联排式住宅居住环境，需要我们深入地思考和研究。

## 4.6 由振华里石库门住宅改造所想到的❶

2005年结合学生毕业设计，我们对上世纪末改造过的振华里石库门住宅进行调研。在这一过程中，我们了解到，改造后的振华里如今又被列入拆迁范围。在周边时尚、现代的环境氛围中显得十分破败的改造过的振华里小区，在住房买卖市场上却异常红火，每天前来打听这里房价的人络绎不绝，愿出高价购买的人也不在少数。我们不禁感叹：这么小的房型，这么旧的房子，何以吸引人们的关注？

#### 4.6.1 振华里石库门住宅改造调研

振华里，南临合肥路，北接复兴东路，西起马当路，东至黄陂南路，始建于1924年，属旧式石库门里弄住宅。原有楼房93幢，居民约1400人，占地0.5公顷。作为卢湾区第一批成片、整街坊的旧住房成套改造项目，振华里自1991年开始，分期分排改造，建设总周期共为2年。

在振华里的改造过程中，原有居住面积大于15平方米的住户均可以享有原迁原还的政策，约有70%~80%的居民回迁。改建后的振华里保留了里弄住宅低层高密度的特点，沿用了原有的弄堂和部分隔墙，共有10排、225套住房，大多为3层高的独门独户住宅。

- 总平面分析

改造前的振华里在通向马当路和复兴中路的弄堂口分别设有出入口，另有一个出入口通向相邻的梅兰坊（图4–58）。改造后，小区在临复兴路的部分土地上另建高层商务楼，减少2排石库门住宅，封闭了通向梅兰坊的出入口，仅保留通向马当路的两个出入口（图4–59）。主要人流经过支弄到达总弄，再分别流向各个支弄。

改造后的振华里保留了原有的行列式布局，总平面为“干支式”结构形式，东西向的支弄宽约3.5米，南北向的总弄宽约6.5米（图4–60）。最北面的弄堂适当放宽尺度，主要用于满足消防以及日常生活垃圾的运输需要。在总

❶ 顾利雯参加了本节前期调查，并于2004年拍摄、绘制了文中图片。

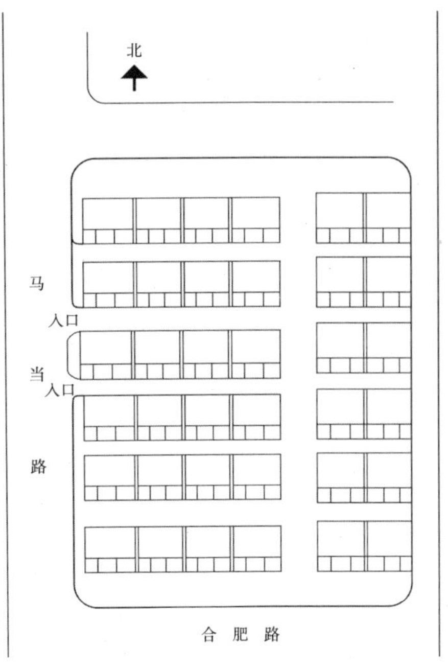


图 4-58 小区改造前平面图

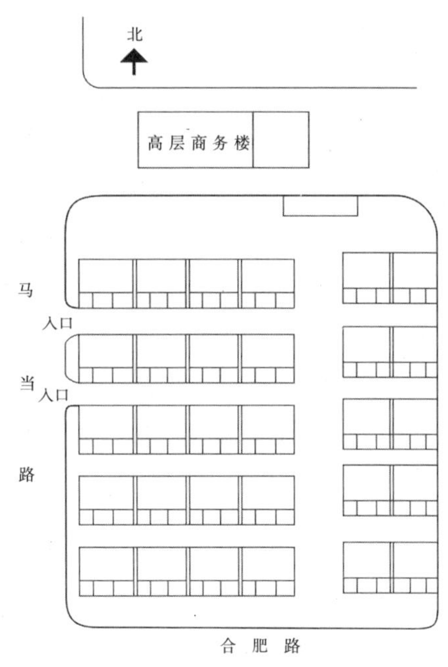


图 4-59 小区改造后平面图

弄沿山墙处加建了绿化和健身设备，有利于居住环境的改善和居民生活质量的提高（图 4-61）。

● 单体分析

振华里的旧式里弄住宅皆为单开间的单元组合，开间 3.9 米，单元平面呈长条形。正面入口处，是一堵高约 5 米的围墙。大门镶嵌在围墙的中间，采用 1.5 米宽，2.5 米高的双扇内开石库门。门内即为 10 平方米左右的天井。正对着大门的是客堂，紧接其后设有楼梯间。楼梯为单跑，直上二层，二层楼梯间南部为客堂间，楼梯间兼作楼层过道，空间十分紧凑。单开间附屋上部用作小卧室，俗称“亭子间”。它与早期石库门住宅的区别在于开间

图 4-60 改建后的支弄及单体

图 4-61 加建了绿化和健身设备的总弄

图 4–62　改建后住宅入口

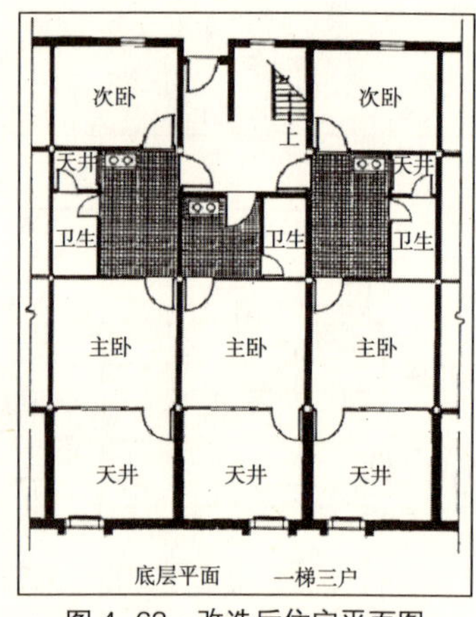


图 4–63　改造后住宅平面图

少、宽度窄、窗户多，进深也略有减少。

改造后的振华里住宅在平面布局、层高和层数上都有了变化，主要特点是将公用住宅改为一梯三户的独门独户住宅，原来标志性的“石库门”被拆除，取而代之的是砖砌围墙，高度从原来的 5 米降低到 2.1 米左右（图 4–62）。南向天井的开间和进深均保持不变。位于厨房和卫生间旁的小天井是石库门住宅元素的延伸，虽然面积仅为 1.2 平方米，但满足了厨房与卫生间的采光、通风等多重需要，是改造后住宅单体的精华所在（图 4–63）。原有石库门住宅的另一主要元素是晒台。改造前的晒台位于北向的亭子间上方，每层的住户都会在晒台上晾晒衣服，有的还种花、养鸟，利用率比较高。在振华里的单体改造中，晒台被予以保留。实际使用中，晒台的使用率已经不像过去那么高了，特别是一层的居民，他们拥有一个宽敞的南向天井，采光、通风条件都很好，就很少去三层的晒台上晾晒衣服。根据调查，晒台实际使用者主要是三层的住户，也有二层的住户。这个现象的产生与改造后成为独门独户住宅有很大的关系。虽然没有能够实现当年石库门住宅的设计初衷，但是晒台的存在依然有其必要性，因为它不仅丰富了立面造型，而且晒台里摆放的花卉和植物也为房间的保温隔热以及住宅环境的调节起到了作用（主要参数见表 4–2）。

**振华里改造前后主要参数比较**　　表 4–2

| | 改造前 | 改造后 |
|---|---|---|
| 开间 | 3.9 米 | 3.9 米（不变） |
| 进深 | 约 14~15 米 | 约 14~15 米（不变） |
| 层高 | 底层 3.4 米，<br>楼层 3 米 | 皆为 2.8 米 |

续表

| | 改造前 | 改造后 |
|---|---|---|
| 层数 | 2层（局部3层） | 3层（局部4层） |
| 围墙高度 | 5米 | 2.1米 |
| 晒台 | 每开间一个 | 每三开间两个 |
| 天井 | 每开间南北入口处各一个；南向为大天井，北向为小天井 | 南向大天井每开间一个，面积不变；北向小天井每三开间两个（作为厨房、卫生间的采光和通风用） |
| 形式 | 公用住宅，每开间用一个楼梯 | 独门独户住宅，每三开间用一个楼梯（一梯三户） |
| 外墙材料 | 红砖 | 粉刷 |

### 4.6.2 改造后的特点——邻里活动和交往空间

对居住在石库门住宅中的上海居民来说，弄堂是他们日常生活的重要场所，也是和邻居们进行交往的空间。但是，近几年新建的现代化小区中却发生了不少变化。随着生活水平的不断提高，随着电话、电视、空调的普及，新居住区中越来越多的居民将自己封闭在家中，除了必要的进出门之外门也不常开。新居住区的大面积中心绿地，使用率并不高，新居住区虽然干净合理，但由于缺乏人气而不再有灵气。

改造后的振华里，人气依然很旺，如今我们依然可以看见孩子们在狭窄的弄堂里玩耍的身影，依然有老人在弄堂里打牌、下棋，在冬天有太阳的地方依然聚集着不少人。这种有说有笑的场面，处处可见。对这里的居民而言，弄堂不仅仅是到达自家门口的通道，更是他们交流的场所（图4-64）。

改造后的总弄是小区居民交往的主要场所，原因如下：

- 总弄较宽，为人们提供了足够的活动空间。
- 总弄没有机动车经过，非机动车的车速也相对放慢，为人们的交往提供了良好的环境。
- 总弄为南北方向，没有遮挡，有充足的太阳光照，冬天温暖，吸引了大量老年人和小朋友前往。
- 改造前缺少绿化，改造后总弄加建了小区唯一的绿化带，并布置了健身设施，因而吸引了居民前来活动。

图4-64　邻里见面时热情地打招呼

### 4.6.3 居民的看法

振华里毗邻淮海路商圈，地理位置相当优越，且出行方便。小区周边的学校、超市、医院等配套设施十分完善，交通便捷，原来居住在振华里的居民，平均每户只要出资1万元就可搬回，这样既满足了居民住房改造的需求，又符合居民的实际承受能力，深受大家的欢迎。

改造前的振华里基础设施差、面积小、人口密度高、采光通风不良、环境嘈杂，没有卫生设备，许多房间夏天闷热、冬天终日不见阳光。改建后的振华里，独门独院、环境幽静、用地相对宽敞，还加建了绿化和健身设施。不仅建筑质量好，面积大，而且日照通风条件有所改善，最重大的改变就是将过去的“七十二家房客”变成了独门独户的住宅，各户有了属于自己家庭的厨房和卫生间。

笔者走访了振华里的老居民，对于现在的居住情况，他们这样说：“儿女们让我们把这里的房子卖了和他们一起住，我们都舍不得。我们在石库门里生活了一辈子，现在岁数大了，要我们住到高层里面去我们是不习惯的。这里的环境好，进出方便，而且周围的老邻居关系都特别好，大家像一家人一样”。[1]事实情况也的确如此，在新住宅区里大家门一关就谁都不认识谁了，而老的里弄住宅虽然狭小，老人们却不愿意离开，原因是多年的老邻居们不愿意分开。很多上了年纪的人都到这里来询问有没有出售房屋的意向，有的甚至开出惊人的价格想拥有这里的一小套住宅。在这里，人们就像是回归到了当年石库门的生活中，邻里之间互相帮助，关系融洽。

### 4.6.4 思考

如今的振华里石库门住宅身价倍增，这一看似不可理解的现象，我们若从地域性建筑的角度分析就不难找到答案。

全球化的影响已深深地影响到了与人关系最密切的居住建筑，作为最能体现地域性的建筑类型，上海的居住建筑本土地域性特色丧失殆尽。特别是20世纪90年代以后，为了满足生活水平提高的新的居住需求，上海建设了大量似曾相识的商品房住宅，然而有品位、有上海地域特色的楼盘屈指可数。改造后的振华里深受市民的欢迎并在市场竞争中立于不败之地，是一个偶然现象，因为当初的改造标准低，规划建设部门由于缺乏资金，采用了比较保守的开发策略。毫无疑问，如果十几年前的改造标准再高一些，将原有文化特色保护得再多一些，如今的社会效益将更大，经济效益也将更为可观。

---

[1] 2004年调研时，持此观点的居民比例高达80%以上。

里弄式住宅在上海还有大量实物存在，在市中心寸土寸金的商业要地，居民动迁难度大。那些质量较好的石库门住宅，经过维修和改建，仍可成为今天城市住宅建筑类型之一。另外，郊外新建楼盘，如果运用地域性建筑理论，更多地关注自然条件、人们的生活方式、地方文化等因素，就不难创造出充满生机与活力的居住区。

## 4.7 探索适宜老年人居住的“新”里弄住宅[1]

上海作为国际化大都市，早在1979年已率先步入了中国老龄化城市的行列。随着老年群体的日益庞大，对其住房的改善也迫在眉睫。然而，上海的用地紧张是众所周知的。那么，是成规模地在市郊建造老年人居住社区，还是见缝插针地在市中心区发展老年居住建筑就成了一个值得研讨的问题。

### 4.7.1 在市中心区还是在市郊建设老年人居住区

● 规模

从规模上看，在市郊发展老年人居住区规模可以很大，可以获得在市中心区无法得到的优美环境以及清新的空气。而在市中心区的发展范围较为有限，但是市区具有点多面广的特点，可以渗透到各个现有小区中，形成较广的服务网络。

● 交通

在市郊的老年社区，内部可以形成便于老年人使用的人车分离的道路系统和步行空间，从而为老年人营造出无噪声污染的良好环境，但社区与整个城市的联结会受到不同程度的影响。而市中心区的交通系统本身就较为完善，便于老年人与城市各方向的连接。

● 社区服务

在市中心区的一定步行范围内已建成了较为完善的社区服务配套公建体系，如医疗、娱乐、购物等重要公建项目，这就可以减少相当一部分的重复开发，而且此类公建在硬件设施上一般都已符合残障人士及老年人规范标准，为老年人提供了方便；相比之下，市郊新建的老年居住社区就要求对这一体系进行规划，虽然可以做到更加合理，但是投资较大。

● 社会连接性

地处市中心区的老年居住社区可使老年人方便地加入到各种周边的社会活动中，体现出社会连接性较强；而在市郊老人的社会活动多局限于社区内

[1] 邱琳、冯哲圆、朱利芳参加了本节部分工作。

部小范围，与城市有所脱离，多少会产生一种将老年人孤立于城市生活之外的感觉。

从以上老年人居住区在市中心区与市郊发展的对比中，我们不难看出，这两种发展模式各有利弊。诚然，宁静安谧的郊外、清新自然的环境、安宜舒适的居所和完善的综合服务设施是老年人安享晚年的理想居住形态。但是，如若仅仅以建筑师的职业方法与乌托邦式的热情来解决人口老龄化所造成的社会压力，而忽视了上海老人行为与城市空间结构上的微妙关系，那么只会使理想化渐渐沦为简单化。因此，我们需要以理性的客观分析来探讨在城市中心区发展老年居住建筑的可行性与操作方式。

### 4.7.2 在上海市中心区发展老年人居住建筑的可行性

由上海市老年用房研究专业委员会和上海市老龄科学研究中心等单位在市区范围内组织的“上海市新世纪初（2001—2010）城市老年人养老方式选择及住房需求调查”[1]的结果显示，有 95.8% 的被调查老年人选择居家养老的方式，在自己的寓所中与其他家庭成员一起生活或独自生活来度过晚年；而选择机构养老和老年公寓养老的人数仅分别为被调查人数的 2.3% 和 1.9%。

再从选择原因中进行分析，选择居家养老的绝大多数老年人中有 32.9% 的人为了享受天伦之乐，24.7% 需照顾子女或第三代，不愿离开现住社区的占 21.4%，经济上无力支付住养老机构费用的占 13.1%。据调查，上海市老年人月收入在 750 元以下的就占 73.3%（表 4–3）。而在选择机构养老的老年人中，要求养老机构所处地段在外环线以内的又占据了 81% 的大比率（表 4–4）。

**上海老年人月收入调查** 表 4–3

| 序　号 | 月收入 | 选择比率 |
|---|---|---|
| 1 | 500 元及以下 | 9.2% |
| 2 | 501~750 元 | 64.1% |
| 3 | 751~1000 元 | 15.5% |
| 4 | 1001~1250 元 | 4.4% |
| 5 | 1251~1500 元 | 2.7% |
| 6 | 1501~2000 元 | 3.2% |
| 7 | 2000 元以上 | 0.9% |

[1] 张剑敏，马怡红．新世纪初上海老年人住房需求调查研究．住区，2001（3）．

上海老年人选择居住社区范围调查结果　　表 4–4

| 序　号 | 地　　段 | 选择比率 |
|---|---|---|
| 1 | 不离开现在的社区，在现在的街道内 | 58% |
| 2 | 不在现在的街道内，但在内环线以内 | 19% |
| 3 | 不在内环线以内，但在外环线以内 | 4% |
| 4 | 在外环线以外，但不在郊区或郊县 | 0% |
| 5 | 只要交通方便，环境良好，郊区或郊县都可以 | 19% |
| 6 | 愿意到外地或其他 | 0% |

从以上调查中，我们可以得出一个结论：盲目地在市郊大规模建造单一性老年人居住社区是不合理的，而且在上海市中心区发展老年人居住建筑是极有市场潜力的。

联合国老龄研究所所长安托尼伯诺博士在谈及中国老龄问题的解决办法时说："中国是一个具有尊敬老人优良传统的国家。目前中国面对老年人口比例的迅速提高已经有了紧迫感，但是我觉得只有寻找建立在自己的文化、资源基础上的解决办法才不失为明智之举。中国不应该追求建立大规模的养老机构，像堆放物品一样把老年人安置在那里，家庭和社区照顾才是所有老年政策能够立足的基础"。❶的确，短期内花费大量投资开发高档老年社区对于国家而言是一种不小的负担，对于目前收入普遍偏低的老年人而言也不实际。如果结合旧区改造开发出符合上海市情的经济实用型老年社区模式无疑是有价值的。

### 4.7.3　老年的居住要求与上海里弄住宅改造适宜性的对比（表 4–5）

里弄建筑作为上海的一道独特的风景线而有着不可取代的地位。"里弄住宅作为一种低层、带有庭院的建筑形式，具有很多先进的特征：等级制空间组织网络，公共与私人区域的间隔布置，高度的安全控制，强大的邻里相互作用力和社会凝聚力等。这些因素使得里弄住宅成为一个居住的好地方，也因此赢得了当地民众的喜爱"。❷

生活方便、小户型、数量大、楼层少、特别有人情味的交流空间，这些都适宜于老人的需求。实际调查中也可以发现，目前居住在里弄住宅的居民中，老年人占有较大的比重，他们正面临着旧城改建不得不搬迁的困境。因此可以对里弄住宅加以改造，使之成为老年人在市区的安栖之所。

❶ 羌苑．中国亟待兴建老年居住建筑．住区，2001（3）．
❷ 蔡红．中国城市老年社区的空间与环境．建筑师，2003，8：104.

老年的居住要求与上海里弄住宅改造适宜性的对比　表 4–5

| 老年住宅居住要求 | 上海里弄住宅改造的适宜性 |
| --- | --- |
| 家庭结构的变化是决定老年人居住形态最基本的因素。随着社会的发展，子女与老人捆绑合住的现象逐步改变。大家庭逐渐解体，家庭呈现出小型化发展的趋势 | 新式石库门住宅楼层少，居住房间较少，若能够明确划分起居室、卧室、厨房、浴室，并安装卫生设备和煤气管道，那么就十分适合老年人居住 |
| 老年人生理机能随年龄增长而降低，如记忆力减退、方向辨别力差等，常常导致迷失方向。身体较虚弱，行动迟缓，体力下降，不适宜长途行走。这就要求老年人的住宅设计应从方便和经济角度出发，室内外空间紧凑、便捷 | 里弄建筑毗连而建，房屋单向排列，道路指向性单纯，不但有利于老年人辨别方位，更符合现代小区管理人员能直接、方便地巡视小区各个段落的安全要求。同时，里弄住宅在其存在的历史过程中又因为人的生活痕迹而具有某些标识性，易于辨认，不易迷路忘房 |
| 老人通常并不愿割断他们与家庭和邻里的联系，他们喜欢的住宅环境是生活气息浓郁，与各年龄段的居民有各种各样的交往机会，避免产生与社会相隔绝、被社会所遗弃的消极心理 | 里弄住宅有很浓的生活气息与亲和力，不会像刻意建造的养老院那样与社会有距离感 |
| 应为老年人设置宅前绿地等休憩空间。这一空间是领域感较强的半私密空间，不受外界干扰的同时，保持着视线与外界的交流。看行人来往、儿童玩耍、在感受自我的同时也感受外部环境，形成生动、流畅的视觉效果，达到综合交往的目的 | 石库门里弄住宅中的天井和新式里弄住宅中的露台或小庭院都是领域感较强的半私密空间，可以满足老年人足不出户就能接近自然的需求 |
| 老年人需要一个富于人性的活动路径和适于驻留的公共空间，以满足诸如散步、呼吸新鲜空气、观赏有趣的事情、晒太阳，下棋，玩牌等自发性活动 | 在里弄住宅中，许多家庭生活的内容，如清晨洗漱、淘米拣菜、修理物件等，都是在弄堂中进行。弄堂中没有汽车穿越，所以，它是一个热闹的公共空间，这样就大大拓展了人们户外的交往机会 |

### 4.7.4　改造里弄住宅，以适应老年人居住

● 维护露台和私人庭院

露台和私人庭院不仅可以让人有居家感，还能让居民同户外保持密切的联系。在露台和院子中，老人最常见的活动是坐着晒太阳和养花种草，由于老人有更多的时间待在家里，所以一个有阳光照射的露台或院子是老人闲暇时最乐于选择的地方。

在改建里弄住宅的过程中应注意，这个空间必须既给人以户外的开敞感，又有封闭的私密性。如果露台和院子没有明确的边界、几乎没有一点遮挡时，它们是很少被利用的。而如果完全封闭，那与室内也无任何差别。处理得当的边界在提供安全感和私密性的同时，又为居民提供观望户外公共空间的机会。

● 开发里弄住宅内的公共社交场所

里弄住宅出入口附近经常是老人喜欢聚集的地方，它是老人与外面社区

接触的过渡地区，老人常在此逗留。观望外面发生的事情及不同人的活动，使老人与社区有实质上或视觉心理上的互动。为了鼓励老人在出入口附近聚集、聊天、观望、晒太阳等活动，须在保证安全的前提下，强化该地点的开放性及邀请性，使入口附近成为老人户外活动和交往的空间。为此，入口门厅应有一定的空间，以保证老人们在此聚集；入口处的门窗应尽量设计得大一点，使此处有足够的日照；也可将小型公共活动室或其他一些公共设施安排在入口附近或门厅内，从而增加老人在这里逗留及碰面的机会；建筑物入口外应设置一些活动庭院，使老人在室内能与室外保持视觉联系，并让他们感到这里更富生活气息、更安全，同时也能进一步鼓励老人从室内走向室外。为强化居家感，入口门厅也不宜设计得过大，出入口应避免过分严肃的刻板形式，而应以具有私密感而又亲切的居家尺度为宜，可在靠墙处放置几个舒适的座椅，也可以运用植物来软化出入口的体量。

虽然在老年社区中会有一些集中的老年活动设施，如棋牌室、茶室，但是由于这些设施往往离老人住所有一定的距离，因而影响了这些活动室的充分使用。鉴于老人的交往心理偏向于就近原则，同时考虑到行动不便的老人的交往需求及恶劣天气的影响，在较小范围内设置活动室是必要的。这些活动室的位置可以设在里弄住宅的顶层，利用顶层平台将活动室兼作阳光室；也可设在首层，便于老人出入。设在首层的活动室最好与建筑物附近的庭院或休息区在视线上可及，这样能提高活动室的开放性，有利于活动室的使用。

● 室外休憩空间

如果建筑物的布局能形成包围性较强的开敞空间——庭院，那么这个空间在不影响四周建筑物领域感的私密程度情况下，可以作为老人的公共户外活动与交往空间。老人们最愿意使用从室内能看到的，或易于到达的户外休息区，因为老人在离开建筑前若能看到这些区域，心理上会感到更安全，所以宅前庭院等休息空间往往是那些需要方便、舒适和安全而行动不便的老人的喜爱之所，也因为其可及性和亲切感有很高的使用率（图 4–65）。

基于老人对天气发的变化更为敏感，所以要真正提高宅前休憩空间的使用，还应该注意细部的处理。例如考虑微气候条件和座椅的舒适性等影响户外空间使用的因素❶：在庭院内设置悬挂物、屏风、植物、墙或小隔板以缓解倒灌风和穿堂风的问题；应将庭院和休息区布置在夏天可获得凉风的地方；在棚架上种植落叶藤类植物，这样可在夏天遮蔽烈日，在冬天透进温暖的阳光（图 4–66）。

● 中心绿地

---

❶ 在《人性场所》一书中，伊尼西和洛夫林（*Inese and Lovering*）于 1983 年分析了加拿大 13 个集中住宅和护理所，结果表明有四个因素影响户外空间的使用，它们分别是动机（活动场所的吸引力）、独立性、微气候条件和座椅的舒适性。

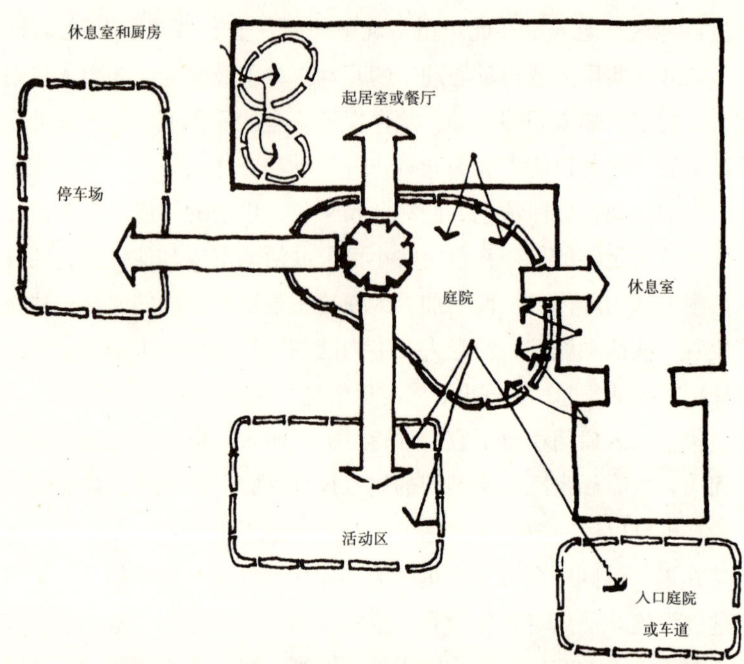


图 4-65　庭院所在位置应能在室内外空间之间创造空间和视觉联系，以增加安全感、提高随机使用率和便利程度

（图片来源：克莱尔 · 马库斯，卡罗琳 · 弗朗西斯著，俞孔坚译 . 人性场所 . 北京：中国建筑工业出版社，2001：214）

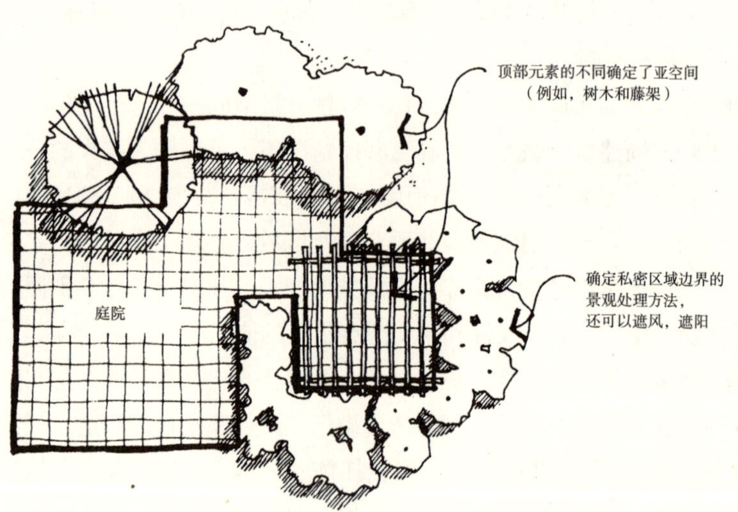


图 4-66　在庭院中种植不同的树木，可提高其利用率

（图片来源：同图 4-65）

现存里弄住宅中的最大弊端是无中心绿地。从规划上来讲，老人居住区内宜设置多个中心绿地，这些绿地应大小不一，主次分明，并应尽量使中心绿地与小绿地及庭院之间保持视线联系，从而鼓励老人使用不同的户外空间，扩大老人的社交圈。小区步行道宜将各个中心绿地、庭院及住宅贯穿起来，

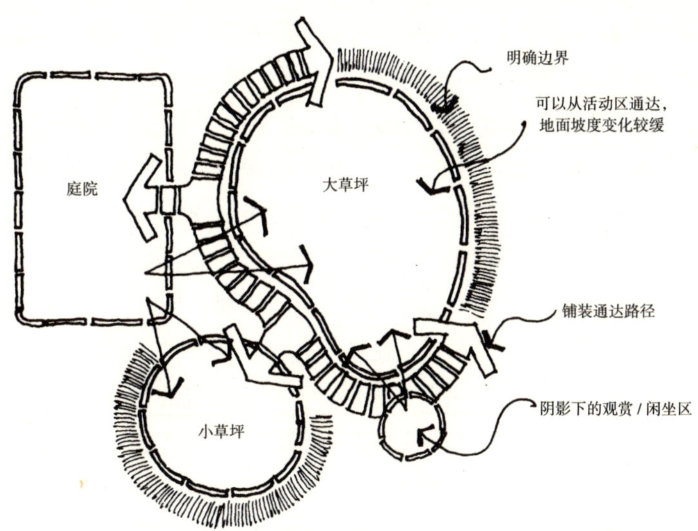


图 4–67　中心绿地不同区域间的视线联系可鼓励居民的使用
（图片来源：克莱尔 · 马库斯，卡罗琳 · 弗朗西斯著，俞孔坚译 . 人性场所 . 北京：中国建筑工业出版社，2001：220）

形成环路，这样既能鼓励老人的出行，又能将老人引回建筑物，利于老人散步之用（图 4–67）。中心绿地的草坪应尽量平整，或只有缓坡；铺地和草地相接的地方要注意保持相同的高度；有高差的地方，在设置台阶的同时，一定要有坡道，并设置扶手及配备相应的照明。

以上四个方面，通过改造传统的里弄住宅是完全能够实现的。我们可以将一些损毁严重的里弄住宅拆除，保留那些质量较好的部分，从而做到有计划地加入室外休息空间和中心绿地。

随着老年住宅机制在中国的不断成熟，老年住房正被逐步纳入国家和城市的总体规划。将建筑中的人性关怀提升到应有的高度，使老年人的居住条件和生活质量得到真正的完善是时代赋予我们的使命。

## 4.8　人性化老年人居住区设计研究❶

随着社会经济发展、环境改善及医疗水平的提高，人口老龄化已成为人类社会发展的趋势，这一趋势对社会的各个领域产生了巨大影响。由于老年人对住宅的依赖程度及对居住环境的要求远远高于其他年龄段的人，因此其住宅区的设计在一定程度上决定了老年人的生活质量。由表 4–3 可见，在上海绝大多数老人仍然偏爱居家养老，这种喜好体现了传统观念对老年人选择养老方式的影响，也表现出老年人在精神上需要子女的关爱和邻里之间的沟通交流。

2004 年 4 月，青岛市老年公寓组织了一次入住老人生活状态问卷调查，

❶ 本节根据刘嵩松、黄晟彦论文修改，文中图片绘制于 2006 年。

其中每日时间分配的调查显示，老人用于睡眠的时间占第一位，人均 430.8 分钟，42.3% 的老人睡眠时间超过 8 小时。排在第二位的是看电视，人均 126.3 分钟，每天看电视超过 3 小时的占 26.9%。排在第三位的是室外活动，人均时间为 79.2 分钟，有 85.6% 的老人坚持经常性室外活动。排在第四位的是读书看报，人均时间为 137.5 分钟，超过 2 小时的占 24.5%。排在第五位的是与其他人聊天，人均时间 39.5 分钟，能经常与人聊天交流的占 62%。排在第六位的是个人内务；第七位的是打麻将、下棋。❶

从这一调查结果我们可以看到，在老年人日常活动中，占据第一、第二、第四、第六和第七位的活动是完全或大部分在室内完成的，可见老年人对住宅的依赖性很大。若以老年人时间分配排序为依据，则在老年居住区设计中住宅本身的合理设计最为重要，其次是室外活动空间的设计，再次是供老年人聊天的邻里间交流空间的设计，这三种空间的设计应该是老年居住区设计的重点。

图 4–68~ 图 4–76 是我们设计的上海市某老年人居住区方案，考虑到老人住宅不宜为高层，因此小区以六层高的住宅为主体。为保证容积率，在小区北部设置两栋高层托老所。中心区域是南北向延伸的步行景观带，步行带两边为阶梯住宅。该方案的特点是小户型为主，户型多样，以满足不同老人的不同需求。在这个设计中，主要考虑上述三种空间并针对老年人生理和心理特征，提出了相应的解决方法。

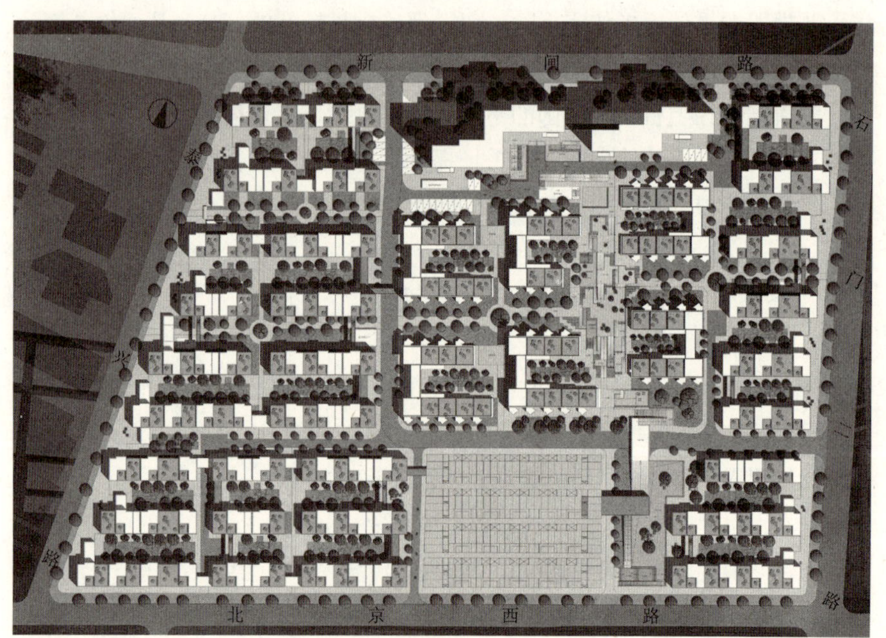


图 4–68　老年人居住区平面图

❶ 吕梁思 . 青岛市老年公寓个案研究 . 老龄问题研究，2005（4）：7–9.

图 4-69　老年人居住区鸟瞰

### 4.8.1　生理机能方面特征

● 中枢神经系统功能衰退

老年人记忆力衰退，反应速度慢，较其他年龄层而言更不愿意接受新事物。因此他们很难竖立起对新环境的新认识，从而不愿意离开自己熟悉的生活环境。

如图 4–68、图 4–69 所示，结合旧城区改造，将老年人居住区选址于市中心。该研究地块北临新闸路，南临北京西路，东临石门二路，西临泰兴路。目前这里以老式石库门住宅为主，其中的居民多为老人，现有建筑结构老化，居住条件差，已列入改造范围。改造后的居住区，不仅能保证原居住在此的老人回迁，还可吸纳市中心其他商业地块迁出的老人，使这些老年人能在相对熟悉的环境中生活，市中心便利的交通、完备的医疗服务体系也更利于老年人的生活。

● 视力退化、生理适应性降低

随着年龄的增长，老年人分辨颜色的能力衰退、对光的感知力和适应力下降，一些老年人还患有诸如青光眼、白内障之类的眼病。因此他们对居住环境中的光线要求比其他年龄段的人要高。而且老年人对温度、湿度等的气候变化适应性变差，对气候变化较敏感。

可以采用双层窗，同时在窗户外再加一层既可左右推移又能调节角度的百叶窗户，使老年人能自由控制日光，获得舒适的室内视觉环境。这样，在每一种自然条件下都可以通过调节百叶的角度，用物理手段将太阳光阻挡在室外或者反射到室内，以调节室内光照。采用双层玻璃窗，还可以增加住宅的保温隔热性能（图 4–70、图 4–71）。

图 4-70　百叶开启状态

图 4-71　百叶关闭状态

国外测试数据显示，外遮阳的铝合金百叶和木百叶可以阻挡近 85% 的太阳辐射，产生 4 ~ 6℃的室内温差，减少约 30% 的空调能耗，从而可以避免长时间使用空调对人体造成的不舒适感。此外，铝合金百叶能使噪声偏向，降低室外噪声，木百叶也同样有很好的隔声效果。❶

外遮阳百叶与内遮阳百叶的差别　　表 4-6

| 遮阳方式 | 阻挡的太阳辐射热 | 辐射热的散发方式 |
| --- | --- | --- |
| 内遮阳百叶 | 最大值 17% | 散发给室内空气 |
| 外遮阳百叶 | 最大值 85% | 散发给室外空气 |

● 听力衰退

老年人会出现短时间的听力丧失而且对高频音的感知较差，因此他们在与人交流中经常以与谈话人靠近来弥补听觉中的衰退。所以老年人社交空间尺度宜小。

将整个居住区的公共活动空间化整为零，形成更多适合老年人就近活动的庭院、宅间绿地等，是一个较好的设计方法。

❶ 石玉蓉，董杨 . 新型遮阳百叶应用的经验 . 建筑知识，2004（5）：53-54.

### 4.8.2 心理感受方面特征

● 对安全感要求高

老年人大都惧怕汽车，因此在老年人居住区设计中应特别关注车行道及停车问题。上海这个大都市，用地紧张，许多住宅区以大量地面停车位为卖点。的确，门口停车比地下停车方便许多。但在国内开机动车的老人只占少数，只有在周末，子女会驱车前来探望父母，因此，在老年居住区不需要大量地面停车。

于是我们结合中心步行景观带，设置地下车库，实现人车分流模式，使小区更安静、安全；考虑到老年人生理及心理特点，小区室外地面无高差设计，使老年人能放心大胆地漫步园中。

老年人身体机能下降，自己可控制的环境范围缩小，对自身安全存有危机感，而背靠建筑、墙或植物的座椅能让老年人有安全感。心理学家 Derk de Gonge 曾提出过“边界效应理论”，认为人们愿意在建筑、树丛等边缘地带逗留，这是因为在这类空间中自己暴露较少，在不影响别人的同时能观察别人。因此在老年人住宅区中应多布置半公共、半私密的过渡空间。庭院空间能满足老年人的这些需要，它是一个对外封闭而中心开敞的较为私密的空间，在这个空间里，有着强烈的场所感。

本方案在基地中心地区设计了步行景观带，步行带两边为阶梯住宅，其靠近步行带的部分为 2 层高，创造出适合步行的亲切的小尺度空间。同时这一步行景观带的两边底层住宅内设有小区的公共服务及活动场所，便于老年人进出这些场所。步行带两边的阶梯住宅平面为“凹”字形，形成半围合庭院，向步行带开放，在住宅与步行带之间形成过渡空间（图 4–72）。

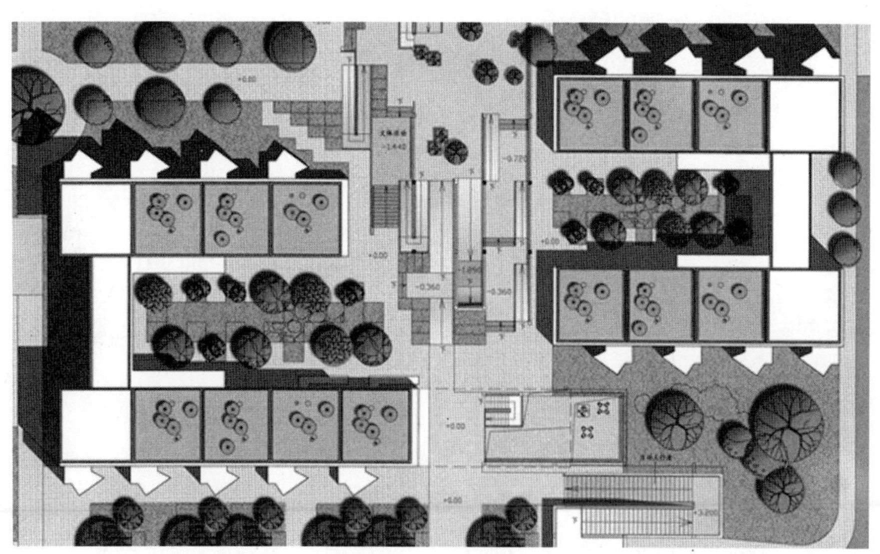

图 4–72 阶梯住宅平面，呈半围合庭院

图 4–73　多层住宅中的围合庭院

在多层住宅区设置了一些半围合庭院，这些住宅在两、三层处的风雨连廊增加了两两一组的院落式组团的围合感，使庭院成为半私密半公共的过渡空间，这些连廊与建筑交接处形成了便于老年人交往的边界过渡空间（图 4–73）。

● 对环境的舒适感要求高

由于老年人生理机能衰退，因此在心理上对环境变化非常敏感。而安静的环境、清新的空气、茂盛的植被颇受老年人欢迎。在这方面，庭院、屋顶及墙面绿化有很好的作用。

以下这组数据显示墙面及屋顶绿化的作用：夏季墙面爬墙植物与屋顶绿化可以为室内降温 1~2℃；冬季落叶后，既不影响墙面得到太阳辐射，同时附着在墙面的枝茎又成了一层保护层，可以为室内减少 30% 的热量损失，还可以使风速降低。因此，可以防止各种气候变化对建筑物的不利影响。另外，墙面绿化还可以减弱城市噪声，当噪声波通过浓密的藤叶时，约有 26% 的声波被吸收掉。攀援植物的叶片多有绒毛或凹凸的纹脉能吸附大量漂尘，起到一定的过滤空气的作用。由于植物吸收二氧化碳，释放氧气，所以绿化可以使周围环境更富新鲜空气。[1]

方案中整个小区实行立体绿化，阶梯住宅有利于进行屋顶绿化及墙体绿化，在多层住宅结合房型的变化做了立体绿化的设计，使部分住户有空中花园。同时在高层托老楼中结合托老楼的功能要求设计了竖向空中庭院（图 4–74、图 4–75）。希望以平面和立体相结合的绿化形式帮助小区内的空气自净并形成安静、舒适的环境。

● 需要社会归属感及他人的认可

当代人际关系淡漠，老人往往在各自的住宅里打发时间，交往空间变得

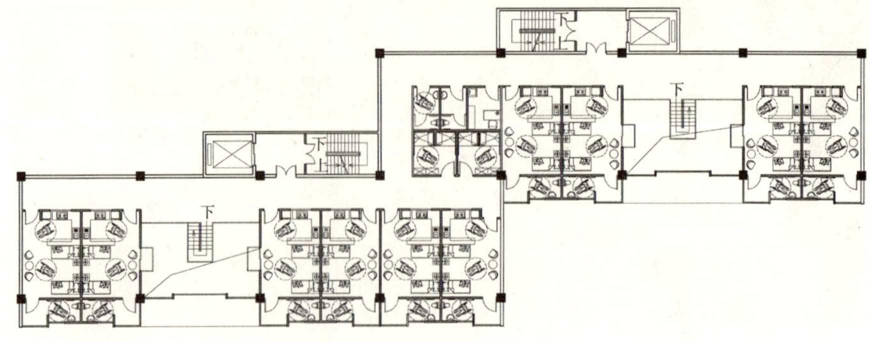

图 4–74　高层托老楼平面

❶ 谢浩 . 实施墙面垂直绿化　构筑良好热工环境 . 福建建材，2005（2）：20–21.

如此奢侈。其实，老年人希望社会群体或他人能接纳自己并在群体中受到他人的尊重和认可，希望自己在退休后仍然能感受到自己是社会的一员。因此他们比其他在职的年龄层更渴望交往。与此同时，在日常生活中老年人喜爱跳舞、打拳、唱歌等群体活动，而行动不便的则喜欢观察他人活动，因此老年人交往、活动空间还应有“观演”功能。❶

在此次设计中我们尝试多层次的立体交流空间设计。在居住区中心，结合南北延伸的步行景观带设置了中心广场并以少许高差为分隔设计了小广场，各个小广场之间由缓坡和台阶连接，为老年人进行各类“动态”活动提供条件（图 4–76）。在中心广场，进行不同活动的老年人都能有自己一块小天地，而在各自活动时又能看到进行别的活动的老年人。台阶和小广

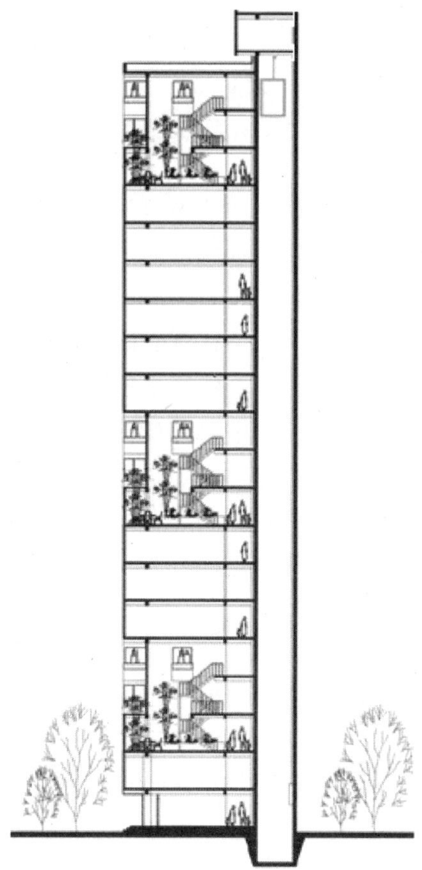

图 4–75　高层托老楼剖面

图 4–76　步行景观带中的立体交往空间

❶ 夏明，杨丽，武云霞 . 老年人居住模式设计 . 城市问题，2005（1）.

场本身可组成“观演”空间，以满足老年人喜爱跳舞、打拳、唱歌等群体活动的需要。

4.8.3 小结

20年前，当上海开始步入老龄社会之时，一个新的社会问题已经摆在我们面前，那就是如何应对人口老龄化带来的冲击。维也纳老龄问题世界大会提出 “年长者的住处切不可被视为仅仅是一个容身之地。除物质部分外，它还有心理和社会的意义应予以考虑”。因此按照老年人的生理、心理和社会特征来规划和建设属于他们的居住建筑，充分弥补年老者减退或丧失的各种机能，创造适合老年人生活的居住区，已经是刻不容缓的事情了。

# 第五章　关于上海近代建筑再利用

## 5.1　上海近代建筑再利用的思考

在过去的几年里，全球化已经不再是对将来的预测，而实实在在地成为当下的生活。也正是在过去的几年里，我们越来越感受到生活在乏味的世界中。

近几十年来，在上海遍布大街小巷的“拆”令人触目惊心，而新建的建筑大多趋向于同质化。建筑物的同质化，根源在于它们都是商品房而不是诗意地栖居。商品房没有安居乐业的安全感，心灵永远居无定所。我们生活虽然富裕起来，但是仍缺少生活趣味，而精神一旦失所，不知要花多少时间和智慧才能再度找回“家”之所在。

可以预见未来十年仍将是一个缺乏诗意的时代，但却是诗意重新觉醒的时代，“拆”必将减速。更为人性、尊重原生态的世界观必将逐渐接纳生活世界的参差错落，承认各式各样的生活方式。上海的近代建筑承载力数代人的生活和梦想，因此这些建筑的可持续改造必将是社会发展的需求。

近年来我们在上海考察了40余栋类似霍山路犹太人住宅、张叔驯故居、交大工程馆、建国西路365弄、第三女子中学等中小型近代建筑，发现它们虽然被列为保护建筑，但由于其规模不是很大，文化、艺术性并不十分突出，因此政府在目前财力物力有限的情况下，没有给予足够的关注。由于这些建筑的使用基本处于无序和自发状态，因此对它们的保护和可持续改造问题无法落到实处。

不同于那些被严格保护的建筑，这些一般性的近代建筑在上海量大面广，在城市中同样具有一定的地位，它们是我们城市更新过程中无法回避的现实。

这些建筑的现状折射出部分上海近代建筑的在保护和改建过程中所面临的诸多问题。

### 5.1.1 上海近代建筑再利用存在的问题

● 法律制度不健全

改革开放后，随着经济高速发展，越来越多的近代建筑得到保护和改建，但法律制度的不健全，经费的不足，使许多有文化历史价值的近代建筑没有真正得到科学合理的利用。虽然市民保护意识日渐增强，但涉及具体的再利用项目，开发商在经济利益的驱使下，往往片面追求容积率与建筑总量，破坏了建筑原有的历史感和特色。

● 盲目地对近代建筑进行改造

目前这些建筑被个人或单位使用着，在使用过程中，盲目地对建筑进行改造的现象十分普遍。在缺少专业的改造设计情况下，使用人随意地对近代建筑进行改建、扩建、加建或拆除，使原建筑合理的布局、特有的装饰细部受到破坏，其特有的文化价值逐渐流失。

● 缺少专业的技术

许多近代建筑在改造过程中，只考虑现有结构是否安全，然后加上简单的粉刷和翻新便交付使用。我们缺少历史建筑保护修复的技术标准，缺少保护修复的专业技术，缺少保护修复的技术人员。设计公司不知道哪些平面布局和结构体系不能改动，施工企业还是按照通常建筑的管理模式和技术方式施工，使近代建筑在改建过程中遭到一次又一次的破坏。他们不知道哪些应该保护、如何保护，哪些应该修复，用什么样的技术工艺和材料修复，没有清晰的理念和思路对待保护和利用之间的取舍和矛盾。

### 5.1.2 近代建筑再利用的建议

近代建筑是我们所拥有的一块瑰宝，它们一旦被破坏同样也无法恢复。当务之急是如何正确地、合理地处理好近代建筑的保护与再利用，建立健康有效的再利用运行机制。

● 对近代历史建筑的使用功能进行规划定位

在保护和再利用过程中，我们首先遇到的难题是近代建筑再利用的定位，即我们再利用建筑的目的是什么，改造后的功能是什么，将来的使用功能是不是符合建筑的现状。

例如，把一个仅有 1200 平方米的张叔驯故居建设成医院、将修道院公寓用作行政办公处都是不合适的。根据这些建筑现有的条件，我们建议恢复其住宅功能或把它们规划为博物馆、艺术中心或画廊。这些近代建筑本身就是历史的产物，是当时社会文明和艺术的体现，若把它们改造为博物馆、艺术中心或画廊，必将在向人民展示历史和文明的同时也展示了建筑物本身。同时，博物馆、画廊等展示空间的布置灵活，可以根据近代建筑原有空间进行布置，从而减少对原建筑内部空间的破坏。

这方面需要政府、规划部门、学术机构协调工作，从全局的高度，针对每一案例制定长远、切实可行的更新方案。

● 加强社会意识

如今，越来越多的学者加入到对一般性近代建筑保护和再利用的行列中来，他们呼吁社会加强保护意识，呼吁政府投入更多的资金进行近代建筑改建。但这不是一个人或一批人能完成的事业，需要全社会的支持。对于一般性近代建筑的改造，涉及部分市民的利益，全社会的保护意识有利于问题的解决。

如若上海市民能像罗马市民那样，关心城市老建筑的命运重于关心个人的前途，那么上海城市特色将自然凸显。

● 增强专业技术

国外在一般性近代建筑改造和再利用方面积累了大量的经验，既具有先进的专业技术又有社会实践经验，我们应组织力量有目的地引进。

在日本，政府就经常发动市民参与保护运动与社区的营造，他们以社区发展为主体，把历史建筑保护纳入到社区发展。以唤醒社区公民意识和公共领域参与行动为主轴的“社区总体营造”运动方兴未艾。以居民、自治体为主体，以历史保护为重点的社区环境营造是日本城镇发展中的重点工作。

在欧洲，许多城市都规定，对旧城内居住的单位和个人，根据需要可对室内进行必要的装修和变更(当然不能破坏墙体结构),但对外墙立面的装饰、色彩和格调，绝不能有丝毫改变，否则将承担法律责任。在维也纳，市政府对有历史价值的古建筑都存有图像资料。凡在古建筑周围新建任何建（构）筑物，都必须经过严格审批，对其层高、风格、色调等作严格限制。

## 5.2 霍山路犹太人住宅考察报告[1]

1938~1941 年期间，2 万余名犹太难民从欧洲来到上海。当时，难民们在救援欧洲犹太难民委员会帮助下聚居在提篮桥一带，在周边开设了咖啡店、音乐厅、面包店和一些新奇货品商店，形成了霍山路街区。在霍山路上，至今还遗留着包括摩西会堂（犹太难民纪念馆）、美犹联合救济委员会旧址等建筑。

“霍山路犹太人住宅历史风貌区修缮完毕。徜徉在虹口区提篮桥街道霍山路上，一长排 3 层楼红砖犹太建筑古朴端庄，彩色路面的色彩与建筑物相

[1] 本节根据王雯考察报告修改，文中图片 2005 年拍摄。

映成趣，居民庭院破墙透绿满目青翠……”这是网上对霍山路的描述，带着些许期盼，我们对这些修复后的住宅进行了考察。

### 5.2.1 外观

当看到霍山路那一片老房子时，精神确实为之一振，甚至是一种欣喜，为一群有历史价值的老房子得到修复而欣喜。这些当年为犹太人所建的住宅，大都是联排式住宅，一般以六联为主，也有四联和八联，每两联共用一个入口，以3层、4层为主，2层较少。从布局上看当时的住宅并不像现在这么对朝向有很严格的要求。

图5-1所示为霍山路上一栋2层、局部3层的六联排住宅。入口处有前天井，局部三层为阁楼及晒台。布局为单跑楼梯，前为厅堂，房间进深宽大，后部为厨卫及很小的后天井用以采光，顶部有天窗采光。有些住宅后部也有晒台，且为向上层退台的形式。

曾为美犹联合救济委员会所使用的是一栋4层两联排住宅，建筑平面呈方形，整体布局和2层住宅相似，但无晒台。其窗户的细部、老虎窗的样式、拱券的做法等都表现出它的不同（图5-2、图5-3）。

图5-4所示为一栋3层八联排住宅，布局与前类似，门前有类似于小洋房门前的小院子，有点联体别墅的味道，图5-5即为前院。两处坡顶间的房间无论是材料，或是手法都与建筑的整体风格不一致，也许是其内居民在后来加建产生的，但无从考证（图5-6）。

图5-1　3层六联排住宅

图5-2　4层两联排住宅

图5-3　窗户细部

图5-4　3层八联排住宅

图5-5　3层八联排住宅前院

图5-6　3层八联排住宅近景

同伊斯兰阿拉伯的建筑相比，霍山路犹太人住宅的装饰手法已简化，但简朴之中不失精致。自由多样的券的花式、外立面大面积图案化处理，仍有一定的装饰效果，流露出工匠对技艺的热爱和赞美，也使建筑显得轻巧华丽。

红砖拱券、雕花柱头、老虎窗、白沟缝……从外观到细部无不诉说着它的历史，它的故事。从整体布局上看，这些住宅类似于当时的石库门，而细部拱券的样式，红砖、黑砖的不同组合，以及尖顶墙面上的十字架等又无不透漏着一种异国的风格。上海特色的中西合璧在此得到了很好的体现。

### 5.2.2　室内

但当我走进这些老房子时，又不禁感到了心痛。走进房子，似乎进入了另一个世界，吱吱作响的楼梯（图 5-7），让我们的脚步也变得抖索起来，周遭十分昏暗、潮湿，直到顶部才有个小天窗透入幽幽的光亮。后部极为简陋的厨卫还是几户人家合用的，作为储藏的阁楼也显得摇摇欲坠。难怪老辈坐在门口晒太阳，小辈却梦想着离开（图 5-8~ 图 5-10）。

岁月的痕迹使它显得满目沧桑。不过仔细观察，雕花的栏杆、扶手，顶

图 5-7　楼梯间

图 5-8　几家合用的厨卫

图 5-9　作为储藏室用的阁楼

图 5-10　楼梯间顶部的小天窗

图 5-11　吊顶

棚的装饰（图 5-11）线脚等虽比不上那些花园洋房，但也无一不说明她的细致之处，可见当时也并非草草而建。难道这就是修建的结果？

据住在此地的居民反映，此次修复工作政府投资 500 万元，但只是修复了房子的外表面，甚至花大价钱在马路两边布置了花架，而对于内部却没有做过丝毫的修复工作。更甚至有些民工在修复时为图方便，将后部，非沿街面上的好砖拆到沿街面作为修复之用，以至于房子有些地方下大雨时会渗水。“金玉其外，败絮其中”在这些修复后的老房子里得到了最好的诠释。

“修旧如旧”是此次修复政府所提倡的原则，诚然，保护历史建筑的符号，外观是很重要的，“修旧如旧”让经过这里的人能感觉到这些老房子所传达的文化、故事、风情……可是，仅做这些显然是不够的。当我们走进这些建筑时，只感觉到光华的表皮下的那个没有活力的生命，正在慢慢地老去，直至死亡。面对这一切，我们更多地想到的是：美观和实用究竟哪个更重要？

### 5.2.3　思考

每个时代都有每个时代的需求，这样才构成了历史。霍山路上的建筑是当年为解决当时大批犹太难民的食宿问题而产生的，这样的建筑有其存在的历史意义。但是随着时代的发展，这些老建筑面临着时代的冲击，它不能满足新时代居民的需要，首当其冲的是使用功能。如果保护历史建筑只是停留在表面，这样的保护、保留难以长久，也没有多大的意义。正如阮仪三教授所说：“建筑不是死的，是活的，活就活在有人”。“活在有人”是因为人会带给建筑以活力，可是如果像这样的居住环境，住在其中的人们都指望有一天能够拆迁住上新公房，这样的建筑还能存活吗？因而，必须探讨从根本上解决问题的办法。

“修旧如旧”仅仅对于保护老建筑的表皮是可行的，但是对于建筑的使用、对于整个街区来说，“修旧如旧”无法完全满足新的社会需求。建筑、街区是一个活的机体，始终处于变化发展的状态，一成不变是不可能的，保护要和创新同时进行。我们应该在保护、“修旧如旧”的同时为建筑加入新的元素以适应时代的发展，只有满足时代需求的建筑才能真正的长久生存下去。新天地的开发模式也许并不可广泛推广，它只是将洋消费装进了老建筑的外衣，然而不可否认的是，新天地活了下来。

霍山路犹太人住宅位于市中心，生活便利；建筑层高较高，夏天会比较凉爽；砖木的材质更有亲切感；精美的外观，具有异国情调……这些都是其他居住区所没有的优点。它是城市中一笔不可多得的财富，理应成为城市有机的组成部分而不是包袱。

### 5.2.4 措施

当务之急是要引进新鲜血液，赋予历史建筑以新的内涵。

● **维护结构** 霍山路房屋结构为砖木结构，木结构住宅由于潮湿已显得腐朽。要真正给予老房子以活力，对其内部的修补是必然的，用时还要依靠居民的力量，调动居民一起来保护他们的家园，只有这样的建筑才能带着它的历史长长久久的活下去。现有结构虽然陈旧，但继续使用还是不成问题的，对于结构的修复重在保存其结构体系，对于危及建筑稳定性的部分应尽量采用现代的手法加以维护、固定。

● **改进基础设施** 居民之所以不愿住老房子，主要的原因之一是生活基础设施差所带来的不便。增加服务设施，满足现代生活的需要，提供水、电、排水、垃圾清理、道路修整以及供气、取暖等市政基础设施，增加绿化，改善居民的居住环境，使居民可以在老房子里过上现代生活，并且生活得更好。

● **降低人口密度** 老房子和现代生活的另一个巨大的矛盾是居民结构。人们怀念老建筑里亲切的邻里关系，可那常常是以失去私密性为代价的。调查显示，居民对老式住宅不满的一个重要原因是居住户数过多，居住面积太小，而对住宅的格局本身，多数还是称赞和留恋的。所以适当减少居住户数，调整居民结构也应是改造过程中的另一个有力措施。

## 5.3 天平路 40 号张叔驯故居[1]

### 5.3.1 张叔驯故居的历史与现状

张叔驯[2]故居建于 1934 年，该建筑位于上海徐家汇天平路 40 号，坐北朝南，砖木结构，住宅高 3 层。整栋建筑面积为 1200 平方米，宅前花园占地面积颇大（图 5-12）。

图 5-12 张叔驯故居全景

1949 年前夕，张叔驯携全家迁居美国。之后该建筑成为上海市文物管理委员会的所在地。1960

[1] 本节作者刘嵩松、黄硕欣、冯尘极，文中图片于 2006 年拍摄、绘制，编者作了较大修改。

[2] 张叔驯先生是浙江南浔商贾，民国元老张静江的侄子、中国古钱大王。

年，周恩来总理来上海视察，文艺界人士表示求医难，周总理当即指示解决。1961年10月19日，上海市文管会搬出张叔驯故居，这里改成上海市文艺医院。

尽管该建筑的主人几经变化，但其显著的西班牙建筑风格还是被较为完整地保留下来。只是随着岁月的洗礼，加之人为的破坏，一些装饰细部破坏严重。由于建筑功能从住宅改为医院，为了满足医院的使用要求，一些建筑内部隔墙被改变，如今已经难觅当年的建筑气息了。

入口门厅左边的接待大厅现为门诊室（图5-13），楼上的卧室也改为医院办公室。由于文艺医院是服务于文艺界演员，主要开设的科室为内科、推拿、皮肤科和喉科，并不像其他市、区级医院设立科室齐全，很多房间至今还是闲置的。闲置的房间内除了曾经用过的空调和粉刷过的白墙，再也找不到过去的影子了。

图5-13　底层门诊室

5.3.2　张叔驯故居的建筑特征

这是一幢西班牙建筑风格和日本式庭园相结合的佳作。建筑的主要特征是：强调立体构图，讲究体形上的集合权衡和立面上的虚实对比，室内注意空间分隔和墙面色彩，实现了室内空间的流动性和内外空间的有机结合，并力求接近大自然。❶

建筑主体3层，局部2层。南立面底层有圆拱券廊，并镶嵌有地中海风格的连续拱券式附墙柱（Engaged Column）；二层东端的阳台精致小巧，与三层的露台相得益彰，使建筑的形体舒展开敞、富有变化（图5-14~图5-16）。

整幢建筑的装饰十分精细，有科林斯柱头式图案；建筑西侧车道处底层架空，采用柱墩支撑扁券，柱墩外是方形附墙柱；建筑的墙体为典型的西班牙式鱼鳞纹墙面；局部门窗镶有白框；南立面三层的窗户之间也用柱式加以装饰（图5-17~图5-19）。

张叔驯故居室内也延续西班牙建筑的一贯风格：一层的门洞采用拱券形式，并有小型的穹隆穿插在一层各处；楼梯扶手为精细的铸铁雕花栏杆，显得十分典雅；建筑中大多数房间都带有壁炉（图5-20~图5-22）以及壁橱。

❶ 娄承浩，薛顺生，张长根．老上海名宅赏析．上海：同济大学出版社，2003：56.

a 南立面图

b 东北立面图

c 西南立面图

图 5-14　立面图、平面图

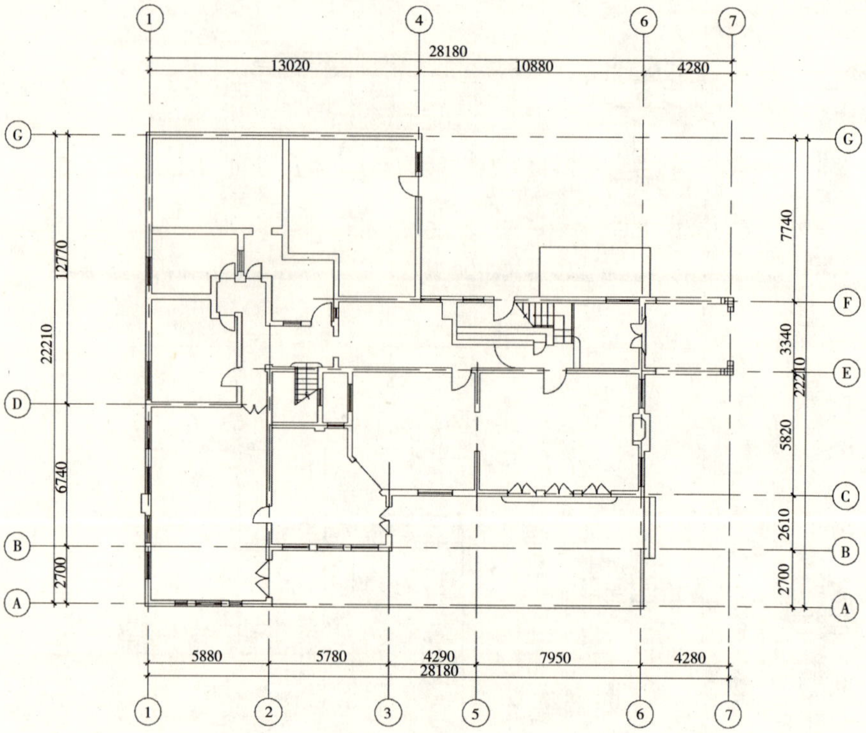

d 一层平面图

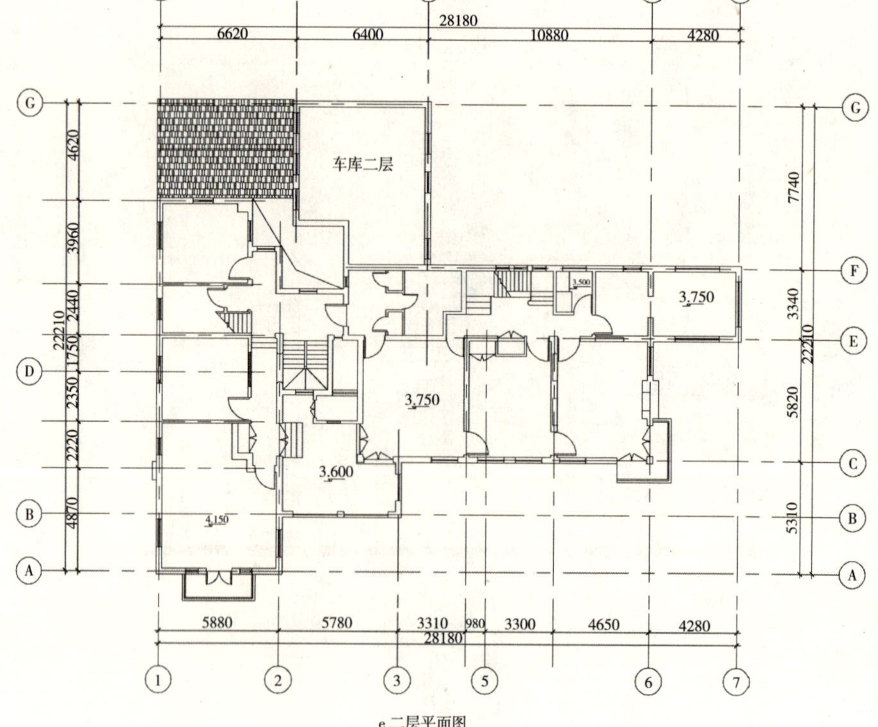


e 二层平面图

图 5-14　立面图、平面图（续一）

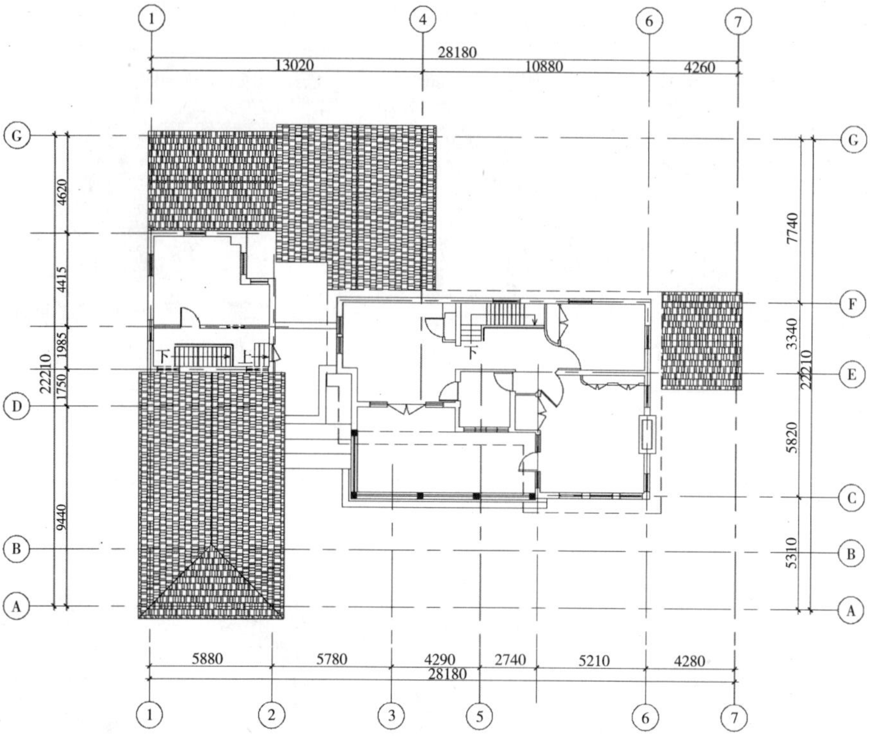

f 三层平面图

图 5-14　立面图、平面图（续二）

图 5-15　底层圆拱券廊

图 5-16　二层转角阳台

图 5-17　科林斯式柱头图案　图 5-18　柱墩支撑扁券

图 5-19　二层外窗框

图 5-20 一层室内拱门

图 5-21 前楼梯铸铁栏杆

图 5-22 壁炉

整幢建筑的精致程度在细部也可见一斑，例如踢脚、风扇、顶棚，以及窗帘盒（图 5-23~ 图 5-25）等，这些细部虽然经过岁月的洗礼已经显得陈旧，但它们仍然无声地透露出建筑的考究程度。

图 5-23 吊扇

图 5-24 顶棚

图 5-25 窗帘盒

### 5.3.3 张叔驯故居中的中国元素

除了具备西班牙建筑的典型特征之外，张叔驯故居还具有上海其他西班牙式别墅所没有的特点。

● “蟹眼天井”

“蟹眼天井”是苏州古宅中不可或缺的建筑元素之一，它通常位于厅后侧中轴线的两侧，是两个狭窄而对称的小天井，宛如“蟹眼”，故有此名。“蟹眼天井”面积非常小，不足 2 平方米，但在建筑上却是一个极富创意的点睛之笔。[1] 在张叔驯故居中出现类似蟹眼天井这一中国传统建筑元素并非偶然，它并不显得突兀；相反，它是外来建筑风格与本土实际情况的有机结合。

西班牙别墅一般小巧精致，而张叔驯故居则体量较大，由三开间的前楼与后楼两部分组成，因而，前后楼交接处房间的采光通风是一个比较突出的问题。同时，建筑所处的天平路地势较低、排水系统不畅，这里一直是一个容易

---

❶ 江南民居多为封闭式建筑，有了“蟹眼天井”既可通风又可采光，既能泄水又能防火，其作用不可小觑，一座深宅大院动辄要布置一二十个小天井。对建造者来说，这些小天井并非随意设置，而是古民居这盘棋上的气眼。

造成雨水滞留无法排除的区域。在张叔驯故居厅堂背后、高墙脚下的 1540 毫米 ×2430 毫米的“蟹眼天井”，起到了拔风的作用，它不仅为其周围的厅堂、楼梯，以及房间解决了采光和通风问题，亦在结构上起到将前楼与后楼分割的作用，使体量较大的张叔驯故居显得通透、富于变化（图 5-26、图 5-27）。

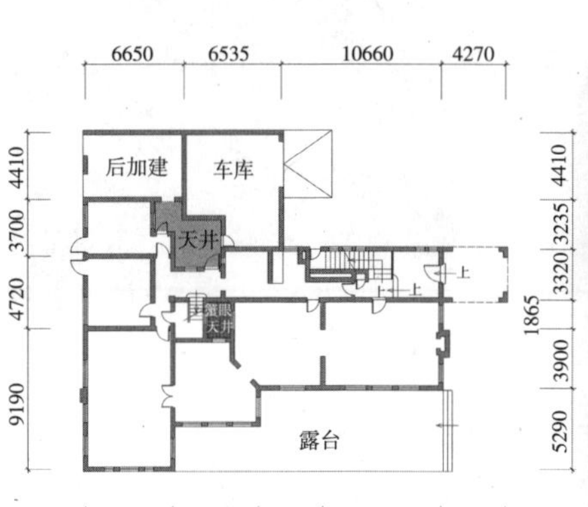


图 5-26　蟹眼天井示意图

图 5-27　蟹眼天井

● “排风孔”

在张叔驯故居的立面上有三处长条形的孔洞，建筑入口处勒脚也有三个孔洞（图 5-28、图 5-29），虽然目前这些孔洞的确切用处以及构造方式我们还不得而知，但初步推测它们应是置于楼板中间的排气通风口，以此来保持木地板的干燥——作用类似于底层地板架空层处的换气洞。

图 5-28　二层与三层之间的换气孔

图 5-29　勒脚上的孔洞

● “推拉门”

推拉门作为一种构件，经常出现在东方建筑中，在西班牙式建筑中难觅其踪。但在张叔驯故居的后楼梯入口处却有一扇木质推拉门，它嵌在墙体中，使后楼与前楼保持相对独立（图 5-30）。

● “中国元素”

除了前面提到的“蟹眼天井”、推拉门，在张叔驯故居的其他细节中也可以看到中国传统建筑的元素，最突出的当属建筑的后楼梯（图 5-31）。整

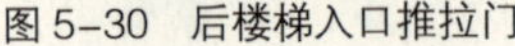

图 5-30　后楼梯入口推拉门

图 5-31　后楼梯

座后楼梯采用仿红木的材质，扶手上的雕花也属于中国传统元素，这与前楼梯采用新艺术运动时盛行的铸铁栏杆形成极大反差，有趣的对比丰富了建筑语言，同时将前后楼的不同定位很具象地展现在人们面前。

### 5.3.4　张叔驯故居的使用现状

我们 2007 年再去故居考察时，正逢故居进行改造。张叔驯故居的业主准备在规定的许可范围内，基本保留原建筑的外部面貌，对内部的非承重结构部分拆除，以求得更多的使用面积。考察中我们发现了一些有悖可持续性、节能的问题。

● 天井

张叔驯故居的两个天井，起到了很好的拔风作用，与建筑空间形成了巧妙的“烟囱”式通风系统（图 5-32）。故居内的暖空气上升并从天井排出，而室外的冷空气从低处进入室内，取代原来的暖空气，压力驱动的“烟囱”式通风会根据故居的高度以及室内外的温差产生变化。这个系统从整体上满足了建筑的通风需要。

据负责故居施工的领导透露，由于蟹眼天井是一个封闭的空间，内部容

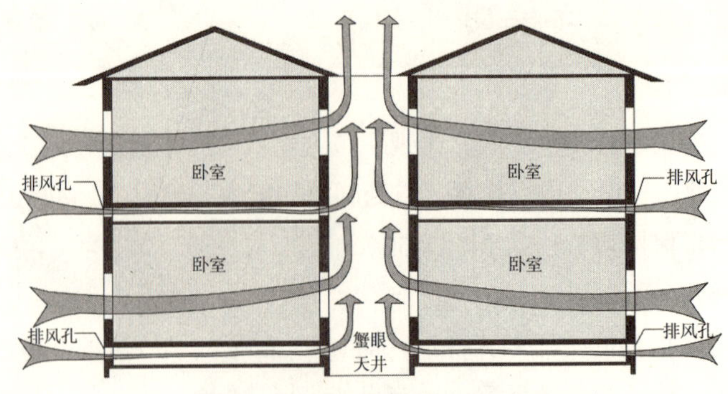


图 5-32　天井、排风孔通风示意图

易积存垃圾与雨水，不方便打扫，故会在这次改建中把天井封住，以减少日后使用中的麻烦。

如若封住蟹眼天井，“烟囱”式通风系统功能尽失。

● 排风孔

原设计者充分考虑到上海各季节的气候特征，在张叔驯故居的立面上设三处长条形的孔洞，建筑入口处勒脚也有三个孔洞。故居底层楼板架空，并且与排风孔相连，从而起到防潮和保温的作用。排气孔虽然很小，但与蟹眼天井相连，取得了很好的自然通风效果。

但改建中对排风孔不重视，导致排风孔堵塞，使排风孔丧失了原来的功能。

● 烟囱

张叔驯故居沿建筑四周外墙布置了四个竖向的烟囱，这些烟囱的设置不仅满足了居住者对舒适生活的追求，同时烟囱在不使用时能成为管式通风系统的一部分。这个通风系统很好地改善了故居房间内的通风，使得故居的室内温度和空气质量达到较好的使用标准。

随着张叔驯故居被改建为医院后，烟囱与壁炉被废弃，同时取消了部分壁炉在室内的位置，仅仅把烟囱作为外立面的装饰（图 5–33、图 5–34），这样的改建削弱了建筑师原来的通风设计。

图 5–33　取消的室内壁炉

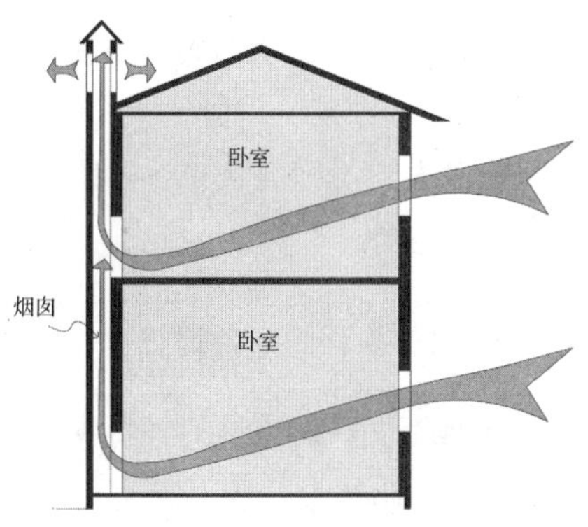


图 5–34　烟囱通风示意图

### 5.3.5　小结

张叔驯故居作为上海优秀近代建筑，具有一定的历史价值、文化价值和社会价值，但一直以来它被作为文艺医院使用，未能表现出建筑应有的氛围。错误的功能定位、盲目的改建和扩建，使故居原有的建筑风格和文化价值渐渐消失。

## 5.4 交大工程馆的今与昔[1]

图 5-35 工程馆鸟瞰

坐落于上海市徐汇区华山路校园内的交通大学工程馆 1932 年建成，它是一座历史价值、人文价值和建筑艺术价值均较高的历史建筑，也是中国近现代高等教育发展的见证。工程馆体现出交通大学校园建筑的水平。如今，交通大学徐家汇校区已经成为上海市文物保护单位，工程馆已被列为上海市优秀近代建筑（图 5-35）。

工程馆在上海近代建筑史上有显著的地位，它是装饰艺术风格的早期代表作之一。建筑师是邬达克，营造商是当时上海滩实力雄厚的馥记公司。

工程馆位于徐汇校园的北部，上院之西北、话务馆之南、容闳堂之北。在当年的校园建筑中，工程馆建设规模比较大，以 2 层为主、局部 3 层，占地面积 6500 平方米，建筑面积 11007 平方米。工程馆的平面呈“口”字形，中间是一个内院。主体建筑是混合结构。

砖墙外贴暗红色面砖。最初，工程馆是多功能使用的：一层是锅炉房、机械、水力、金工、材料、电气和标本等实验室，二层是教室、绘图室、演讲厅、仪器室、模型室和教授休息室等。工程馆建成后，成为高等教育发展的希望所在地。

### 5.4.1 工程馆建筑风格

工程馆立面以醒目的竖向线条作为装饰母题，总体建筑艺术形象充满力度、富有阳刚之气，反映了邬达克的审美取向。内立面水平线条处理简洁朴素。

女儿墙微微向外出挑，以混凝土浇筑。现浇的窗檐口（Cast Stone Cornice），断面呈三角形。由于教室需要良好的采光，故邬达克在设计时把窗放大，把横向窗间墙的截面缩小、加厚成柱墩形。窗间墙饰有断面呈“山”形的装饰肋，在工程馆的外立面上形成明确的竖向线条。为加强刚劲挺拔、强烈向上的力量感，装饰肋以 45° 斜砌三砖，成“山”形，有强烈的个性[2]（图 5-36）。

---

[1] 本节图片为徐妍婧、王科明拍摄、绘制于 2007 年。

[2] 张炯．交通大学工程馆巡礼．华中建筑，2005（4）：163-164.

图 5-36 女儿墙及窗间墙细部

主入口采用七层叠涩、退进的“四分头”砖砌手法，强化了主入口的立体感。中国古建筑的门有中门和旁门之分，而且两旁是对称的，故多为奇数开间。而工程馆的主入口是西式做法，正门是两分的。这种处理方式很独特。门框恰好是一个白色“十”字形（图 5-37）。

图 5-37 入口细部

门厅内两侧均用相似的叠涩手法。穿过入口的门厅进入内庭院后，回头反观这个门厅的背立面，可以看见密勒划分出的三个等高的哥特式尖券门。由于这座建筑的底层部分多用作实验室和设备房，而二层则是教室和办公用房，两者层高有很大的差别，这里的窗户处理化解了上、下两层不同层高带来的体量上的问题，这不能不说是设计师的匠心独运（图 5-38）。

图 5-38 哥特式尖券门

至于建筑的其他立面的处理手法就显得简单许多，单色的混凝土墙面，仅在门框、窗的上下部位以及屋顶檐口处做了凸出墙面的线脚，与南立面色调相呼应。除此之外，建筑形式趋向简化。室内地面选用红色细长的木地板。总体尺度舒展，比例恰当。[❶]

### 5.4.2　工程馆的改建

据考证工程馆原本是 2 层的建筑，一层用作实验室，四面是相通的，层高很高，很大气，在 1960 年加建了 1 层之后，一层平面做了许多分割，不如原来的用起来方便。而且里面的柱子也改建过了，现在的南北方向的柱宽是原来的两倍，但东西方向不变。二层是学生教室，如今的分割基本与原来相同，只是做了翻修。至于第三层完全是后来加建上去的。

加建使建筑体量发生了很大改变，原建筑正立面的主从关系被削弱了。原主人口建筑轮廓线向上耸起，视觉效果对比强烈（图 5–39）。但加建后，轮廓线被拉平，主导地位大不如前（图 5–40）。建筑色彩也改变了。原设计是连贯的，外墙面与室内大厅的立柱都是暗红色。后来柱子改成白色，削弱了厚重沉稳的室内氛围。工程馆的中庭也有较大变化，以前是两个篮球场，现在种植了灌木、草坪，加铺地、花坛、灯柱和座椅等设施。

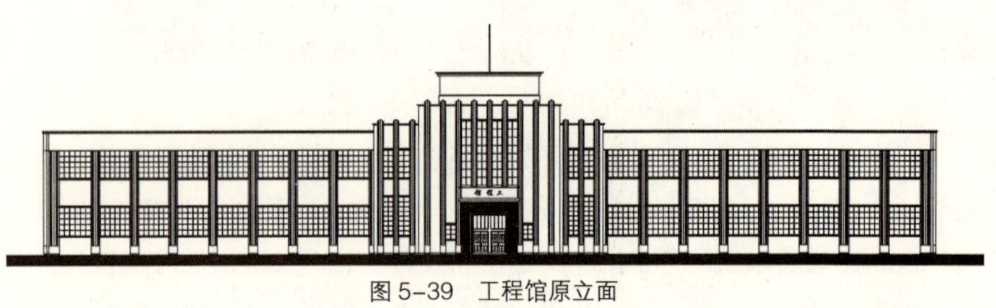

图 5–39　工程馆原立面

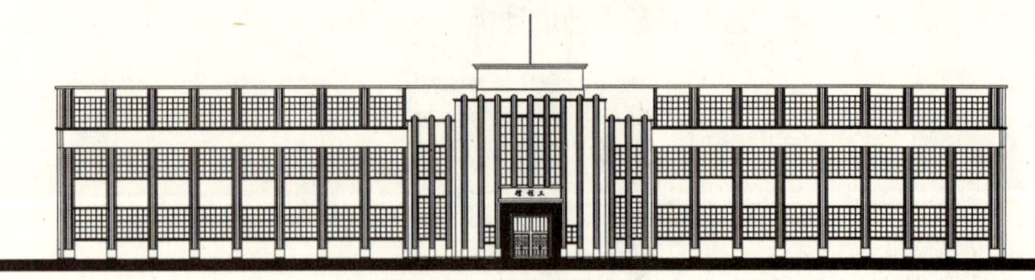

图 5–40　工程馆现立面

毫无疑问，加建一层还对结构体系产生较大影响，内院的尺度随之改变。

❶　张炯 . 交通大学工程馆巡礼 . 华中建筑，2005（4）：164.

## 5.5 建国西路 365 弄 2 号别墅[1]

建国西路原本是法公董局所建造的一条打靶场路，1920 年以法国人福履理的名字命名为福履理路。建国西路 365 弄，占地 5147 平方米。1934 年一个章姓业主在这里建造了 14 幢 2 层砖木结构住宅，建筑面积共 3520 平方米。章姓业主取路名“福履”两字为他的新村名字。

### 5.5.1 福履新村

福履新村是从新式里弄进一步发展而来的、标准更高的花园式里弄住宅。同以前的里弄住宅相比，花园式里弄住宅最大的变化是它们更注重整个居住环境的舒适度。虽然也采取了半独立式或者双宅毗连，甚至几幢住宅连在一起，但福履新村中的住宅建筑面积比较小、绿化面积普遍较大，风格比较现代，带有西班牙元素（图 5-41）。

福履新村沿南北向纵向布局，沿建国西路的面宽并不大，主出入口位于中间，左右各有一幢住宅。14 幢住宅分成 3 个组团，除了 1 幢住宅的出入口在路边外，其余住宅的出入口均在新村内。新村内的建筑造型各异，每幢建筑面积在二三百平方米。弄内 5 号，是前任香港特别行政区行政长官董建华童年和少年时的住所[2]（图 5-42）。

因为弄内的 2 号是这个弄堂里改动最大的一幢别墅，这里特别介绍它。

根据设计师最初的设计，别墅的入口在西面，大门旁、建筑西侧是一个车库，方便主人停车。进门后就是一个卫生间。向左转才算真正进入别墅。楼梯位于中间，左右两边分别是餐厅和起居室。起居室还带了一个花园。另

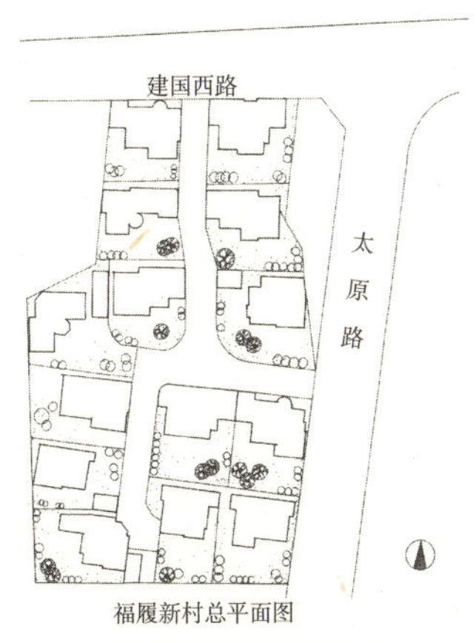

图 5-41 新村总平面

图 5-42 弄内 5 号，也是前任香港特别行政区行政长官董建华童年和少年时的住所

[1] 本节根据张颖睿考察报告修改，文中图片于 2007 年拍摄、绘制。
[2] 董建华于 1937 年出生在这里，1948 年初中毕业后随父亲董浩云去香港。

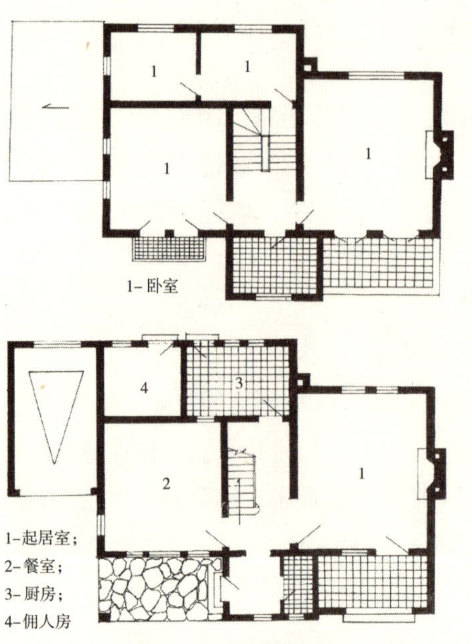


图 5-43　原别墅平面

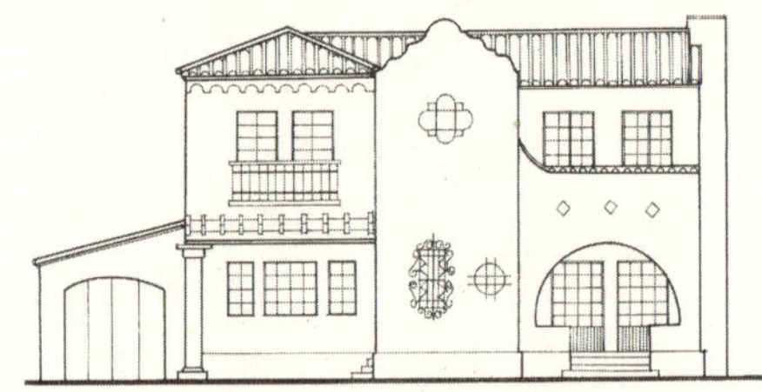

图 5-44　2 号别墅南立面

图 5-45　在弄内看 2 号别墅的现状

外，一层还有厨房以及佣人房，这两个房间都分别设有出入口，可以通向后门的小巷（图 5-43）。

从楼梯向上走半层，有个较小的朝北卧室。再向上走到了二层，正对楼梯的是另一个卫生间，左右两边各有一个朝南的带阳台的卧室，根据卧室的大小，阳台的大小也不相同。

总的来说，2 号别墅平面布置比较紧凑也很合理。而从建筑的立面来看，拉毛的白色外墙面并没有特别的装饰。整幢建筑高低搭配恰当，尤其是底层平台和二层阳台用两个圆拱的处理手法，使建筑立面显得高雅秀气（图 5-44）。

### 5.5.2　2 号别墅的使用现状

然而，随着时间的推移该别墅已经面目全非（图 5-45）。原本是一户人家居住的别墅，现在居住了七户人家（图 5-46、图 5-47）。车库与佣人房被打通，住着一户人家；餐厅、起居室以及二层的两个卧室都各住一户；夹层的两个小卧室为一户；另外，从总图上可以看到，别墅的南面还有一个较大的花园，其实后来与车库相对的地方又建了一个车库，当然，现在同样也居住着一户人家。厨房现在作为这七户人家的公用厨房，显得十分拥挤。楼梯旁通向厨房的通道上也放着一户人家的灶台。原来的两个卫生间现在分别作为一层与两层的公共卫生间。

其实，平面上的改动并不是最大的，变化最大的是别墅的外观。由于各房间居住着不同的家庭，对于房间的改动也就各不相同：一层原餐厅的窗户外现在加了防盗的隔离栏（图 5-48）；二层靠西的卧室外的小阳台被封了起来，并且装上了蓝色玻璃的铝合金窗（图 5-49）。

图 5-46　原来是车库，现在住了一户人家

图 5-47　原来也是车库，现在也住进了一户人家

图 5-48　一层的窗户外加了防盗隔离栏

图 5-49　二层的阳台被封，并装上了蓝色玻璃的铝合金窗

最让人惋惜的就是原来一层起居室外的立面，那个立面原本是整幢建筑最精彩的地方。几年前平台还在，卧室的两扇落地大窗使得室内的采光充足，而透过窗户看外面的庭院也别有一番风味。近期，原来的住户搬走了，现在的居住者为了增加室内面积，把底层的平台封了起来，而在封住的墙面上草草地糊上了水泥，并且自己安装了门窗（图 5-50）。

同样是为了增加室内面积，二层居住者将阳台占用了一半。好在其用的材料与涂料同原来的比较接近，虽然在颜色上仍然有些差别，但同一层相比实在是要好很多。

现在这幢别墅内居住的人口很多，每个房间基本就住一户人家。十几个平方米的小空间内起码要住下一家三口，更有五六个人住一起的，所以只有将现有的空间尽可能地利用起来。因此，才会出现将车库、阳台、平台以及花园这些“享受”性质的设施封起来，改成可以利用的室内空间（图 5-51）。

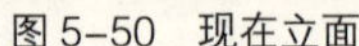

图 5-50　现在立面

图 5-51　外部漂亮的铸铁栏杆早已不见，窗也被改成了门，可以从门厅直接进入花园

## 5.6　第三女子中学五四大楼[1]

### 5.6.1　市三女中简介

上海市第三女子中学的前身是圣玛利亚女中[2]和中西女中[3]，虽说如今的市三女中与教会没有什么关系，但是根深蒂固的教会基因并未完全消失，那淡淡的神秘感依然能从市三女中校园的各个角落中散发出来。

从市三女中的正门向内望去，能看见的只是一片灌木丛，灌木丛就像一幅厚重的屏风，遮挡了人们的视线，从那些树木枝叶的缝隙间，隐隐约约能捕捉到一点儿里面美丽景象的碎屑。这样的大门似乎有意隐瞒了里面的景致，仿佛藏了不谙世间嘈杂的深闺大小姐，那其中的风景只属于她们。

---

❶ 本节根据彭瑜、吕千云论文修改，文中图片于 2006 年拍摄、测绘。

❷ 圣玛利亚女中成立于 1881 年，解放前是美国人创办的教会学校，宋氏三姐妹与张爱玲等都曾就读于此。近年来，七幢历史建筑中，只有作为重点保护对象的钟楼一幢房子还在，其余已基本拆除。

❸ 中西女中是近代上海最著名的女子学校。发起人为林乐知，创办人为海淑德（Laura Haygood，1845—1900）。海淑德为美国南方妇女监理会女传教士，1884 年应林乐知之约来沪，1890 年创办此校，校址在汉口路西藏路口，海淑德自任校长，1892 年 3 月 17 日开学，最初学生 7 人，全部来自基督教家庭，以后逐年增多。学校英文名墨梯学校（McTyeire School），系纪念美国南方教会领袖、对中西女塾创办提供重大资助的墨梯主教。1900 年海淑德在上海病逝，连吉生（Helen Richardson）继任校长。1899、1907 年两次添建校舍。1912 年开设特别班，招收已婚妇女。1917 年迁忆定盘路新址，占地 52 亩，规模较前扩大许多。前 6 任校长均为美国人，1930 年在国民政府立案，改名私立中西女子中学，以华人杨锡珍为校长，1936 年起由薛正任校长。早期教材除了语文外均用英文教科书，学科中强调英文、算学、音乐、家政等，其家政教育在上海最为出名。学制 10 年，主要招收富家女子入学。1952 年被人民政府接管，与圣玛利亚女子中学合并为上海市第三女子中学。

摘自 http://www.historyshanghai.com。

图 5-52　校园总平面
（图片来源：http://www.google.com.）

图 5-53　市三女中的大门

沿着带有灌木丛的走道朝里走，与外界反差极大的天地逐渐展开，大草坪被小树林包拢着，有了这一片幽邃的树林，即便是课余时间，这里也不会太喧哗。灌木丛、树林、长椅增强了校园的围合感（图 5-52、图 5-53）。

### 5.6.2　五四大楼调研

五四大楼位于市三女中的西北侧，灰白墙、红瓦。平面为“T”字形对称布局，“—”形为教学楼部分，“I”形为大礼堂（图 5-54）。

大楼的主入口在平面的中心，面对大草坪，西南与东北各有一个次入口。主入口 2 层高的哥特式拱券大门上半部分是彩色玻璃窗，阳光投射进来散发着温暖的金黄色泽，显示出庄严而神秘的宗教气氛。主入口大厅内为带拱券的跑马廊，庄严、肃穆、壮观。大厅正对着大礼堂的池座入口，左右两侧可见一、二层的走廊，双面布置房间。2 层高的入口大厅正中为大吊灯。大厅的井字梁与楼板处的线角做得很精致，直接作为顶棚，没做吊顶。大楼的顶棚与墙壁均为白色涂料，墙裙为乳黄色涂料，踢脚为黑色大理石贴面。走廊与大厅均为水磨石地面，靠墙处有黑色条形花纹。中间亦有黑色圆形花纹，图样沿用了玻璃窗的图案母题。教室等房间的地面为木地板，略有高差。整

图 5-54　五四大楼

个大楼包括大礼堂都有暖气设备，在走廊与教室的窗台下都可看见暖气管道（图 5-55~ 图 5-68）。

大楼教学楼部分为 4 层，一、二、三层作为教学部分，教室大部分被安排在南侧，其他用房在北侧。顶层阁楼作为阅览室，双坡顶，有老虎窗。

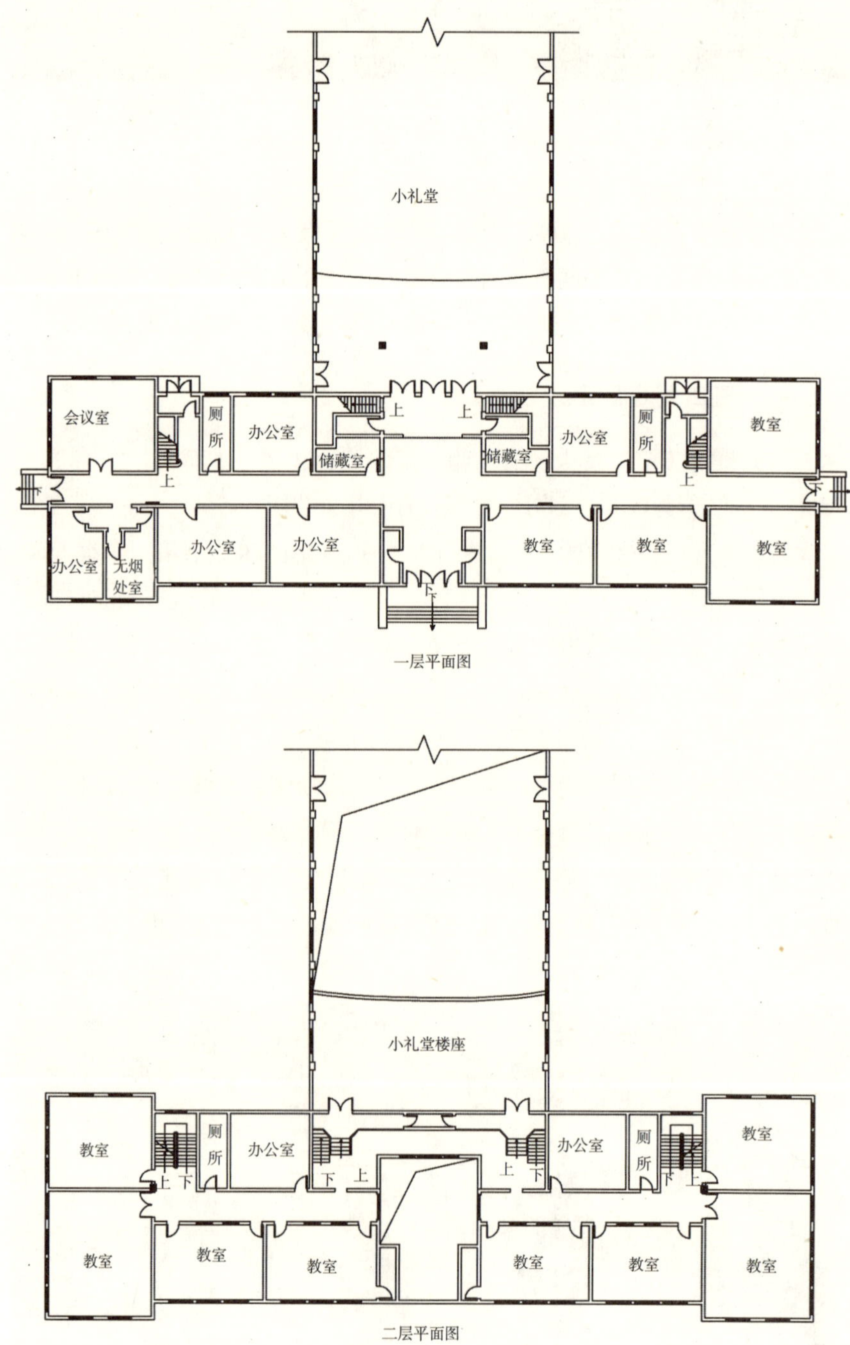


图 5-55　五四大楼平面图

图 5-56　西南入口

图 5-57　东北入口

图 5-58　主入口的彩色玻璃窗

图 5-59　主入口大厅

图 5-60　大礼堂入口

图 5-61　大礼堂楼座的入口

图 5-62　门厅两侧的走廊

图 5-63　井子梁顶棚

图 5-64　地面图案

图 5-65　地面与踢脚

图 5-66　暖气管道

图 5-67　走道内暖气设备

大楼有四组楼梯，均布置在走廊的北侧，楼梯踏步为水磨石铺面，用马赛克做的防滑条。中间两组主要为大礼堂使用，故只通二层，单侧墙面上设铁制扶手。两边两组为大楼主要楼梯，底层一、二两级踏步递宽，并做成半圆形。扶手为红色木制，断面圆形且有条纹，制作精致。扶手栏杆为黑色铸铁，图样仍延续花玻璃的尖券图形，让人感受到建筑细部风格的呼应（图 5-69~图 5-74）。

外墙面用白水泥拉毛，据了解应该是后期翻新的，原先就是大块的白砖。女儿墙的做法很有特色，像镶了一圈高低错落的花边。而这一元素同时又用在

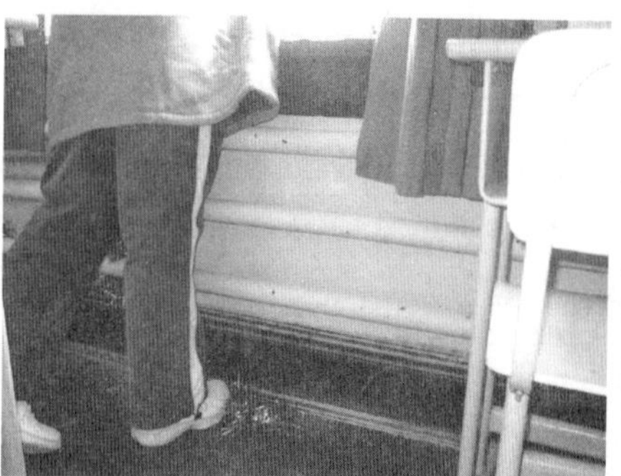

图 5-68　布置在教室窗下的暖气管道图

图 5-69　楼梯踏步及防滑条

图 5-70　供大礼堂使用的楼梯间

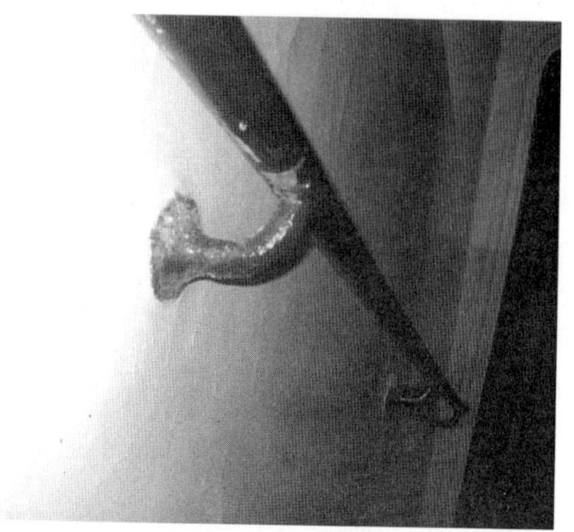

图 5-71　单侧墙面上设的扶手

图 5-72　底层楼梯踏步

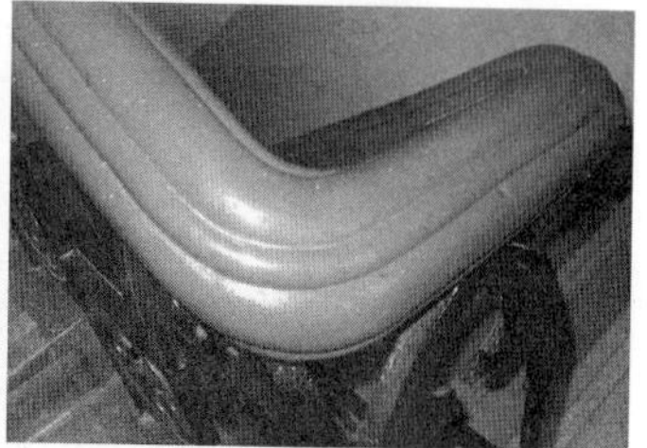

图 5-73　楼梯扶手

图 5-74　楼梯的栏杆

外墙的窗框上，加上用黑色铸铁分割的窗扇及四面都大面积开窗，使外正面显得丰富精致。而室内的所有门窗都有一个统一的风格，都采用了哥特式的门窗特点，漆成暗红色的木制门窗框都做了好几层，十分厚重，门框还有收分形成尖券，加上同样暗红色的厚厚的木门，显得稳重又肃穆。门把手的图案、外墙门上方的通风气窗的图案都沿用彩色玻璃窗的母题，铸有精美花纹的圆形门把手的下面还保留原先的钥匙孔，略有几分古朴的气质（图 5–75~ 图 5–83）。

在大礼堂中，所有的座椅都由黑色铸铁制成，两边是巨大的彩色玻璃窗，宗教氛围浓重（图 5–84~ 图 5–89）。大楼外墙壁上安装的灯饰带有哥特彩色玻璃窗的元素，非常古朴（图 5–90）。

图 5–75　拉毛的外墙面

图 5–76　女儿墙及落水管

图 5–77　教室的窗

图 5–78　阳光充足的教室

图 5–79　教室的门

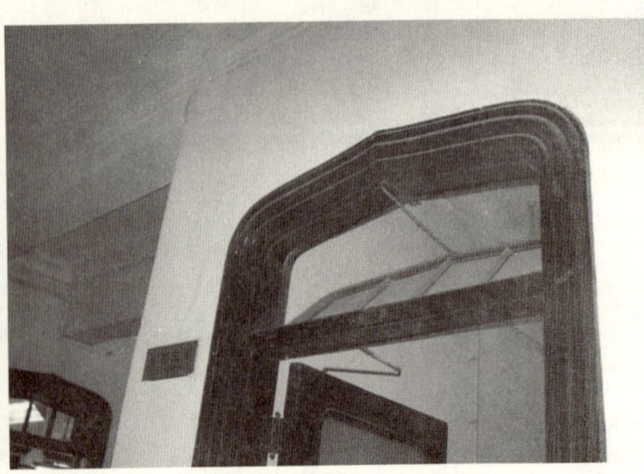

图 5–80　门框

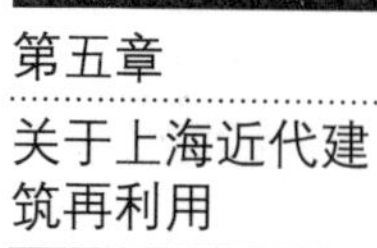

图 5-81　窗框

图 5-82　门把手及钥匙孔

图 5-83　外墙门上方的通风气窗

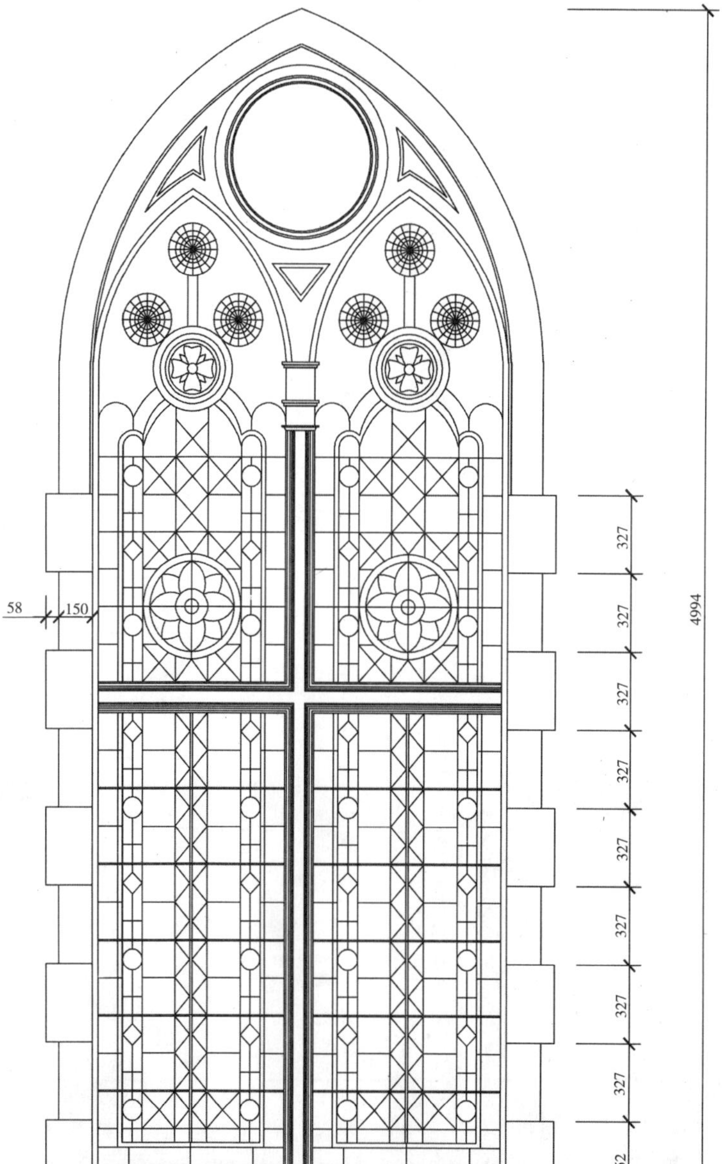

图 5-84　大礼堂带拱券的哥特式彩色玻璃窗立面

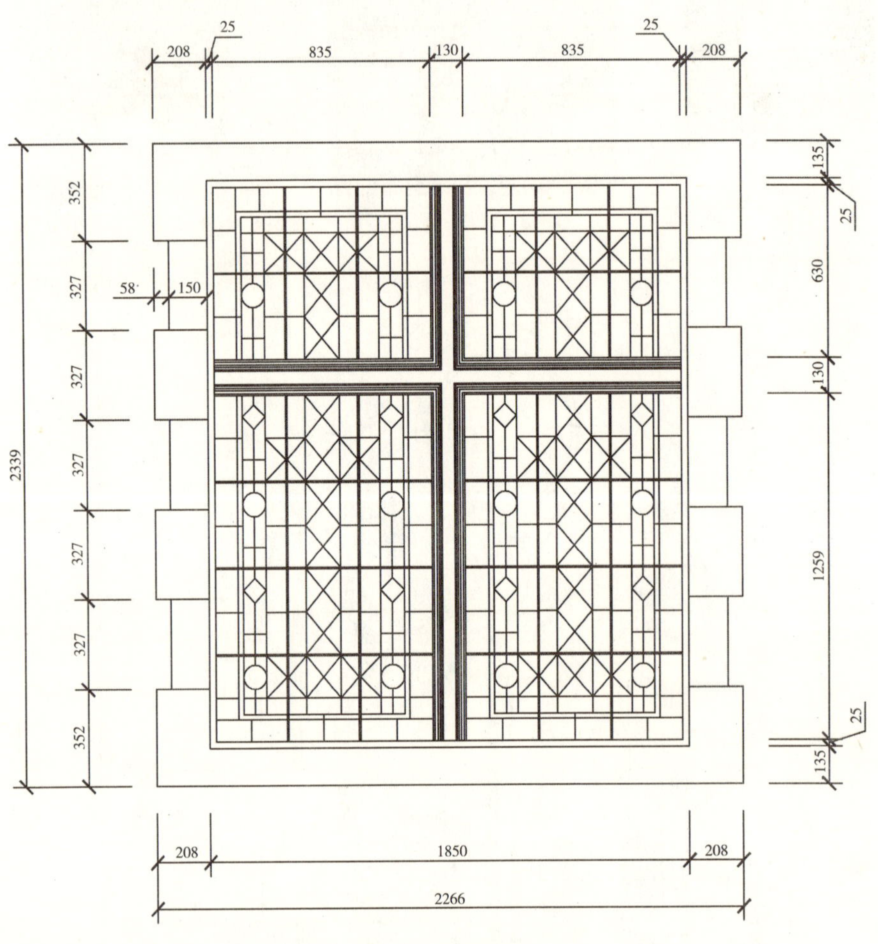


图 5-85　方形彩色玻璃窗立面

图 5-86　大礼堂带拱券的哥特式彩色玻璃窗

图 5-87　大礼堂的方形彩色玻璃窗

图 5-88　大礼堂外部

图 5-89　大礼堂内部

图 5-90　古朴的灯饰

## 5.7　外滩中国银行大楼[1]

### 5.7.1　中国银行大楼调研

位于外滩中山东一路 23 号的中国银行大楼，由陆谦受[2]与公和洋行设计，于 1936 年竣工。

1912 年，南京临时政府改组清政府的国家银行——大清银行后，设立了中国银行。1928 年，南京政府将总行由北京移至上海，即建于现址（原

---

❶ 陈子骏参加了本节考察并于 2005 年拍摄、绘制文中插图。

❷ 陆谦受（1904—1991）广东新会人。自幼随父经商赴英，毕业于伦敦建筑学会建筑学校，为英国皇家建筑学会会员。民国 19 年（1930 年）回国，任上海中国银行建筑课课长。民国 20 年（1931 年）1 月加入中国建筑师学会。民国 34 年（1945 年）与吴景奇、黄作桑、陈占祥等合组五联建筑事务所。1949 年去香港。陆谦受负责设计的主要建筑有：民国 21 年（1932 年）的上海中国银行虹口分行，民国 22 年（1933 年）的北苏州路中国银行堆栈和苏州中国银行，民国 23 年（1934 年）的汉口路华商证券交易所和中国银行职员宿舍，民国 25 年（1936 年）的太仓嘉宝乡村医院，以及民国 35 年（1946 年）的南京金城银行等。此外，他还与英商公和洋行合作设计了上海中国银行大厦。

主要著作有：与吴景奇合著的《我们的主张》以及《未来的建筑师》等。

德国总会大楼[1])。1934年拆除总会旧屋另建新楼。

新建的中国银行大楼前部为塔楼，高17层，钢架结构；后部高6层或8层，钢筋混凝土结构，另有地下室保险库。

大楼整体属装饰艺术派，外墙青石饰面，强调垂直线条和几何图案装饰，顶部两侧呈台阶状，塔楼部分冠以蓝色四方攒尖屋顶，檐下有斗栱装饰，正面两侧配以镂空花格窗。它是外滩唯一的一座具有中国传统装饰的早期现代高层建筑（图5–91、图5–92），也是20世纪30年代外滩唯一的一座由中国建筑师设计并经外国建筑师参与工作的大型建筑。[2]

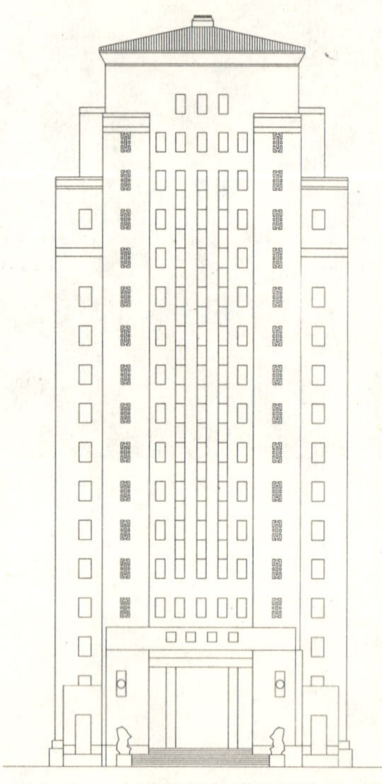

图5–91 中国银行大楼沿外滩的东立面（线条图）

图5–92 中国银行大楼沿外滩的东立面

### 5.7.2 装饰艺术派建筑特征在中国银行大楼立面上的反映

• 竖向线条表现机械美：从中国银行大楼的主立面我们可以看出，整个建筑是以竖向线条为主的，通过大量竖向线条的运用显示出大楼的高耸感（图5–93）。

• 摩天大楼退缩的轮廓线：中国银行大楼两侧层层跌落的楼层使退缩

---

[1] 1917年，中国对德国宣战后，外滩23号德国总会大楼作为敌产被没收，归中国银行使用。德国总会大楼是一幢社团举行娱乐性活动的建筑，在许多方面是不适宜作为银行使用的。因此，中国银行早就有将建筑拆除重建的打算。但是，刚改组的中国银行实在拿不出足够的钱去重建大楼，这件事就一直被搁置下来。1934年，中国银行有了足够的资本，于是斥巨资拆除德国总会大楼建新楼。

[2] 沈福煦，沈燮癸著．透视上海近代建筑．上海：上海古籍出版社，2004：162.

图 5-93　竖向线条表现机械美

图 5-94　退缩的轮廓线

的轮廓线从任何角度都可以明显感知，具有震撼力，是 20 世纪的象征物（图 5-94）。

● 对称简洁的几何形构图：中国银行大楼形体以几何形为主，简洁、对称，甚至顶部的两排窗口的设计也十分精简，其外框就是简单的矩形，里面分割也只用了三个矩形，并且相互对称（图 5-95）。

● 明亮且对比的颜色：在中国银行大楼正立面的中部，有两条竖向线条（浅色），在这两条竖向线条之间布置窗户，并且窗间墙是棕色（深色）。正是这种简单的手法产生了一深一浅的效果，用强烈的对比表达 Art Deco 所希望表现的机械美学（图 5-96）。

图 5-95　简洁的几何形构图

图 5-96　明亮且对比的颜色

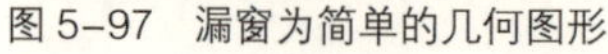

图 5-97　漏窗为简单的几何图形

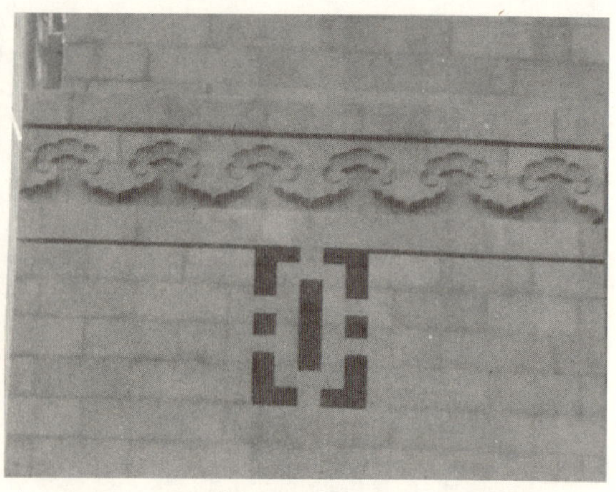

图 5-98　顶部兼具几何性和自然形态的装饰图案

● 以简单的几何图形来表达美感：简洁的几何图形构成了中国银行大楼外立面漏窗处的造型，没有多余的线条（图 5-97），象征着机械与科技解决了我们的问题。

● 在自然形态中寻找几何形：在中国银行大楼顶部细部处理中，我们可以看出这一特点的运用。这种仿造自然中树叶的造型，正是 Art Deco 特性的反映（图 5-98）。

● 埃及艺术：在中国银行大楼的主入口处有两根柱子，上面雕有古代装饰纹样。这种从古代装饰风格中挑选出自然形态加以抽象变形的手法，显得精简实用（图 5-99）。

● 远东、中东、希腊、罗马、埃及与马雅等古老文化的物品或图腾，都成为 Art Deco 装饰的素材来源。从中国银行大楼入口的窗花可以看出其素材的多样性（图 5-100）。

图 5-99　主入口旁柱子上的装饰纹样

图 5-100　主入口旁的漏窗

## 5.8 上海近代建筑的节能改造研究[1]



### 5.8.1 上海近代建筑的节能改造研究

可持续性改建的根本目的是在建筑整个生命周期内降低运营成本同时对周围环境影响最小化。即延长既存建筑的生命周期，选择合理的改造技术，使既存建筑达到节能的目标同时对环境的负面影响最低。

除了被列为文物的近代建筑，上海近代建筑的节能改建可以从以下几个方面入手：①建筑外墙、楼地面；②屋顶；③外窗；④建筑遮阳；⑤建筑自然通风；⑥屋面雨水收集。

#### 5.8.1.1 外墙、楼地面节能改造方案

上海近代建筑中有不少砖木结构，主要墙体为黏土砖墙，其维护结构的热工性能大多已不能满足如今上海市相关的建筑节能标准。如果将其全部拆除更换为加气混凝土砌块，则要生成大量建筑垃圾，而且还要使用相应体积的加气混凝土砌块，不仅加重城市垃圾处理的负担，也不符合建筑的全生命周期节材的要求。为此，可增设墙体保温层以满足建筑节能的要求（图 5-101）。

常用的建筑保温层设置有两种形式，外保温和内保温。

外保温体系是将憎水性[2]、低收缩率的保温材料粘结或锚固于建筑物墙体外侧，并在其外侧增加装饰层的方法。在住宅中，目前主要有聚苯颗粒浆

图 5-101　有、无保温层的散热分析
（图片来源：薛杰 . 可持续发展设计指南：高环境质量的建筑 . 北京：清华大学出版社，2006）

---

❶ 刘嵩松参加了本节设计工作，并于 2009 年绘制文中插图。
❷ 憎水性指材料不能被水湿润的性质。如沥青、油漆、石蜡等。

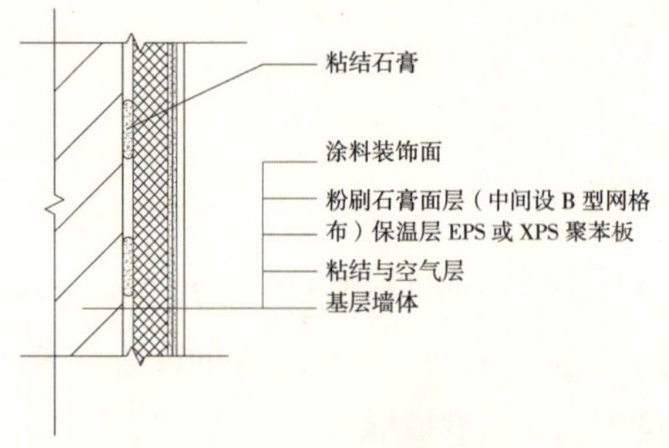


图 5-102　保温层构造

（图片来源：布朗，马克 · 德凯著，常志刚等译．太阳辐射 · 风 · 自然光．北京：中国建筑工业出版社，2008）

料外墙外保温、聚苯板薄抹灰外墙外保温、现场模浇硬泡聚氨酯外墙外保温等几种外保温技术。

这种保温技术虽然很成熟，但需要在原有立面上进行施工，考虑到对原有建筑外立面的保存和维护，故这种技术不适合运用上海优秀近代建筑改建中。

内保温优点是安装便利。作为保温内衬，它主要由保温层和其内侧的装饰面材料组成（石膏板或贴面砖）。保温材料可粘贴或机械性固定在墙体上。若采用挤压方法固定保温材料，对其保温性能的影响很小，而穿透式固定却会降低20%的保温性能。❶

内保温系统主要构造为：外饰面 +20 毫米水泥砂浆 +240 毫米红砖 +30 厚挤塑聚苯板 + 空气层 +8 毫米粉刷石膏（图 5-102）。

但此保温技术使得结构部分成为建筑的外表面，降低了建筑物的热惰性。另外，它也会使建筑物的外墙和内表面（楼面、横墙）的交接处和窗框处（窗框与内表面平齐的情况除外）的保温材料中断。❷这一中断会形成热桥——热量损失的主要区域，甚至出现尺寸变化而产生冷凝现象。

为了避免设置内保温后产生热桥，在一些特殊的部分应加强处理（图 5-103）。

许多上海优秀近代建筑设有楼板架空层，以张叔驯故居为例，对底层楼板的保温处理可以采用保温层在楼板上部的构造做法。对于二层、三层楼板保温处理方法可以采用图 5-104 所示方式。这样的处理方式，可以防止室内

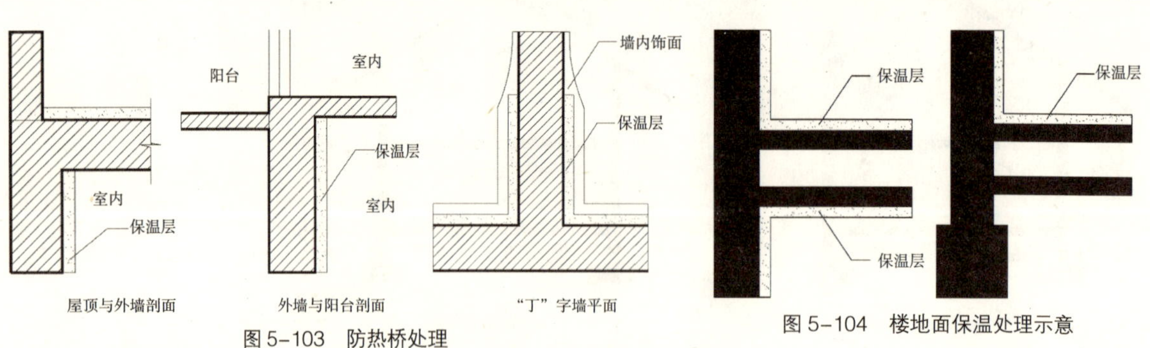


图 5-103　防热桥处理

（图片参考：李朝旭，王清勤．既有建筑综合改造工程实例集（1）．北京：中国建筑工业出版社，2009）

图 5-104　楼地面保温处理示意

❶ 薛杰．可持续发展设计指南：高环境质量的建筑．北京：清华大学出版社，2006：261.

❷ 同上。

热量通过架空层内空气而散失。

5.8.1.2　屋顶改造方案

屋顶是建筑物的重要组成部分之一，主要目的是围护，分为平屋顶和坡屋顶。它吸收太阳辐射，同时防止室内热量散失。

● 坡屋顶

坡屋顶相对于平屋顶有着较大的保温优势，可以在室内增加吊顶，并增设轻质保温层，同时也可以把坡屋顶改建成为通风屋脊屋顶（图 5-105~ 图 5-107）。

为了防止热岛效应，屋顶坡度小于等于 1：6 时，应采用 SRI[1]指数不小于 78 的材料，屋顶坡度大于 1：6 时，应采用 SRI 指数不小于 29 的材料[2]。

● 屋顶平台

在屋顶平台上设置架空保温层能有效减少室内热量散失。应在屋面适当位置采用 1：0.5：10 水泥石灰膏砂浆卧砌 115 毫米 ×115 毫米 ×180 毫米砖墩，纵横中距宜保持为 500 毫米，砖墩应落在相应的承重墙上，并将预制钢筋混凝土板放在砖礅上。铺设架空板前，在原屋面上应铺放保温材料，其厚度应根据热工计算而定。铺设架空板后，应采用砂浆勾缝，板上应做找坡层、找平层及防水层。

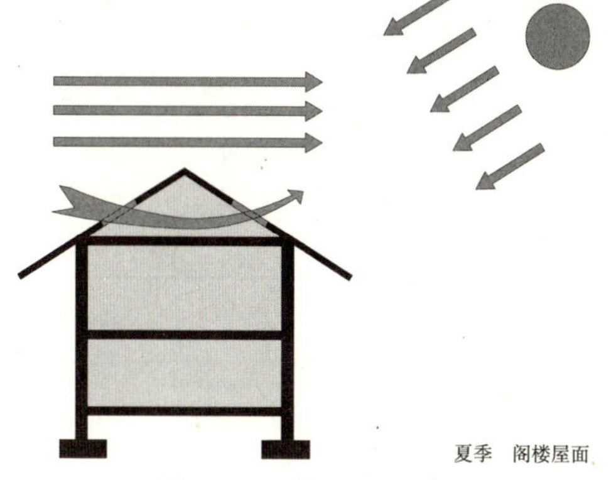


图 5-105　屋顶通风示意

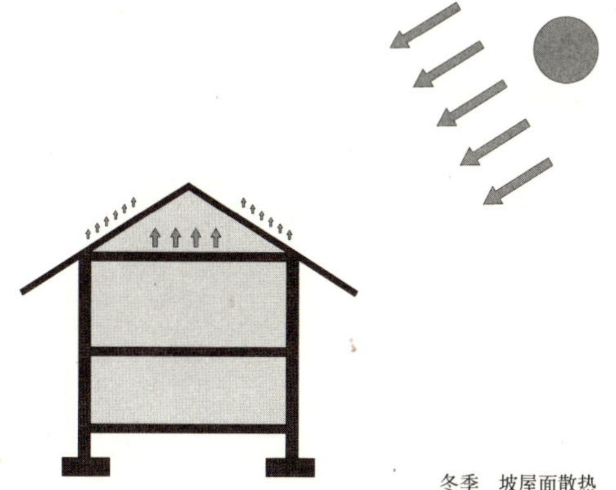


图 5-106　冬季屋顶散热示意

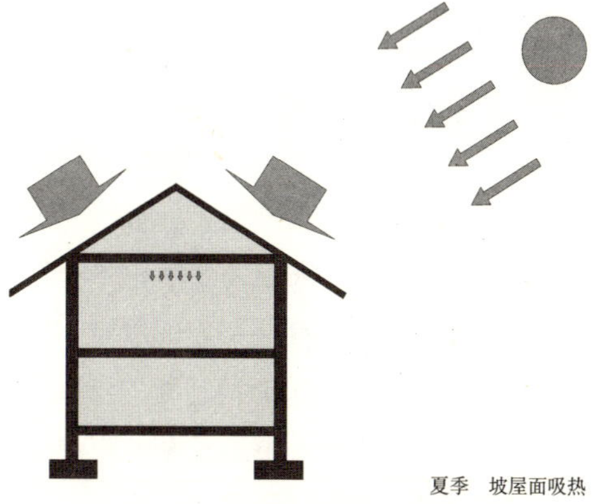


图 5-107　夏季屋顶吸热示意



❶ SRI，阳光反射系数，Solar Reflectance Index 的简称。

❷ USGBC.LEED for Existing Buildings: Operation &Maintence.www.usgbc.org.2008:21.

#### 5.8.1.3 外窗节能改造方案

上海近代建筑多为单层玻璃木窗，其基本性能如表 5–1 所示。如今这种玻璃窗已经不能满足节能的要求，需对其进行改造。

单层玻璃木窗基本性能❶ 表 5–1

| 窗户类型 | 空气层厚度（mm） | 窗框窗洞面积比（%） | 传热系数 W/（$m^2K$） | 气密性能 | 隔声性能 RWdB |
|---|---|---|---|---|---|
| 单层玻璃窗 | — | 20 ~ 30 | 5.0 | — | 20 ~ 25 |

改建中必须坚持“修旧如旧”的原则，所以我们应保持原有立面窗户的形式，例如木质窗框和铁艺窗。我们可采用中空玻璃木窗取代单层玻璃木窗。常用的玻璃及性能如表 5–2 所示。

常用玻璃及性能❷ 表 5–2

| 玻璃品种 | 外层玻璃 | 内层玻璃 | 功能 |
|---|---|---|---|
| 普通平板玻璃 | 可以 | 可以 | 保温、隔声、防结霜 |
| 钢化玻璃 | 可以 | 可以 | 保温、隔声、防结霜、高强、完全 |
| 夹层玻璃 | 可以 | 可以 | 保温、高隔声、防结霜、安全 |
| 吸热玻璃 | 可以 | 不可 | 保温、隔声、防结霜、吸收太阳能、装饰 |
| 热反射玻璃 | 可以 | 不可 | 保温、隔声、防结霜、吸收太阳能、装饰 |
| 低辐射玻璃 | 不可 | 可以 | 高保温、隔声、防结霜 |

在玻璃的选择上，应采用高透型 Low–E 玻璃❸。Low–E 玻璃具有热辐射率低且对太阳光谱的投射具有选择性的光谱结构。而高透型 Low–E 玻璃则具有较高的可见光透射比和遮阳系数（图 5–108），适用于冬季采暖能耗大的地区。采用中空 Low–E 玻璃，空气间隔层使玻璃的传热系数下降，极大地提高了外窗的隔热性能。在酷暑难耐之时，又可以阻挡室外燥热，减少室内冷气的散失；在寒冷的冬季也不会结冰、结露。

采用木质窗框存在一定的缺点，木质窗框不如铝合金窗框或塑钢窗框气密性好。为了解决这个问题我们可以采用铝包木窗，即在室内木窗框之外再包一层铝合金，使得窗的气密性更好（图 5–109）。

#### 5.8.1.4 建筑遮阳设计

上海全年空调制冷季节为每年的 6~9 月，其中 6 月下旬，太阳可达最大

---

❶ 李朝旭，王清勤 . 既有建筑综合改造工程实例集（1）. 北京：中国建筑工业出版社，2009：221.

❷ 马眷容，刘中伟，孙德岩 . 建筑玻璃 . 北京：化学工业出版社，1999.

❸ Low–E 玻璃，低辐射玻璃。

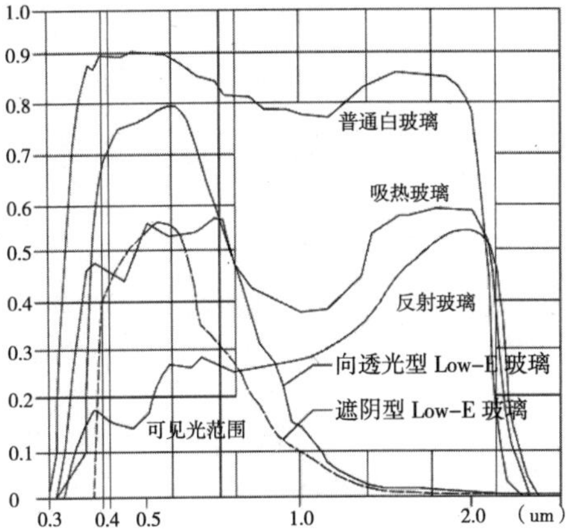

图 5-108　不同玻璃的投射曲线图
（图片来源：同图 5-102）

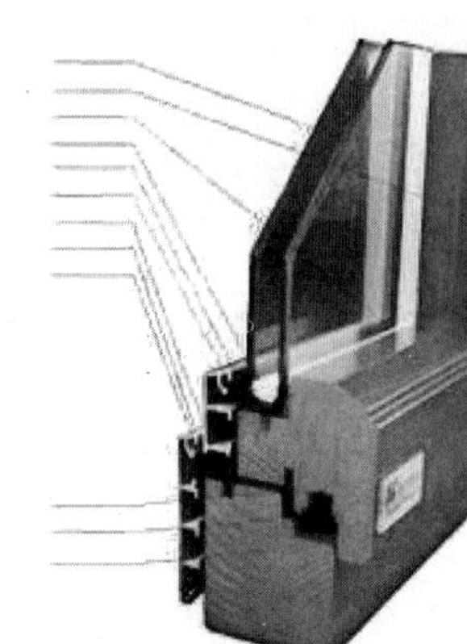

图 5-109　铝包木窗示意图
（图片来源：http://bj.house.sina.com.cn/decor/jc）

太阳高度角 82° 16’，建筑南向房间受到强烈的阳光直射。为了控制阳光对室内环境的影响，我们应该选取适当的遮阳形式。

遮阳按构造形式可以分为：水平遮阳、垂直遮阳、综合式遮阳、挡板遮阳。按与外围护结构的相对位置可以分为内遮阳、外遮阳。按安装方法可以分为固定式遮阳和活动式遮阳。按调节方式可以分为手动调节光线遮阳和自动调节光线遮阳。另外还有绿化遮阳。

以张叔驯故居为例，为保持建筑原有立面风格，我们应该采用内遮阳的形式。对于南向二层立面上的窗，采用手动调节活动式百叶。可以根据使用要求控制遮阳系统，调节室内光照。对于一层落地玻璃窗使用大面积手动调节遮阳百叶，同时配以窗帘，同样可以提高对日照的控制。

在利用室内遮阳的同时，我们也可以充分利用庭院里的绿色植被进行辅助遮阳。

靠近建筑的植物可兼做生态绿化墙（图 5-110）。生态绿化墙的附着植被夏天繁茂冬天枯萎，使遮阳的效果在夏秋季节比冬春季节要好，这与气候变化和建筑采光需求是一致的。

### 5.8.1.5　自然通风方案

建筑物自然通风分为利用风压的自然通风和利用热压的自然通风。这两种通风方式在高温时期都是特别有益的降温方式，因为它不仅带走房间中的热量，而且通过增加人体的蒸发率来增强人体的降温效果，从而增强人体的凉爽感觉。在满足舒适性的前提下，尽量延长

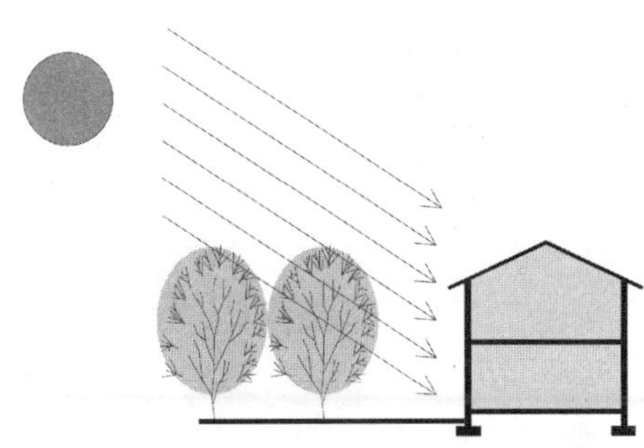

图 5-110　绿化遮阳示意图

自然通风的时间，可以达到更好的节能效果。

上海在我国东南沿海，而且是在淮河以南，属于亚热带季风性气候，在夏天从海上吹来东南季风，冬天从蒙古高压吹来西北季风。下面是张叔驯故居改建的通风策略。❶

- 利用张叔驯故居原有自然通风系统

可以利用故居南立面上的三处长条形的孔洞，为故居提供良好的通风条件。

张叔驯故居的两个天井起到了很好的拔风作用，与建筑空间形成“烟囱”式通风系统，应予以保留。

沿建筑四周外墙布置的四个竖向的烟囱，为局部房间提供了良好的通风条件，也应保留并疏通。

- 控制通风量

在进风处设置可调节式百叶，用来调节进风量的大小，以满足室内舒适度。

在自然风压不足的季节，可以通过机械手段来增加室内空气流动速度，增加通风量。例如在蟹眼天井上部安装可调节式顶棚，并装配机械抽风系统，在通风量不足的时候，用机械抽风方式，降低室内风压，加速室外空气流向室内。

#### 5.8.1.6 屋面雨水收集

上海位于长江三角洲，东临东海。以 2008 年为例，全市平均年降水量 1176 毫米，各区县年降水量 989~1293 毫米，降水量分布东多西少，松江、奉贤和青浦在 1097 毫米以下，松江仅 989 毫米，浦东新区为 1293 毫米。全年平均降水日数 122 天，其中日降水量不少于 25 毫米的大雨以上日数 13 天；日降水量不少于 50 毫米的暴雨日数，宝山、嘉定 5~6 天，其余区县 3~4 天。由表 5-3 可以看出上海属于雨量丰富地区，降水期集中在夏秋季节。❷

**2009 年上海市区和郊区各月降水量（单位：毫米）　　表 5-3**

| 月份 | 1 | 2 | 3 | 4 | 5 | 6 | 7 | 8 | 9 | 10 | 11 | 12 | 年平均 |
|---|---|---|---|---|---|---|---|---|---|---|---|---|---|
| 市区 | 46 | 71 | 105 | 90 | 28 | 196 | 163 | 186 | 192 | 124 | 15 | 39 | 1255 |
| 郊区 | 46 | 65 | 103 | 93 | 31 | 167 | 157 | 148 | 176 | 123 | 17 | 43 | 1168 |

充分利用丰富的降雨资源，转化为建筑用水，可以缓解建筑使用过程中

❶ 关于张叔驯故居的详细内容参考本书 5.3 节。

❷ 上海地方志网站 . http://www.shtong.gov.cn/node19828/node81801/。

对水资源的消耗。我们可以采用屋面雨水收集系统进行雨水收集，庭院中加设渗透井。

屋面雨水经过虹吸系统收集后分为三路排至室外渗透井，渗透井设有水平渗透管沟，雨水经渗透管沟回渗地下，补充地下水；回渗不及的多余雨水排至收集池，经过过滤、消毒后存储进地下水箱。再经变频给水装置加压后供至冲厕用水、地貌及道路冲洗等。

以上海年均降雨量为 1255 毫米为准，理论上可以收集雨水 600 立方米，按 35% ~ 38% 的收集率计算，每年可以利用雨水 210~228 立方米。同时配合园林内的自动化灌溉系统为整个园林提供自动化灌溉，节约水资源。

### 5.8.2 上海近代建筑的可持续性改造策略

- 改建前的合理分析

在对上海近代建筑改建前，应先对既存建筑的固有条件进行详细分析，包括既有建筑所处的地理位置的风环境、气候条件、建筑自身特点等因素进行详细的分析。通过对现状条件的分析，为可持续性改建提供有利的理论依据。例如上海夏季主导风向为东南风，张叔驯故居为东西朝向，立面上有与天井相通的通风口，这些固有条件为故居提供了良好的通风。再如故居为坡屋顶，坡屋顶相对于平屋顶来说，有着较好的保温隔热条件。利用坡屋顶的特点，稍做改建就能使建筑更加节能。

- 选择成熟技术

上海近代建筑可持续性改建是一项长远的计划，采用不成熟的新技术意味着增加前期的成本，新技术效果的不可预见性，无形中增加了既存建筑今后运行、管理的成本。例如对于墙体保温来说，有很多的保温技术，但对于上海近代建筑可持续性改建来说，由于外立面节点处理繁多，同时还不能对建筑外立面进行破坏，因此应优先选用技术成熟的内保温技术。

- 选择可行的技术

技术不一定是最先进的，但一定要是最合适的，技术要整合化，并且有多个预案。对既存建筑的可持续性改建需要综合多项改造技术，但由于个体建筑情况的差异，并不是所有的技术都能实现，因此可持续性改建技术的整合化将起到关键性作用。所谓整合化，即只要能达到可持续性标准和设计的要求，就可以根据实际情况选择多种改建技术中的几种进行组合或分步实施，同时每种整合技术也可以有多种方案，以确保最终的可持续性效果。

- 选择经济的技术

在可持续性改造技术整合化的基础上，应该认真分析各个技术的投入产出比，尽量从经济性角度来选择技术。同时对各个技术的经济分析应以改造当时的情况来计算。例如：太阳能光电技术是一种可持续性能源技术，但前期投入成本很大，且对光电面板的面积有较高要求，面积太小所产生的电能太少，导致整个设备成本投资回收期较长。

### 5.8.3 上海近代建筑可持续性改建的推广价值

随着社会的发展，人们认识到可持续性发展的重要性。对上海近代建筑的可持续性改建具有较高推广价值。

上海近代建筑作为上海城市建筑的重要组成部分，不仅是上海近代历史的见证，更是上海人民情感的寄托。如此庞大数目的优秀建筑如何妥善地使用一直是有识之士思考的问题。对这些建筑的改建不应该单纯延长其生命周期，只注重在“修旧如旧”的原则上，而应该注重可持续性地改建。

- 起到一定的借鉴作用

以上所建议的改建手段，不仅可以运用到上海近代建筑改建中去，还可广泛地运用到上海既存建筑的改建中。例如，20 世纪 80 年代，上海市建造了大量住宅以缓解当时市民居住紧张的状况，这些住宅在设计之初未能考虑到节能方面的需求，它们已成为如今的能耗大户。对此，我们可以采用平改坡的技术，并且安装双层玻璃窗。这些技术不仅施工方便，更是行之有效的改建手段。

- 能较好地保护上海近代建筑

对上海近代建筑改建的初衷是为了更妥善地保护它们，但近年的改建实践中大多未深刻认识到这些建筑的自身特点，导致一些改建是破坏性的，不可持续性的。采用上述改建建议能更好地延长上海近代建筑的生命周期，妥善地保护好上海近代建筑。

- 具有较好的经济价值

可持续改建的目的是使建筑在整个生命周期中使用效率最大，一个最为直观的衡量指标就是投入与收益的比值。上述可持续性改建手段都是廉价且有效的手段，这样的改建不仅能减少前期改建投入，更能降低改建后使用中的运作成本。

# 第六章 关于上海近代产业建筑

上海近代建筑中，还有大量以大工业发展为目的而建造的产业建筑，在这些产业建筑中不乏当时的优秀设计作品，有些甚至在现在看来都还极具韵味。随着城市的不断发展，如今的上海各区域正处在产业布局、类型、结构的转型和重构阶段，产业区的区域定位也发生了根本性的变化，老城区里的许多旧工业区域更出现了集体搬迁的情况，于是大量的产业建筑被闲置甚至推倒，而有些已被确定为产业遗产的建筑则孤零零地耸立在一片废墟中，等待着历史使命的变更抑或是无情地摧毁。

对于产业建筑的保护与再利用如今已经成为建筑领域里的热门话题。如何合理地保护利用现存的产业遗产建筑并使之焕发新的活力，更贴近当下人的现实生活，使其脱去生冷的“机械化外衣”，更具亲切感，已经成为一个新的热点。

同上海其他优秀近代建筑相比，我们对产业建筑价值的认识较晚，保护工作的起步也较晚，更新改造中出现的问题更多，与国外先进案例差距更大。主要问题有：缺乏整体性、滞后的观念、单一的功能定位，不注意对周边环境的友好性，其中较为突出的还有生态、节能问题。

如今建筑界有一个误区，认为节能主要是新建筑的事，其实既有建筑的更新利用中也应重视节能技术，因为既有建筑量大面广，在改造之前重视节能问题，能取得更大的社会经济效益。产业建筑大多是大空间建筑，当年的建造标准低，如今的更新若不重视节能问题，改造后的建筑往往成为能源浪费大户。其实，产业遗产改建的实验性特点使得在其中探索运用生态技术具有更多可能性。

上海近代产业建筑的改造利用是一个涉及诸多领域的复杂工程，由于我们的精力有限，本章仅选四个有一定社会影响力的案例作一粗浅探讨，其中

6.1 节、6.2 节以产业建筑改造后的节能问题为切入点。

## 6.1 上海工部局宰牲场改造[1]

### 6.1.1 宰牲场建筑简介

上海市工部局宰牲场(图 6–1),坐落于虹口区沙泾路 10 号,建筑坐东朝西,1930 年始建,1933 年 11 月竣工,由当时蜚声沪上的余洪记营造厂建造。占地面积约 1.5 万平方米,建筑面积达 2.63 万平方米。整个建筑全部按照英国的宰牲场规格设计建造,由英国建筑师巴尔弗斯主持设计。宰牲场高 4 层,主体部分是钢筋混凝土建筑,由东、南、西、北四幢楼房围成一个四方形,四角内收,形成八条外棱,故又称“八角楼”。

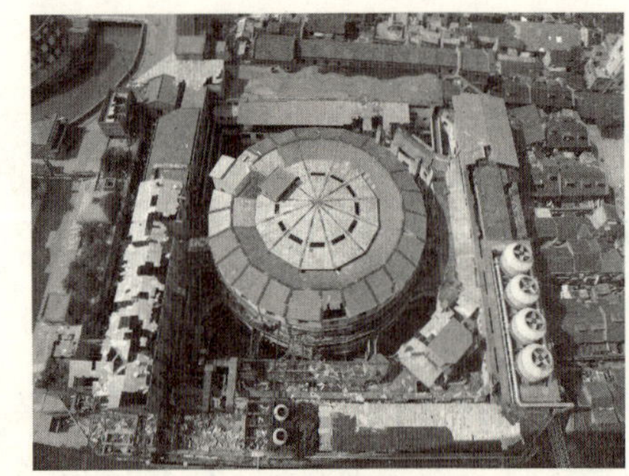

图 6–1 工部局宰牲场鸟瞰图

由于宰杀牲畜会产生浓重异味,因此自然通风是宰牲场的重要功能需求之一。整个建筑中间是一个圆柱形的大楼,通过廊道与四周的楼房相连。宰牲场采用了当时先进的建筑技术——加工车间使用了“无梁楼盖”的结构体系,避免了梁高对房间净高的影响,增加了空间利用率。其建筑与建筑之间配合巧妙,空间布局合理,还充分考虑了采光、通风、卫生用水等问题。

该建筑高低错落、廊道盘旋,宛若迷宫却又秩序分明,建筑艺术与生产工艺完美结合在一起。1970~2002 年这里被用作制药厂,本文将之暂称为第一次改造,2002 年之后这里完全停产,随后一直处于空置状态。2005 年,该建筑被政府列为优秀历史保护建筑。2006 年,上海创意产业中心组织各相关部门和专家进行研究论证。同年,上海创意产业投资有限公司正式开始启动改建工程,本文将之称为第二次改造。2006 年 8 月,它被上海市经济委员会授予“上海创意产业集聚区”。宰牲场现已被称为 1933 老场坊创意中心。

- 廊桥 廊桥是宰牲场最具特色的空间之一。外廊有四层,共 26 座斜桥,有两座老桥损坏严重,在改造过程中被修缮,并拆除了在后期增设的两座新桥。内廊共计 10 座桥,另外 5 个螺旋楼梯也均保存完好(图 6–2)。
- 伞状柱:宰牲场无梁楼盖的结构设计在当年是极为先进的技术。支撑

[1] 本节作者余颖捷、费肖夫、丘兆达,文中图片拍摄、绘制于 2008 年,编者作了修改。原始图纸来自上海档案馆。

图 6–2　内廊空间

图 6–3　四边形伞状柱

楼板的柱子分别为八角形和四边形，八角形伞状柱主要分布于建筑外围的西区，四边形伞状柱则主要分布在其他三区（图 6–3）。修缮之前，柱子的外立面材料各异，有粉刷面、油漆面、不同年代和尺寸的瓷砖面以及水泥抹面等。这些装饰材料在二次改造中被全部清除干净，统一刷上水泥。

● 外墙：几年前，由于周边街道整治，宰牲场的外墙被统一粉刷成了橘红色（图 6–4）。这些外墙经过专业技术清洗与翻修，已基本恢复原设计的质感和色彩。

当“生态、节能、环保”已经成为 21 世纪建筑界所高调倡导的主旋律时，我们翻开已经泛黄的原始图纸，试图找寻 20 世纪初建筑师在节能设计理念上与当今流行思潮之间的差异。

### 6.1.2　屋顶的改造

建造之初圆柱体大楼的屋顶为环形，廊桥处于露天状态，中心圆楼的上方安装有一个巨大的、容量为 80000 加仑的水箱（图 6–5）。

第一次改建中，水箱被拆除，屋顶由覆盖圆柱体大楼外圈的 24 品桁架，

图 6–4　被粉刷成橘色的西立面

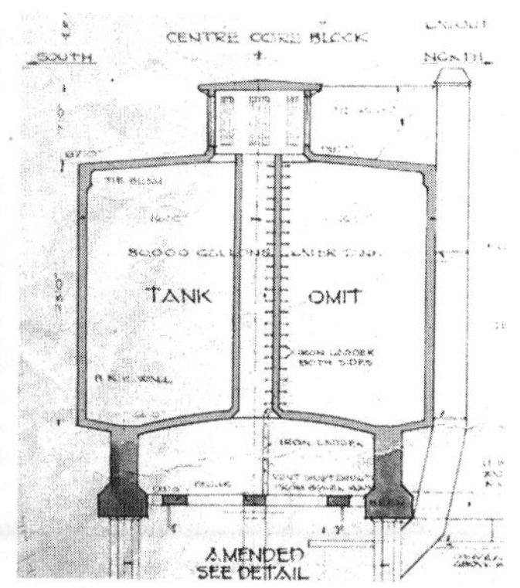


图 6–5　水箱

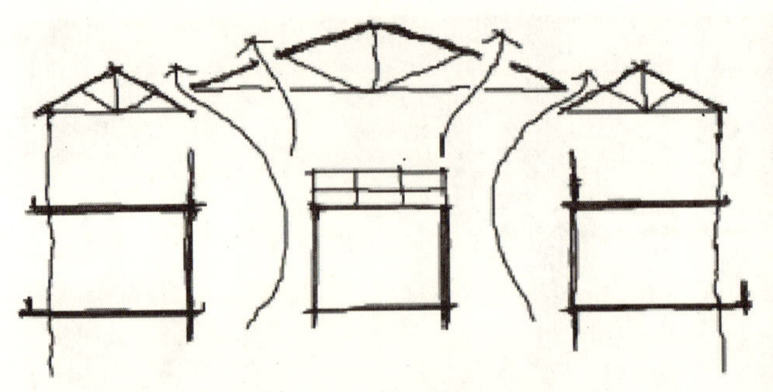

图 6–6 制药厂时期屋顶
（制药厂时期屋顶，室内气流通过环形通风带和天窗排出室外）

图 6–7 改造成制药厂后的屋顶

以及在中心圆楼正上方的 12 品桁架构成。屋顶材料采用轻质瓦纶板。中心圆楼部分的屋顶开有 12 个天窗，两层屋面彼此之间脱开一定距离，形成一条环形通风带。这样的屋顶结构在当时没有先进的中央空调设备的条件下有利于增加室内的通风换气量（图 6–6、图 6–7）。

第二次改造后，屋顶的所有桁架被拆除，改为空间网架结构，形成球冠形屋盖。原有的天窗及环形通风带被设在屋盖正中的圆形通风口所取代（图 6–8），改造者试图使室内向上的气流沿屋盖壁面流出室外，以改善室内自然通风状况（图 6–9）。

图 6–8 屋顶现状

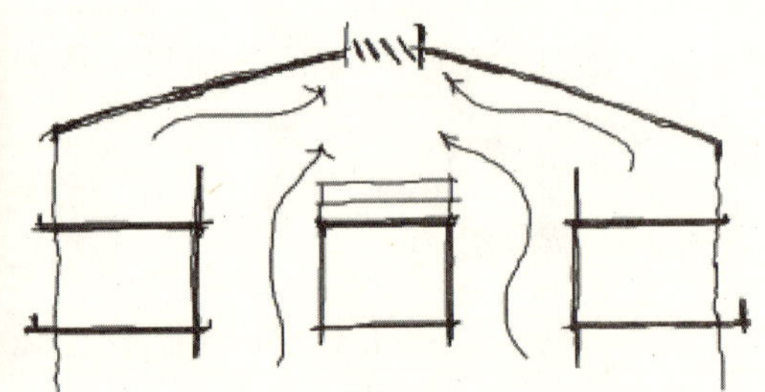

图 6–9 屋顶改造后气流的走向
（改造后室内气流沿屋盖壁面排出室外）

然而，在圆柱体大楼第四层处，改造者用一个占地 981 平方米的圆形大舞台完全覆盖了内廊上空（图 6–10），将内廊通高部分与屋盖下的大空间隔断，这不仅对舞台下方的自然采光产生影响，更致命的是，这个舞台阻断了内廊通高空间与屋盖通风口间形成的气流通路，从而使原本有着节能意义的屋盖变得徒有其表（图 6–11）。

### 6.1.3 地下室内的自然通风

● 中心圆楼内拔风井的设置（图 6–12、图 6–13）

在中心圆楼的中部有为通风而设的拔风井，地下室以上部分垂直贯通，

图 6-10　大舞台覆盖了内廊上空

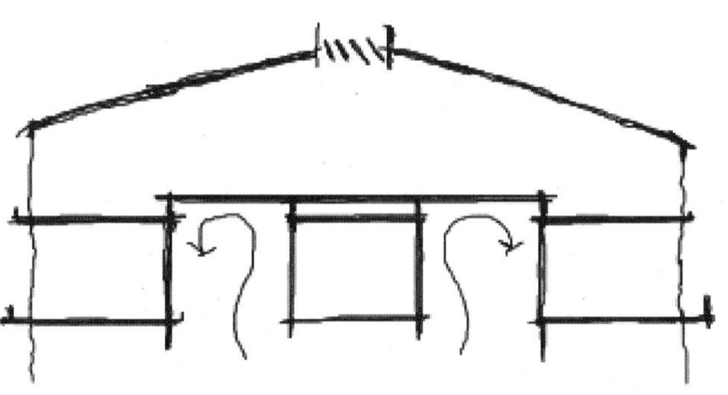

图 6-11　覆盖舞台后气流的走向
（覆盖舞台后室内通过屋顶排出室外的气流被阻断）

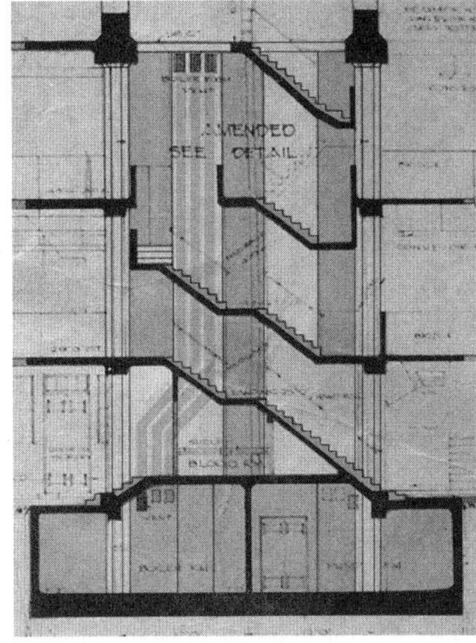

图 6-12　原图纸拔风井进出气口位置及走向

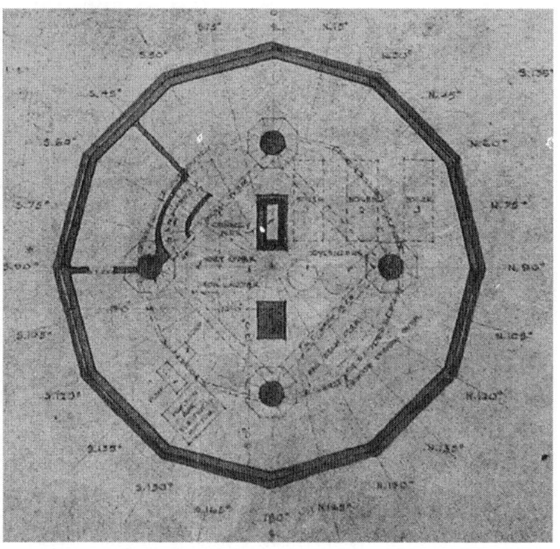

图 6-13　原图纸拔风井平面位置

地下室部分斜向设置，将其结构荷载传至承重柱。设有一个进气口，位于地下室内（图 6-14），出气口有三个，位于拔风井顶端的侧壁上。

● 解决地下室通风问题的细部设计

图 6-14　地下室中拔风井的进气口

图 6-12 表明，地下室的顶板略高于一层地坪，中心圆楼墙面底部并非与一层地坪完全相接，而是部分脱开，且与地下室的顶板连为一体。中心圆楼墙面底部与地面脱开部分设气窗，作为地下室的高窗，从而改善了地下室的通风。

从中心圆楼整体的剖面（图 6-15）来看，原建筑在内廊部分上下贯通，利用其“烟囱”效应，利于自然通风，而地下室的气窗则与内廊部分通高的空间形成完整的通风回路。

根据原始图纸复原的中心圆楼模型（图 6-16）显示，中心圆楼底层外墙面原本设有 14 个条形窗，用于改善内部通风，在部分条窗的下方，即为连通地下室的通风口。

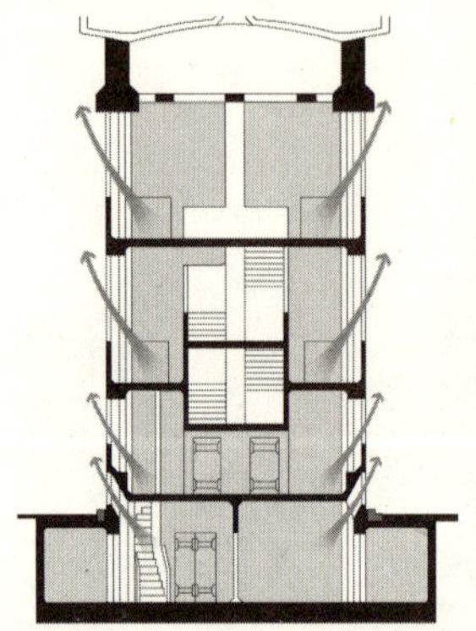

图 6-15　中心圆楼部分剖面图

图 6-16　复原的中心圆楼底层模型

由此可以看出，在当时的条件下，建筑师已经充分考虑了承重筒内部及地下室的自然通风，并成功地解决了这一难题。

● 改造后：拔风井出气口、连通地下室的通风口及中心圆楼墙面的条窗均遭破坏

现场考察发现，宰牲场被改造成 1933 老场坊之前，曾数次被使用者自发地“改造”。从中心圆楼外墙上的水泥痕迹看出，外墙原有的一圈条形窗被人为地用水泥封住，或“改造”成若干大小不等的窗户（图 6-17~ 图 6-19）。

从中心圆楼内部的施工痕迹亦可明显看出，连接地下室的通风口被封，

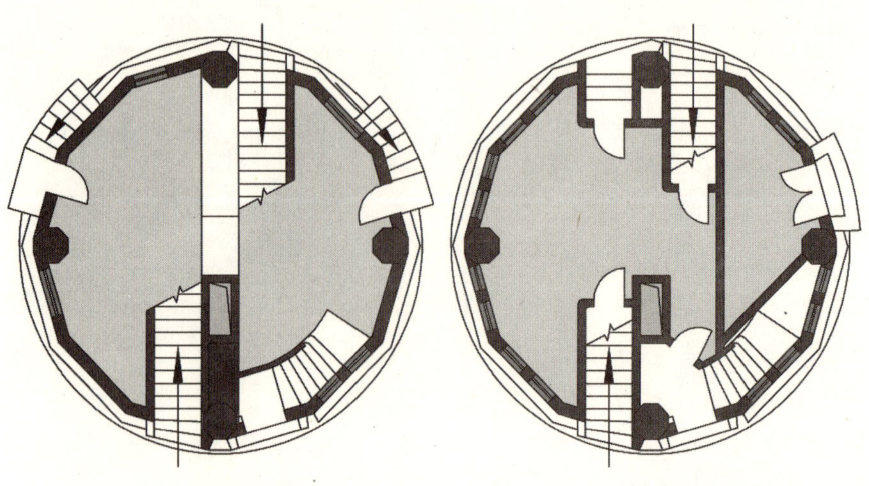

图 6-17　中心圆楼现一层平面图　　图 6-18　中心圆楼原一层平面图

图 6–19　遭到破坏的条窗及连通地下室的通风口

图 6–20　被改造成小窗的通风口

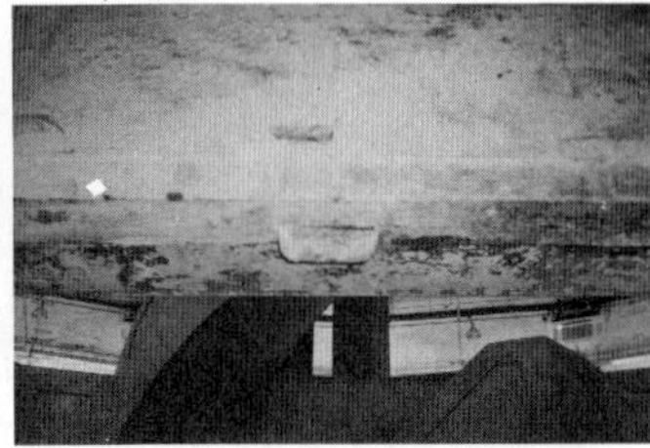

图 6–21　被拆除的窗间墙位置

图 6–22　被封死的拔风井

或被改造成小窗户（图 6–20），为开大窗需要，使用者拆除了部分条形窗间的窗间墙（图 6–21）。

在拔风井顶端的侧壁上，原有的三个出气口已被封死，从而失去了拔风的作用（图 6–22）。

至此，地下室在历经数次变更后，已经完全失去了原有的自然通风的能力，建筑师最初精心设计的建筑细部，也在粗暴的改造中变得面目全非。

### 6.1.4　方形大楼自然通风——解决大进深房间通风的细部设计

● 剖面分析

图 6–23 局部剖面显示，外廊的钢筋混凝土结构与大楼楼板结构部分脱离，形成连通上下空间的通风口；在通风口下方的墙面上开窗。设置了通风口处墙面的开窗面积比其他位置要大，且与之相对的沿街外墙窗洞面积也相应增大（图 6–24），由此增强了上下空间与室内外的空气流通（图 6–25）。

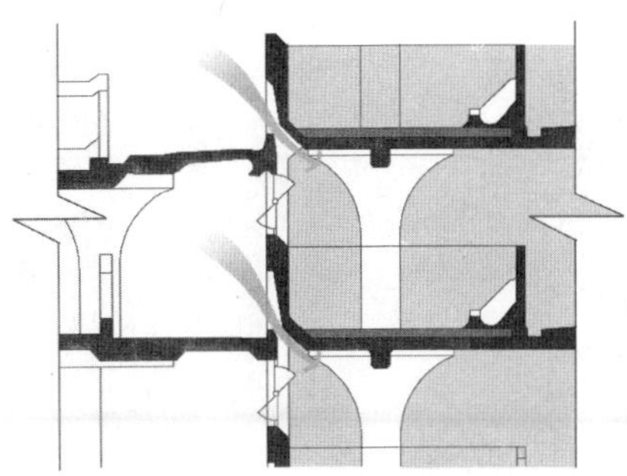

图 6–23　外廊与方形大楼连接处局部剖面

图 6–24　方形大楼室内

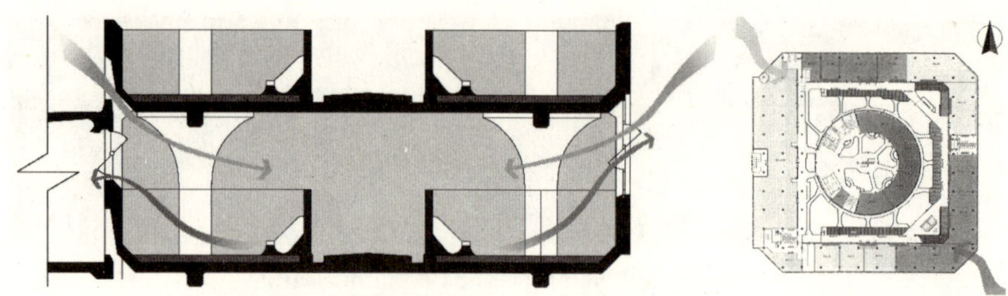

图 6-25　方形大楼楼面通风示意图　　图 6-26　通风口的平面位置

● 平面位置分析

由图 6-26 可以看到，在东、南、北三个立面每层各有四个通风口，只有在西立面没有设置。根据上海的气候环境可知：夏季，上海盛行东南风，通风口便于东南两个方向自然通风，缓解北面的闷热；冬季，上海盛行西北风，不设置西面的通风口是为了减少冬天冷空气的进入。

● 改造后：通风口被不同程度地改造、破坏

在二次改造后，原有的通风口被不同程度地破坏。大部分通风口被不可开启的玻璃封住，仅保留了通风口的外观，而完全丧失了自然通风的功能（图 6-27、图 6-28）。部分通风口的位置被改造后的门占据（图 6-29）。南面的通风口则被完全破坏，其位置用于设置卫生间、设备间或放置消火栓（图 6-30~ 图 6-34）。

原建筑师为了建筑本体自然通风而做的独具匠心的设计，在 80 年后，在追求建筑生态节能的今天，成为可有可无的装饰。

图 6-27　上部被玻璃封住的通风口

图 6-28　窗下被玻璃封住的通风口

图 6-29　为安装门而封的通风口

图 6-30　通风口处被改造成卫生间

图 6-31　通风口处被改造成设备间（1）

图 6-32　通风口处被改造成设备间（2）

图 6-33 堵住的通风口

图 6-34 通风口处放置消火栓

### 6.1.5 方形大楼沿街外墙上窗的开启方式——使室内外气流能顺畅流通的细部设计

最初图纸中（图 6-35），沿街外墙上窗的开启是沿顺时针方向。

在气流的循环中，热气流上升，冷气流下沉，顺时针的开启方式促进了室内外冷热气流的交换（图 6-36）。

为了减少气流阻力，窗上方的楼板边缘和窗下墙与地面的交接处都设有倒角，窗台的部分也相应做了切角，方便引导上升的热气流。

这些做法不仅有利于室内的自然通风，也使室内能够获得更多的太阳直射光，增大日照面积。

● 次改造后：窗的开启方向不利于引导气流

改造后的窗，其上部为固定窗，下部为朝外开的单向窗。这样的做法阻碍了气流的流通（图 6-37、图 6-38），减弱了建筑本体的自然通风能力。

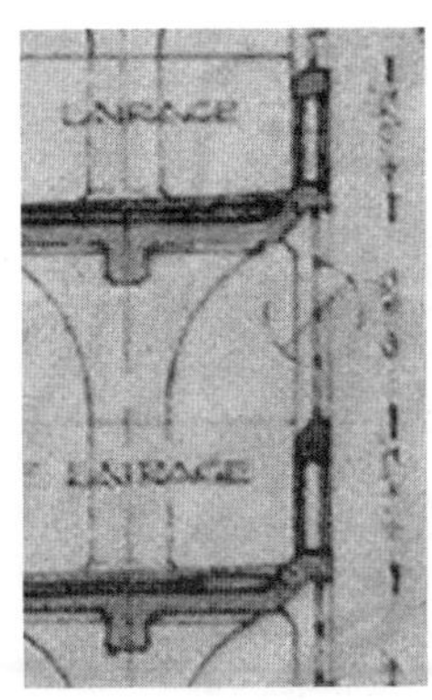
图 6-35 原始图纸中开窗方式

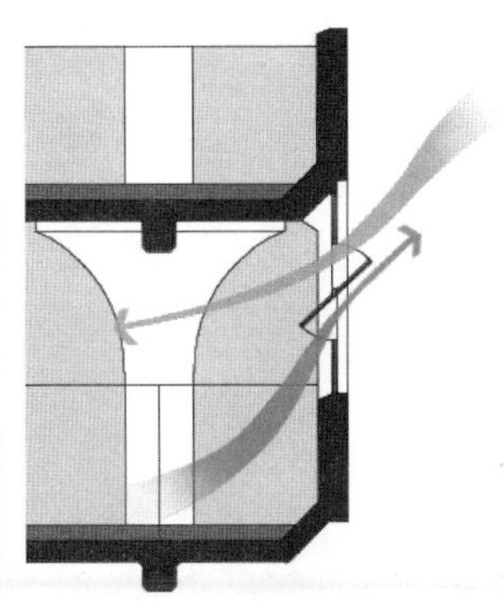
图 6-36 原开窗方式气流示意

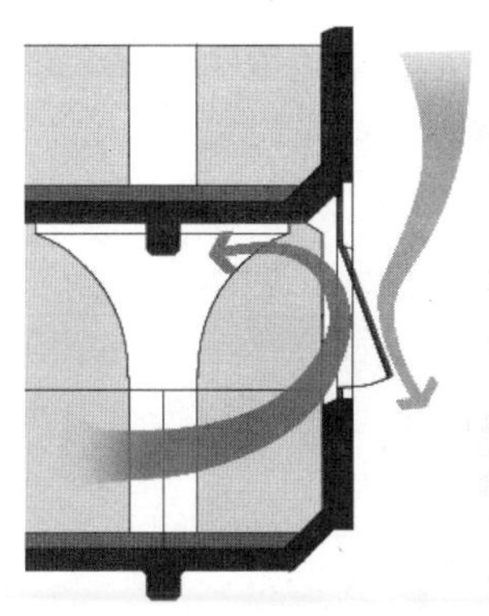
图 6-37 改造后的开窗方式气流示意

图 6-38 改造后的窗

### 6.1.6 小结

如今该建筑的部分房间已装修一新投入营业，每个房间都安装了空调。由于建筑层高较高，因此耗能十分可观。

优秀的历史建筑总是具有独特的魅力，它沧桑的容颜无声地记载着岁月的流逝，诉说着历史的厚重。为了留住这些不断老去的记忆，我们总是试图在保护中赋予它新的生命，在改造中使它重焕光彩。但是，我们究竟应该怎样留住历史建筑，是仅仅重现它的容貌，还是留住那些真正珍贵却容易被人遗忘的合理成分。

回首昨天，建筑师在设计中，运用独具匠心的细部处理，完美地解决了“自然通风”，这个直至今日依然会不时困扰我们的难题。

然而今天，在“节能、生态、环保”的主旋律下，我们却把许多珍贵的合理设计都当成了可有可无的装饰，把耗费巨资安装的先进节能装置，当作节能功臣。

当“节能、生态、环保”这个原本无可厚非的建筑原则，变成一种潮流，一种口号，甚至是一种符号时，我们为今天的浮躁而羞愧难当。

建筑无言。谨以此文，纪念那些感人至深却已踪迹难寻的设计细节。

## 6.2 8号桥❶

### 6.2.1 概况

8号桥创业产业园位于卢湾区建国中路8~10号，占地7000多平方米，建筑面积12000平方米。其前身为上汽集团所属“上海汽车制动器公司”，该公司的硬管、软管、热处理器、板金等车间设在此地，有一些20世纪50~80年代厂房，由于企业重组，厂房已经基本废弃。❷

2003年下半年，在市经委和卢湾区人民政府的支持下，依照中心城区旧厂房依旧修旧原则进行改建，既保留了原厂房的空间结构，又加入了许多西方的时尚元素，这里成为风格独特的时尚建筑群——8号桥（图6–39、图6–40）。

今天这里已经改造成了建筑、家居、艺术、广告、软件、电影、出版、时装设计等新兴产业的汇聚中心，并吸引了SOM、B＋H、HMA、AEDAS、ALSOP等诸多知名的国际创意机构。

---

❶ 本节作者何小青。王燕、张薇参加了本节调研并于2008年拍摄、绘制了文中插图。

❷ 严格来说，8号桥不属于近代建筑，编者考虑到该建筑在上海城市更新中较有代表性，故仍将其收录书中。

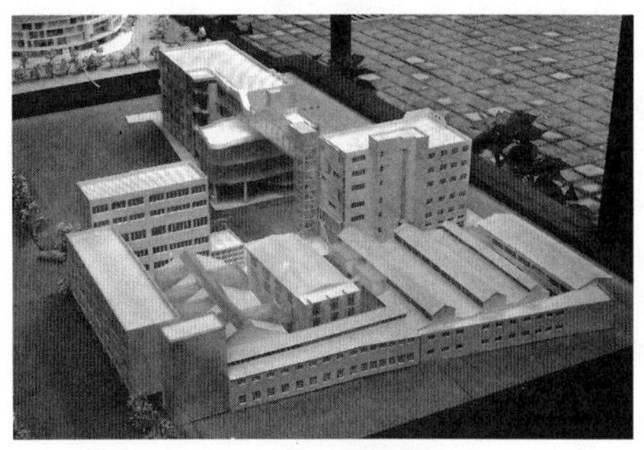
图 6-39　8 号桥模型

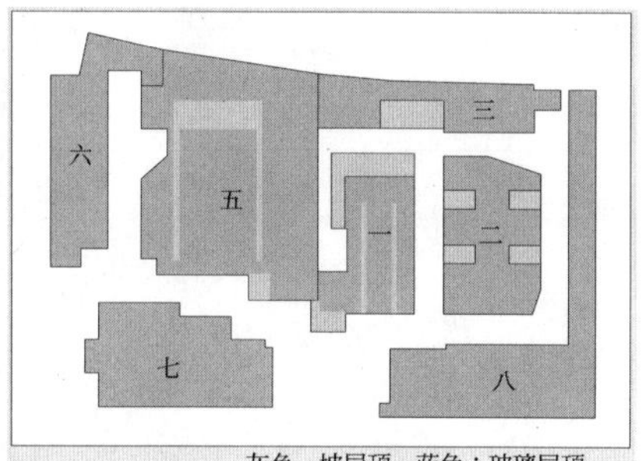

图 6-40　屋面分布图

之所以被命名为 8 号桥，是因为每一座办公楼都由天桥相连，而且改造后的旧工业厂房被用作桥梁，将过去的历史和现代的理念融合起来、将国内和国外的文化与人才连接起来。“8”还因为该地址位于建国中路 8 ~ 10 号。8 号桥在设计中对于公共空间给予了特别的关注，原先那些厚重的砖墙、林立的管道、斑驳的地面被保留了下来，充满了工业文明时代的沧桑韵味，8 号桥以其时尚古朴的建筑、错落有致的布局、优雅温馨的环境和新颖齐全的功能，为国内外创意设计企业构筑了互相交流的平台。它已成为能与新天地抗衡的时尚新地标。

### 6.2.2　建筑特点

8 号桥的改建工程只用了约半年时间，改造工程包括在旧建筑中注入新元素，增加室外、半室外空间，提供更多自由及交流空间等。时尚生活中心独特的、富于创新的理念使老旧的厂房焕然一新。

虽然 8 号桥在社会学和经济学角度曾一度受到置疑，但其所使用的建筑语汇仍然在一定程度上代表着先进性。8 号桥有以下几点独特之处。

● 桥

建筑和建筑之间的连接桥是 8 号桥最动人的设计之一。在建筑的二层，设计师用桥连通了每一栋房子，也使得人与人之间的沟通有了一个很好的平台。整个园区一共有四座桥，每座桥的造型均不同，极富工业感的铁桥是在厂房原来的设施上扩建的。有着绿色“门”字造型的天桥，是一个放大版的 8 号桥的 logo，非常现代（图 6-41）。

● 木质走廊

在连接 3 号楼、2 号楼与 1 号楼的室外、半室外走廊上（图 6-42、图 6-43），设计师选用了未经处理的木条铺设成地板及装饰外墙。暖色的原木为室外环境

图 6-41　法国艺术家创作的大型雕塑绿色“门”字天桥

图 6-42　3 号楼室外走廊

图 6-43　1 号楼与 2 号楼室外走廊

增加了温暖的感觉，同时亦在视觉上赋予了这个区域强烈的个性特征。

● 屋架结构

在 2 号楼和 5 号楼中保留了原有的屋顶结构形式，沿用了原有的桁架结构，并与大量外露的设备管道、支撑杆件共同构成了强烈的工业时代气息。室内空间丰富、连贯。

● 外墙

设计师摒弃了原厂房的白粉涂墙，将旧建筑上拆下来的青砖重新组合，并进行艺术处理，以凹凸相间的砌筑方式表现了墙面的肌理特征。这一手法取得了较好的效果。

在整片的青砖墙面上还使用了大面积的黑色钢框架玻璃窗，强化虚实对比的效果。

例如 2 号楼的立面原来是联排的窗口，现在把它做成错落的窗口，并配以大块玻璃（图 6-44）。7 号楼是网状打孔的装饰墙面，整体形象时尚大气（图 6-45）。

图 6-44　2 号楼立面

图 6-45　7 号楼立面

• 公共区域

8 号桥提供了多种形式的室外、半室外空间，这些空间不仅仅是简单的过道而已，它们被布置得十分舒适。在这些环境中，可以添设咖啡茶座、进行作品展示、时装走秀、举办大型综合活动，是人们理想的交流平台。其中由三个错落空间中的平台组成的 1 号楼大厅，则可以依照需要分别用作演讲区、表演区或者贵宾区，功能上的设计非常周到。

### 6.2.3 改建中的不足之处

在调研中我们发现，这里毕竟是一些老工业建筑，设施标准较低，由于改造过程中没有充分考虑节能而在今天的使用中暴露出了一些问题。为此，我们做了如下改进设计，希望能对今后其他的老厂房改造有所帮助，也为 8 号桥的再次改造提供参考。

#### 6.2.3.1 墙面处理

为了加强流动空间感，8 号桥的建筑之间用连廊贯通，并且大部分与室外直接相通，这一手法为建筑能耗带来较大负担。例如三号厅，正常使用大空间本身已需要耗费大量能源，而室外连廊更是增加了能耗。

改造中加建了大量钢架玻璃幕墙，但却没有为玻璃幕墙带来的能耗问题做深入的节能设计。

为了减少能耗，我们建议 8 号桥的外墙采用建筑外墙隔热的手法。可以使用复层塑钢中空隔热墙及抗紫外线的中空玻璃。同时，由于 8 号桥有很多大面积的玻璃窗，设置防日晒卷帘或百叶，也会起到很好的隔热作用（图 6–46）。

对于日晒较强的东、西朝向，可以运用活动伸缩的遮棚及较大出檐的做法来阻挡太阳的直射，起到保温隔热的作用。

对于 1 号楼到 2 号及 5 号楼间的半室内通道（图 6–47），宽度达到 4 米，若仅作为通道，空空荡荡不会给人一种停留的愿望。所以可以把其墙面做成

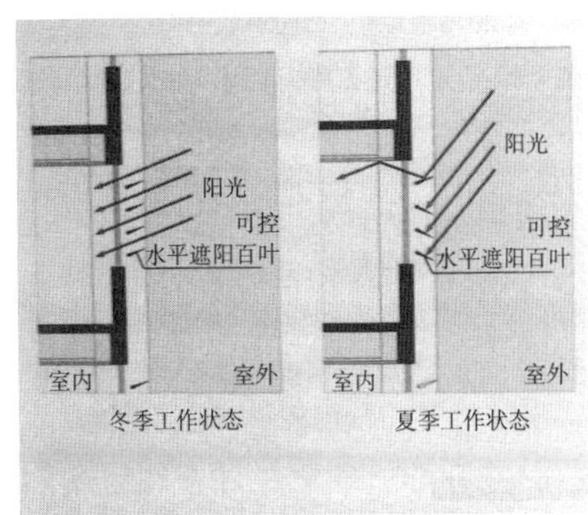

图 6–46 建筑遮阳示意图

图 6–47 半室外通道

展示墙，展出人们的作品。也可设置些座椅，为人们提供休闲空间。

#### 6.2.3.2 自然通风

8 号桥的改建，添加了不少“阳光房”，出现了许多侧面采光窗（图 6-48），但大多无法开启。改建中应立足于自然通风，地板的进气风洞若与屋顶排气窗口搭配使用，形成气流回路，就能使室内保持空气新鲜（图 6-49）。

图 6-48　侧面采光窗

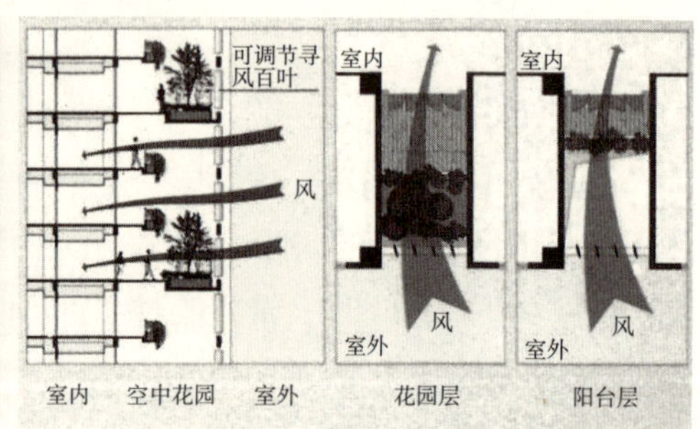


图 6-49　自然通风示意图

#### 6.2.3.3 太阳能利用

卫生间可采用分体承压式太阳能热水系统，在局部屋顶可以设置储热水箱。同样，在屋顶配光电板，可将太阳能转化为电能，用作 8 号桥室外、廊道等的照明。

#### 6.2.3.4 雨水利用

在 8 号桥房屋的顶部增设雨水收集系统。经过一系列的收集、沉淀、消毒之后，就可用作一般性生活用水，如绿化、厕所用水等。这样，可以充分利用水资源。

#### 6.2.3.5 绿化设计

通过对 8 号桥的实地考察，我们发现在整个区域内的绿地还不够多，只占到很小的一部分。而绿化无论对建筑节能还是景观营造，都有奇效。可以从室内、外，屋顶及墙面绿化四方面进行改造。

● 室外绿化

8 号桥的室外空间中，只有几棵不大的树，对于这一片建筑群来说，少了一种亲近自然的感觉。由于各幢楼之间的间距较小，所以可做的就是在沿外墙设置绿化带（图 6-50）。

位于 3 号楼前的一个空间，放置了几张桌椅，布满灰尘。可以看出这里并不太受人们欢迎。如若增置藤架，种植攀爬植物，或种植矮篱分割空间，那一定是另一番景致（图 6-51）。

● 室内绿化

8 号桥最著名的就是它的廊道。不论室内外，都可以沿栏杆在廊道两侧种植小型绿化带。在 5 号楼展示厅的内走廊上，可以种植类似吊兰的植物，

图 6-50　1 号楼绿化

图 6-51　3 号楼前空间

形成“绿色屏障”，增加人们亲近自然的感觉。

室内可根据自己的喜好摆设各式盆景花卉，增加室内湿度。

● 墙面绿化

在 8 号桥的考察中，我们对位于 1 号楼和 2 号楼走道的那面墙记忆犹新。记得 3 年前，这面墙只是普通的墙，现在拉上钢丝网，种植了爬山虎之类的植物，整面墙显得绿意盎然，充满生机（图 6-52、图 6-53）。

墙面有了这类植物，就形成了天然的绿色屏障。由于爬山虎的茎叶密集，覆盖在房屋墙面上，可以遮挡强烈的阳光，叶片与墙面之间的空气流动，还可以降低室内温度。它作为屏障，既能吸收环境中的噪声，又能吸附飞扬的尘土。爬山虎的卷须式吸盘还能吸去墙上的水分，有助于使潮湿的房屋变得干燥；而在干燥的季节，又可以增加湿度。

图 6-52　3 年前的墙面

图 6-53　3 年后的墙面

图 6-54　局部平屋顶

这种方式在 8 号桥的建筑中用得较少，可以在更多的墙面的处理上采用这种方法。

• 屋顶绿化

由于 8 号桥是由废弃厂房改建的，很多楼房的屋顶还保留着旧时的瓦屋顶（图 6-54）。在 2 号楼和 3 号楼的连廊上，可以看到 2 号楼局部的屋顶只是沥青。可以把这些地方种上植物，作为屋顶绿化。

屋顶绿化除了具有一般绿化的生态、景观效果外，还能有效地防止室内温度升高，其隔热和节能效果明显。

## 6.3　上海啤酒厂的拆与留[1]

上海啤酒厂的拆留博弈，折射出我们对待产业建筑的态度和方式渐进式的转变。

### 6.3.1　建造背景与建筑风格

上海啤酒公司是 20 世纪 30 年代远东最大的啤酒制造商，年产啤酒 3 万吨。厂区位于苏州河西段，占地 8.6 公顷。东眺江宁路、西依昌化路桥、北靠宜昌路，如今高楼林立的中远两湾城与其隔岸相望。

1933 年邬达克设计了位于苏州河畔的老上海啤酒厂建筑群，该建筑群细部洗练、比例优美。上海啤酒厂作为一个生产性质的产业建筑，它的基本体量采用了现代建筑风格，这种设计方针的确立与啤酒生产的特定流程要求是相吻合的。现代建筑自由的空间与体量组成，能有效且灵活地满足生产的使用要求。事实上，建筑内部不同的层高空间与结构类型充分地反应出了这一特点。

啤酒厂虽然属于产业建筑，但它也不可避免地带有那个时代的印记。经过调研，从它的形体特征及立面上的细部来看，我们认为它为较少见的、具有装饰艺术派风格的产业建筑。它的存在表明装饰艺术派对多种建筑类型都可以有影响。

第一，两幢厂房建筑外立面上的主要特色在于沿建筑周边遍布的深色装饰性线脚，这些线脚将建筑的体量组合特征清晰地勾勒了出来。线脚断面呈

---

❶ 本节作者钱丹，文中图片拍摄、绘制于 2008 年，编者作了较大修改。

锯齿形，并在体量拐角、相交等处加以精心细节处理，以保证线脚在体块的三维方向上通畅，设计显得十分用心。

建筑立面上的窗户主要根据内部采光需求和空间大小而设置。窗洞口上都包有一圈简洁的线脚。

第二，酿造楼的东侧有一个竖向塔楼，挺拔有力，其上有明显的并排竖向线条装饰，这正是装饰风格派最常用的一种手法。

第三，建筑具有明显的向上的阶梯状体量，建筑形体因而显得雄壮挺拔，这也是装饰风格派喜欢采用的一种主要形态处理手法。也许这是建筑内部啤酒流程生产所需要的空间，但邬达克显然受到了当时最时髦的装饰艺术的影响。

总之，上海啤酒公司建筑结合了现代建筑风格与 Art Deco 细部，或者可以描述为简约的装饰艺术派风格。它的基本体量具有现代建筑特征，这种风格的确立与工业生产具有的特定流程要求相适应，而附着在现代建筑风格之上的清新简约的装饰艺术派风格细部为其增添了艺术价值，达成了功能需求与形式处理的妥协，并使之成为上海近现代产业建筑中少有的案例。❶

1958 年，华东工业建筑设计院结合生产需要对啤酒厂建筑群进行了较大规模的改造。1999 年，厂区内的办公楼、灌装车间和酿造车间被列入了第三批上海市优秀近代保护建筑名单，保护级别均为上海市市级建筑保护单位，保护要求为：办公楼为二类与三类之间，灌装楼和酿造楼为三类。❷

### 6.3.2 啤酒厂改造过程

2002 年初，政府决定在苏州河整治工程完成后，将连同上海啤酒公司在内的由一个“U”形的河道转弯围合而成的场地，建设成为苏州河边有史以来最大的生态绿地公园——梦清园。由上海市苏州河综合整治建设有限公司负责实施建设。上海啤酒公司内的建筑将被全部拆除，并先后研究了鱼型展示建筑或古典园林建筑等替代建设方案。

当拆除工作展开时，上海市规划局知悉了这一情况，规划局领导亲自赶赴现场调查，并立即中止了拆除作业，委托同济大学结合梦清园的建设研究保护方案。

2003 年 2 月当同济大学负责团队来到现场勘探时，在苏州河畔屹立近 70 年的上海啤酒厂已是满目疮痍。建筑群只剩下办公楼、灌装车间和酿造车间，其余建筑已被拆除，酿造楼已由 9 层拆为 5 层，主体结构岌岌可危。

❶ 毛伟. 过程的意义【D】. 上海同济大学，2006.

❷ 黄一如，毛伟. 拆留之间——上海啤酒公司建筑修缮工程设计回顾. 时代建筑，2006(2).

图 6-55　拆除过程中的上海啤酒厂
（图片来源：参考文献 44）

图 6-56　上海啤酒厂原貌
（图片来源：http://virtualshanghai.ish-lyon.cnrs.fr/Map）

灌装楼和酿造楼的全部钢制门窗已被拆除变卖，原设计图纸散落一地，未及带回的第二天也被当作废纸处理殆尽，使得修缮工作失去了最可靠的原始依据（图 6-55）。所幸的是，在上海市中心图书馆发现了上海啤酒公司成立 25 周年，即 1942 年印制的纪念刊，上面刊载的照片展示了当时啤酒厂完整的面貌（图 6-56）。不仅有建筑的各种外观、内部的生产空间与生产设备，还有当时职工生产与生活的场景，以及利用苏州河进行运输的热闹场面，这些成为保护改造工作的参考资料。

在测绘、建筑质量检测和查找历史资料等工作的基础上，同济大学建筑设计研究院完成了灌装楼和酿造楼的保留下来的部分建筑修缮方案和初步设计，上海市房屋建筑设计有限公司完成了相应的施工图和施工配合工作，而景观整体设计工作则由上海市园林设计院负责完成。

劫后余生之后，灌装楼被整体保留，其内外部被修缮改造，用作梦清馆——苏州河展示中心。拆除酿造楼的大部分体量，保留苏州河一侧的典型片段，辟为以啤酒为主题的酒吧与景观广场。办公楼基本整体保留，用作办公场所。中间建造人工湿地等园林景观，并与“U”形港湾的大面积园林相连通（图 6-57~ 图 6-59）。

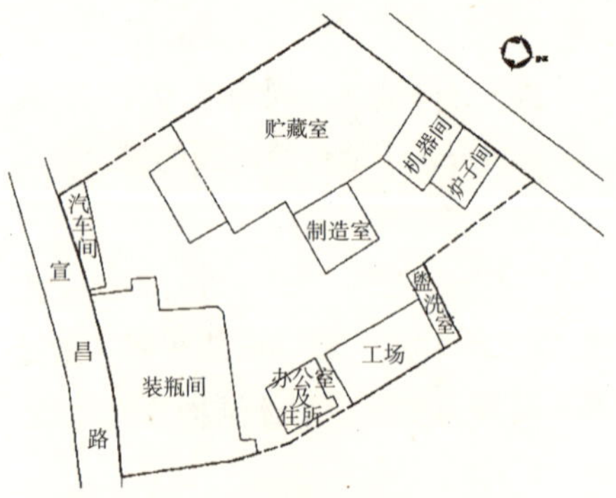


图 6-57　上海啤酒公司原总平面图
（图片来源：建筑工程部华东工业建筑设计院 1958 年图纸）

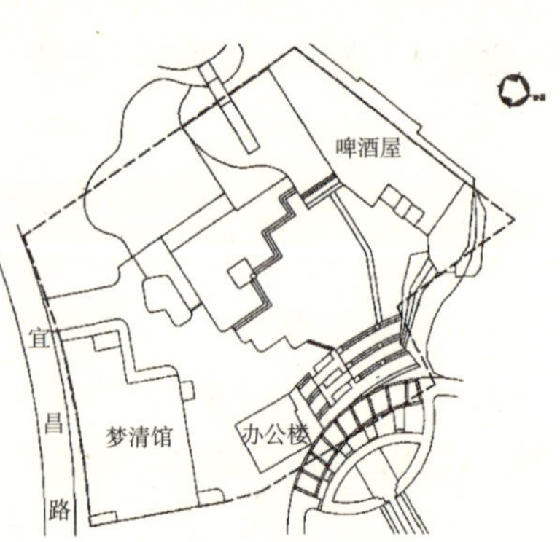


图 6-58　修缮后总平面
（图片来源：同图 6-55）

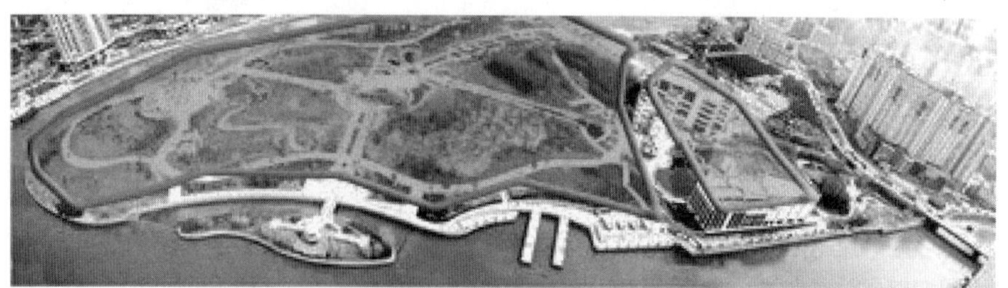

图 6–59　梦清园鸟瞰：老上海啤酒厂区与新建滨水园林

### 6.3.3　现状

#### 6.3.3.1　酿造楼

酿造楼位于苏州河畔，根据酿造工艺要求，酿造楼内部空间十分丰富，既有高大空间，又有紧凑的夹层。2003 年改造后的酿造楼功能定位为公园的餐饮与酒吧，以供应自酿新鲜啤酒为特色。值得注意的是临河一侧高大空间的顶部有两个极富特色的漏斗，其中一侧墙面保留有原车间烟囱，让人联想起过去生产的特殊工艺与酿造工人们在其间的种种忙碌景象（图 6–60）。在因拆除而形成的“伤口”部位采用了完整而独立的透明玻璃幕墙，以求得新老建筑体系在视觉上的分离（图 6–61）。

图 6–60　酿造楼东侧 2002 年改造初面貌

如今，酿造楼基本保持 2003 年改造后的状况（图 6–62），除了当时规划的餐饮酒吧功能外，西侧的厂房被开发为高级旅店，中间的小体块被辟作入口，设有大堂。在外立面上，基本未作多大改变，入口处做了加强的体块。最大的改变就是西侧部分原来在拆除伤口上进行掩盖的透明玻璃幕墙已改为镜面幕墙，已感觉不到小心翼翼维护的伤痕感，取而代之的是时尚与商业（图 6–63、图 6–64）。

图 6–61　酿造楼西侧 2002 年面貌

图 6–62　酿造楼东侧 2009 年现状

图 6-63　酿造楼西侧 2009 年现状

图 6-64　酿造楼现状

#### 6.3.3.2　灌装楼

灌装楼毗邻宜昌路，在 2003 年改造成梦清馆，主要作为公园办公楼，底层与二层作为公园展厅。改造内容如下：

- 增加两部无机房电梯以改善内部交通条件；在底层加建钢制楼梯，去掉部分楼板与二层相接，并将楼梯间底层扩大作为办公门厅。
- 除展厅、设备用房与办公门厅外，底层四周墙体全部拆除，以与梦清园间有通畅的视觉联系，建筑与环境更好地融合。
- 底层设有梦清园及两幢建筑的配套设备机房。在设备机房外墙包白色磨砂玻璃，以减少设备改造加入的无机房玻璃电梯运转噪声对展厅的影响，同时取得与旧有建筑相分离的视觉效果，清晰表达出新旧两个不同的体系。
- 在每个楼层的相应位置增设卫生间及配电间。

梦清馆共有 3 层。第一层介绍苏州河的地理位置以及上海的水利系统；第二层介绍古代和近代苏州河的污染和对人类的危害；第三层介绍苏州河的治理过程以及目前的状况。在外立面改造上，按照旧上海啤酒厂外观，恢复了其带有 Art Deco 细部装饰风格的现代主义建筑风貌。而在近年的使用中，外立面的改变甚少（图 6-65、图 6-66）。

图 6-65　改造前灌装楼面貌

#### 6.3.3.3　办公楼

在 2003 年改造时，同济大学建筑设计研究院对办公楼改造持保留意见，视日后情况再作进一步考虑。当我们去梦清园实地考察时，办公

图 6-66　灌装楼现状

图 6-67　办公楼现状

楼的状况是基本保持原来面貌，粉刷一新，作为园林管理人员的办公场所使用。这座小体量的办公楼被粉刷为与其他两栋建筑物不同的淡黄色，从很多细部中，可以看出办公楼的 Art Deco 意味（图 6-67）。

#### 6.3.3.4　梦清园中园林

园林部分主要为老厂房建筑包围的人工湿地，和连通的大鱼岛。

人工湿地好比一个大自然的过滤器，苏州河的水就是从这里流进梦清园后，进行全面水质改造的。整个湿地系统的能源全部来自太阳能和风力发电机，绿色环保。园内的植物也值得一观，熏衣草、龙舌兰、蝴蝶兰、夹竹桃、莲花、翠竹、葡萄……这些美丽的花草树木不但养眼，它们也是整个生态系统中的一环（图 6-68）。

大鱼岛是苏州河第一大岛。岛上有个观景阁，其形状为上海市花白玉兰，所以也叫玉兰阁。登上玉兰阁，苏州河的美景就尽收眼底了。建有“石阶回澜”、“芙蓉步道”、“月湾”、“云帆济海”等多个景观点。丰富的植物物种，多层次的景观设计，饶有趣味的空中水渠，使得整个园林内容充实，层次丰富，趣味盎然（图 6-69）。

### 6.3.4　以梦清园为代表的昌化路桥地段改造与德国鲁尔工业区改造比较

同上海其他历史建筑相比，我们对产业建筑价值的认识较晚，现在虽然

图 6-68　人工湿地面貌

图 6-69　大鱼岛园林面貌

取得了一些进展，但与国外先进案例相比还有较大差距。以下将对昌化路桥地段和鲁尔工业区进行比较，虽然两者在可比性上存在一定问题（如：在规模上，鲁尔工业区是区域等级的，而昌化路地段仅仅是一个地区片段；在产业形式上，鲁尔工业区偏向重工业，而昌化路桥地段偏向轻工业；在密度上，鲁尔工业区有着连续的产业建筑，而昌化路桥地段当中夹杂着很多非产业性功能片段等），但剖析两者仍有可资借鉴之处。

#### 6.3.4.1 对周边地区产生的影响

"鲁尔区的改造之所以称为奇迹，不仅是它恢复了地区原有的自然风貌，改善了生态环境，更由于其进行空间功能的转换和再开发，挖掘了新的社会需求，特别是神奇般地聚集了众多设计、艺术、文化与科学的创造性人才，他们将这个衰落的工业区转变成了魅力无穷的创意产业、公共休闲和艺术活动场所，使得业遗产被赋予了新的文化功能，成为20世纪末最独特的文化生活景观"。

而对于昌化路桥地段来说，缺乏前瞻性，改造的效果并不突出。

梦清园虽然已成为目前市区最大的活水公园，它改善了生态条件，形成了公共休闲空间，同时也很好地保护了上海啤酒厂，但其展示、旅馆、园林的功能定位事实上独立于当地居民的生活行为之外，因而人气不是很高，它更像是标本性的改造。梦清馆平日不对市民开放，只有周末的下午对市民免费开放，更由于馆内展示的是苏州河治理的历史与技术，所以参观人数很少。在考察过程中我们发现，在梦清园的周围正在进行拆迁，梦清园内部的安详与宁静与周围环境的混乱与嘈杂形成较大反差，周围进行的仍然是粗线条的拆迁活动（图6-70）。

显然鲁尔工业区那种空间功能的转换和再开发，针灸式地带动周边环境的改善，效果更好。上海现阶段的产业建筑多以改造成艺术产业园区为多，改造功能过于单一。其实产业建筑结构牢固，空间跨度大，可以灵活布置，除了改造成艺术产业园区外，还可以改造成社区活动中心、商场等和当地生活结合得更为紧密的经营形式。通过点式的功能置换，慢慢对整个地区进行有机更新。

图6-70 梦清园周边现状

#### 6.3.4.2 保护的整体性

鲁尔工业区"矿区的整体保护工作是让人惊叹的。从传输带、厂房到生产设备，几乎所有呈现往日先进生产过程的空间和要素都经过精心梳理并留存下来，而且，这一保护规划已经为这个矿区可能转换为一个活的产业博物馆奠定了基础"。

而上海啤酒厂在保护之前已被拆除一部分建筑，当改造修复工作完成时，当时主持拆除的工作人员流露出些许遗憾：若能更为完整地保存建筑群将比现在更好。改造产业建筑，协调工作是关键，在民众看来，产业建筑不过是破房子，算不上物质遗产，而如果这些老厂房真的被拆除，我们就会发现城市记忆出现了断层。滞后的观念不仅影响了我们保护老建筑的步伐，而且有碍保护的完整性。

#### 6.3.4.3 改造的类型

鲁尔工业区的改造类型多种多样，有些改造类型还颇为异想天开。除了景观公园等常见的改造方式外，他们还发现了废弃的钢铁工厂可以改造成儿童与青少年的训练基地；一座废弃的瓦斯储放器经过结构加固变成了一个潜水训练基地，结果是：德国攀岩协会的鲁尔分会竟然拥有了全国最多的会员；有的被出租给了电影制片者作为电影场景，因为高大宽敞的室内与各种废弃机械设备成为吊挂灯光与装饰的最佳舞台装备……

而梦清园的改造形式相对保守，改造成了较为常规的形态。虽然这是由建筑本身特点所决定的，但其中也有思维定式的影响。在产业建筑改造中，亟需更新观念，结合产业建筑本身形态特点确定最佳功能。

#### 6.3.4.4 生态恢复

在鲁尔工业区的保护当中“对原来废弃污染的工业地进行地表生态治理，处理被污染的土壤、垃圾、砾石和植物等之后，进行景观规划和园林设计，恢复地区原有的自然风貌改善生态环境。虽然，结束埃姆瑟河被重度污染而造成的生态环境恶化的悲剧要花至少 25 年的时间，但如今这条河的生态环境治理已经让人看到了其未来的生机。对于众多荒废厂区的生态恢复，这里采取的措施胜人一筹：对破败的设施中的树木与杂草丛生采取放任政策，浓密的绿荫逐渐形成了丰富的物种资源，并且为许多濒临灭绝的动物提供了栖息生衍的地方。绿色的自然成为改变旧工业基地的第一要素，这也避免耗费金钱去拆除荒废的工业设施，并为未来留下任何的可能”。“另一方面面对象征昔日高能耗的工业遗产如何减少传统能源的使用并研发生产新能源是鲁尔工业区转型的一项最重要的使命。在蒙特—仙尼（Mont-Cenis），一个超大型、长 300 米的玻璃长廊建筑屋顶面积有一万多平方米，其中一半的面积安装了太阳能板。这栋建筑物以太阳能为主要能源，不但足够供应这栋建筑物的全部用电需求，还有剩余电力可以卖给电力公司。欧盟的调查报告表明，它是 20 世纪 90 年代世界上最大的太阳能采集器。不仅如此，这栋建筑物因为玻璃盒子既能提供室内充足的阳光，又能调节室内温度减少空调所耗费的能源，所以它还比一般建筑节省 23% 的能源”。

在梦清园的建设中景观水系贯穿其中，生态水景组成了一条景观廊道，它根据生态工程的原理设计，由水质净化和水质稳定两部分组合而成。不仅增加了城市的景观效果，而且还可以调节气候，在夏季可降低城市的热

图 6–71　再生板材铺成的路面

岛效应。❶

另外，在梦清园建设的材料选用上，采用了一些可再生环保材料，如采用由废弃麦秆、芦苇杆、稻壳、花生壳以及塑料地膜等原料制作的再生板材铺设路面。使用再生板材铺成的路面，具有良好的木质感、耐湿耐高温，不怕发霉和虫蛀，不会因为太阳暴晒而开裂变形，维修成本也很低，具有环保特性（图 6–71）。

可以说梦清园对生态效益的重视是实验性的，也取得了一定进展。其在滨江公园内设立人工湿地以对河流水质进行处理的做法具有较强的现实意义和借鉴性。

但在啤酒厂建筑群改造中并未对生态效益做过多考虑，似乎生态、节能是新建筑的事，这与鲁尔工业区的改造形成较大反差。随着城市建设的成熟，推倒重建这一方式已经不再普遍适用，更多的是微循环改建。产业建筑改建的实验性特点使得在其中探索运用生态技术具有可能性。

### 6.3.5　小结

梦清园只是一个缩影，映衬出我们现阶段对产业建筑的态度。我们对梦清园的印象是苏州河旁繁忙的场景，我们看到的梦清园现状是广阔，但有些冷清的活水公园，梦清园的将来是什么呢？是拥有新身份的孤立的产业建筑，抑或是慢慢被时尚磨平的建筑框架，还是与苏州河畔昌化路桥地区这块产业建筑密集之地整体改造有机呼应着的一份子呢？

如果一切可以重来，上海啤酒厂可能会得以完整保存。历史是脆弱的，需要我们去呵护！谨以此文记录下上海产业建筑改造的一个片段。

## 6.4　苏州河沿岸近代产业建筑的适应性改造❷

### 6.4.1　苏州河与上海近代工业发展

自 1842 年中英两国签订《南京条约》，英国人从黄浦江登陆上海开始，

❶　李丹，李小平，孙从军等. 人工湿地与生态景观组合系统在梦清园活水公园中的实践. 中国环境科学学会学术年会优秀论文集 .2008.

❷　本节根据杨晨安调查报告修改，文中图片拍摄、绘制于 2009 年。

上海近代史拉开了序幕。英国人在划定租界时，第一眼看中的就是黄浦江与苏州河交汇处的黄金宝地。襟黄浦江，带苏州河，濒吴淞口，无疑为贸易和航运的绝佳之地。当时这里一片荒凉，离上海县城尚有一段距离，但英国人已经预见到此处的战略前景，于是，大英帝国的领事馆落户于此，成为“国中之国”的心脏。英租界以此为中心不断向外拓展。在英国领事馆周围，礼查饭店、文汇博物院、公济医院、自来水厂、圣约翰书院等建筑拔地而起，临水而立，时人譬之为“连云楼阁”。本以农渔为主业的滨江之地——上海，在特定的历史背景下，凭借得天独厚的地理优势，一步步开始走向工业化（图6-72、图6-73）。

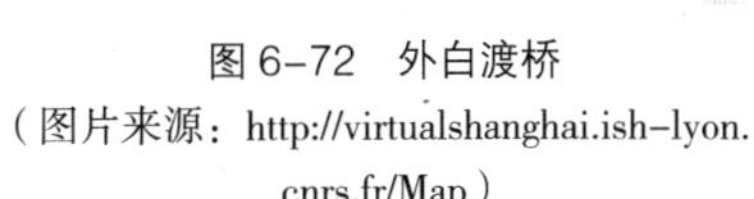
图 6-72 外白渡桥
（图片来源：http://virtualshanghai.ish-lyon.cnrs.fr/Map）

图 6-73 俯瞰苏州河

如果说上海是中国近代工业的发源地，那么苏州河两岸则是孕育了上海工业文明的摇篮。工业化城市的发展离不开水道。苏州河水由西向东流入黄浦江，上海的近代化则是从东头的河口开始，溯流而上，不断向西延伸。苏州河两岸原本散布着农田、湿地、芦苇、沟汊，在都市化巨浪的汹汹来势面前，这些土生土长的东西不得不为历史的发展让出空间，它们一步一步地向后退去，逐渐退出历史舞台。“与河水相映照的，已是愈来愈多的厂房和烟囱，愈来愈响的机器轰鸣声，纺织厂、面粉厂、油脂厂、啤酒厂和仓库等先后落户，工业文明的黑牡丹盛开”。1876 年，苏州河河南路桥北堍，建起中国最早的火车站，中国第一条营业性铁路——淞沪铁路，由此驶向吴淞。蒸汽机车的一声嘶鸣，宣告中国近代工业艰难而坚定地踏上了征程。苏州河在此后的一百年间也扮演了极为重要的角色。

和黄浦江两岸积聚了大量船厂、钢厂、电厂等“大工业”不同，当年苏州河两岸集聚的大多是棉纺、农产品加工、食品生产等与老百姓日常生活息息相关的轻工业。其中最有名的当属有着“面粉、棉纺大王”之称的荣氏家族旗下的几家工厂。1912 年，荣氏家族在莫干山路创办了其在上海的第一家工厂——福新机器面粉一厂。厂房建筑为六层楼钢筋混凝土框架结构，这是

图 6-74　抗战时期的四行仓库
（图片来源同图 6-72）

当时中国较高的工业建筑（图 6-77）。1914 年后相继建起的第二、四、八面粉厂“雁列成一字长形……至于建筑之壮丽，规模之宏大，尤推各厂之冠。”1931 年荣氏家族购进前身为上海机器织布局的三新纱厂，成立申新纺织九厂，它坐落在苏州河以南的澳门路上，堪称旧中国最大的纺织厂。由于河上运输的便利，苏州河两岸也是仓库堆栈一类建筑的首选之地，其中最著名的当属位于西藏北路光复路交叉口的四行仓库了，它是近代上海四大银行——金城、中南、大陆、盐业共同出资建设的仓库，后因抗日战争时期谢晋元率领八百壮士死守仓库，拖延了日军的进攻而永载史册（图 6-74）。

在苏州河两岸工业化蓬勃发展的初期一切看起来都那么美好。苏州河与城市如此接近，自然是上海的一道风景线，城以河美，河以城靓。水、电、煤等与上海市民关系最为密切的城市公用事业，最先都出现在苏州河畔。用苏州河水加工成的自来水，水质甜美，取用方便。时人由衷赞叹：“地藏铁管达江中”、“入户穿街水自来”。上海最早的煤气灯、电灯，也都安装在黄浦江、苏州河交汇处一带，位于河口的上海第一家大饭店——礼查饭店，最早受惠于电灯，电灯公司最早试装的 15 盏电灯，有 4 盏在饭店里。礼查饭店的孔雀厅，富丽堂皇，当年上海最早的灯光舞会即在此举办。由此，上海被冠以“不夜城”之称。

然而，苏州河这次的复兴注定要付出沉重的代价。在度过了工业化发展的蜜月期后，苏州河以及她两岸的人们开始经历长达半个世纪的折磨。第一次世界大战后，小家碧玉的苏州河受不了工业化的折腾，河水水质恶化，这当中的原因，虽有苏州河水流量不足、泥沙沉积之故，主要还是工业污染问题。“美国人开办的江苏药水厂，实是化学厂，生产硫酸、硝酸和盐酸，每天有大量废水排入苏州河，连附近的空气里都飘荡着刺鼻的怪味，厂门口的一条小路，被人称为药水弄”。工部局看不下去，出面干预，要该厂赶快搬家。结果是从南岸搬到北岸，还是靠着苏州河，却刚好出了租界范围，工部局鞭长莫及。纺织工业的污染能力更强，当年人们曾经开玩笑：只要看看苏州河水，就能知道岸上纺织厂在生产什么产品。如果苏州河水泛红，那是厂里正在染红布；泛黄，那是在染黄布。窥一斑而知全豹。自 20 世纪 20 年代后，苏州河水污染速度惊人，20 世纪 60 年代后期，苏州河开始出现严重黑臭现象，黑臭的时间和范围不断增加，到 1978 年苏州河市区河段常年黑臭，水面垃圾大量漂浮，水中鱼虾绝迹，溶解氧几乎为零，河水呈沥青色。有人戏言：拿支毛笔蘸蘸苏州河水，立刻能挥毫泼墨。至此，苏州河再次成为一条“臭”名远扬的“死”河。[1]

### 6.4.2 苏州河及沿岸现状与城市发展战略

时光荏苒，从上海近代工业在苏州河畔起步至今，已经一个世纪过去了。改革开放后，伴随着上海城市的快速发展，上海城区规模不断扩大，曾经的城市边界早已经变成了城市腹地，工业区逐渐向新的城市边缘转移，苏州河流域不再担负工业发展的重任。另一方面，这些年来国民的环保意识日益加强，国家倡导科学发展观和可持续发展战略，人们很快认识到了经济的发展不能以牺牲环境为代价。早在20世纪80年代末，整治苏州河的行动已经悄然起步，1996年上海市苏州河环境综合整治领导小组成立。经过20年的努力，到2000年苏州河黑臭现象已基本消除，近两年甚至在部分河段已经有鱼虾等生命迹象的出现（图6–75）。

图6–75 从梦清园看今天的苏州河

在这样的大环境下，苏州河沿岸的近代产业建筑失去了其原有产业功能，被人们遗弃，成为名副其实的上海近代工业文明的遗产。这些废弃的产业建筑遍布在苏州河两岸，几乎贯穿了整座城市的腹地。它们因为得不到维护修缮而残破不堪，场地周围一片狼藉，2010年上海世博会的召开，迫切要求上海尽快改变苏州河流域这般不符合城市形象的面貌。更重要的是，在城市用地面积日趋紧张的今天，它们占据了大量有巨大潜在价值的空间，制约了城市经济和地区文明的发展，人们必须通过某种方式让这些空间解放出来，让历史地域的活力再生（图6–76~图6–78）。

面对这些失去产业功能和价值的产业建筑，其实无外乎两种处理方式：①拆除，在原址上建造新建筑或景观；②改造，通过一系列手法为老建筑进行功能置换和再利用，使其获得新的价值。

笔者认为，第一种办法不可取，原因有三：①从产业建筑保护的角度来讲，这些建筑是上海近现代工业及民族工业发展历史的代表性建筑，反映了上海这座近代工业化城市生成和发展的一段历史。它们虽然大多外形残破，满目疮痍，但是结构体系却保存完好，仍然可堪重用。它们身上留下的是岁月的痕迹和历史的脚印，记录的是城市记忆的片段和人类文明的历程。当大量工厂搬迁关闭，曾经辉煌的这段工业史逐渐成为过去，人类应该保存这弥足珍贵的工业文明，留下这五味杂陈的历史记忆。拆掉她们是对历史对文化

[1] 此处参考http://www.news365.com.cn/。

图 6–76　莫干山路废弃厂房

图 6–77　长寿路苏州河段废弃厂房

图 6–78　苏州河段废弃厂房

的严重不负责任。②从经济效益的角度来讲，拆是一大笔费用，拆后必然产生新的建筑工程或景观工程，这又是一大笔费用，而且新项目竣工后未必比老建筑改造产生的经济效益高。③从环境保护和可持续发展的角度来讲，拆除和新建的施工过程中，其碳排放量值会远超过对老建筑的保护改造工程。而且拆下来的钢筋混凝等建筑垃圾也很难处理或者再利用，加剧了已经相当沉重的环境负担。所以可以说，此种方式将得不偿失。

于是，改造的方式成为唯一的选择——让那些与苏州河相濡以沫逾百年、同甘苦共患难的老建筑和苏州河一起在新的时代背景下，产生新的功能，凤凰涅槃，获得新生。其实对旧建筑进行适应性改造和再利用也正是当今国际上普遍采用的方式方法。近年来，随着可利用土地的不断减少以及人们对历史保护和可持续发展的日益关注，对已有城市、建筑与景观的再利用，正在上海兴起。

### 6.4.3　产业建筑适应性改造和再利用的案例分析

适应性改造就是对城市发展不同阶段中已有的，但是存在缺陷的城市资源，包括已有建筑、景观与城市设施进行重新改造和利用，通过对这些消极空间的积极改造，赋予其新的生机和活力，从而使其适应地区、城市的新环境和新要求，并促进该地区或城市的整体协调发展。

令人高兴的是，今天苏州河沿岸已经有很多产业建筑经过适应性改造和再利用，发生了功能置换，重新焕发了活力和生机。笔者调查研究了三座苏州河畔的产业建筑单体或园区的改造项目，如表 6-1 所示。



苏州河畔的产业建筑单体或园区改造项目　　　　表 6-1

| 原名 | 现名 | 地点 | 建造时间 | 改造时间 | 历史功能 | 改造后功能 |
|---|---|---|---|---|---|---|
| 上海啤酒厂[1] | 梦清馆——上海苏州河展示中心及 1 号码头 | 宜昌路 88 号（普陀区） | 1933 年 | 2002 年 | 啤酒厂 | 博物馆及餐厅、酒吧、精品酒店 |
| 上海春明粗纺厂（图 6-79） | M50 创意园 | 莫干山路 50 号（普陀区） | 1938 年 | 2000 年之后 | 纺织厂 | 创意产业园区 |
| 上海四行仓库(图 6-80） | 仍为“四行仓库” | 光复路 1 号（闸北区） | 1931 年 | 1998 年 | 仓库 | 以创意设计为主的工作室及百联集团文教用品批发市场 |

图 6-79　春明粗纺厂改造项目

图 6-80　四行仓库改造项目

[1] 上海啤酒厂改造参见本书 6.3 节。

除了以上三个建筑外，福新面粉厂也较典型。福新面粉厂坐落于上海市普陀区莫干山路120号，这里是荣氏家族当年的主要产业——福新面粉厂的旧址。如今进入大门，映入眼帘的是一片开阔的长着野草的空地和几幢散落的老房，隔着玻璃窗，能够看到房屋中间檐部巴洛克式的山花。现在整个地块已经归香港天安集团开发，今后可能会被建成商业住宅。但是剩下的5幢面粉厂的老建筑将得到修缮和维护，作为文化产业的展示场所。目前保护工作已基本完成，并未进行重新包装，而是以恢复原来面貌为策略。暂定功能用于高端商业。

这些只是苏州河畔众多产业建筑改造实例中的一小部分，但很有代表性，其他的产业建筑改造基本不出其右。总结一下，苏州河两岸产业建筑功能置换的方向主要是三个方面：

- 创意产业园区，其中也包括纯艺术工作室。
- 文化娱乐休闲场所，比如酒吧、餐厅、书吧等。
- 设计师和艺术家的工作室，比如建筑事务所、室内设计工作室、平面设计工作室、影楼、画廊等。

苏州河两岸产业建筑的功能置换之所以会是这些方向，是有其必然性的。时过境迁，荣华散尽。美人迟暮的厂房、仓库挽留不住现代工业的脚步，却意外地震撼了现代设计师和艺术家。

- 从经济上看，这些老厂房的租金非常便宜，而创意产业和设计工作的附加值非常高，这里可以极大地提高这一人群的经济效益。
- 从环境氛围上看，这些建筑设计精良，凝聚百多年来中、西风格的种种细节，可以说一砖一瓦皆有故事。而苏州河水就此转身而过，又平添了静穆的氛围。在艺术家眼里，这里是一块于浮躁纷乱中残留的净地，仓库和厂房的空旷与东方文化的空灵不谋而合。这样的气氛正是以上诸产业所需要的氛围，而其他行业则不能契合这里的空间特质。
- 从建筑本身来看，产业建筑往往是大空间的，跨度大、高度高、分割灵活，便于进行展示和营造特殊氛围，为以上这些产业提供了天然的优良场所。通过灵活的布置，设计师和艺术家在创作时就能感知空间的效果。而钢筋水泥的建筑，保存完好的通风设备、排水管道等，令每一个身处其间的人都能感受到工业时代历史的怀旧情感，从中接受某种信息元素传递的能量和灵性。

苏州河沿岸产业建筑案例从个体上看是比较成功的，它顺应了历史的发展，满足了社会的需求，融入了当今社会文化的大背景之中，值得肯定。不过在20世纪末、21世纪初这段时间里，对于苏州河沿岸产业建筑的改造，更多的还是独具慧眼的设计师和艺术家的个人行为或者某些有眼光的开发商的个别项目改造。他们作了大胆的尝试，取得了理想的效果，但另一方面，由于这样的改造所服务的对象范围小，改造后的场所和市民的联系非常微弱。这些地方似乎有一个无形的场，把圈子以外的人隔离开来，你的身体可以进去，你的心却很难突破那个场。那里往往成为某个特定人群的专属场所，对城市的文化建设贡献非常有限，没有发挥出更大的社会效益。所以，要让苏州河两岸的历史地域真正复兴，必须由政府主导进行规划和改造。

最近几年，苏州河流域所在的几个行政区政府也对区内苏州河两岸的改造分别作了整体而详细的规划。但是目前的规划存在两个问题。

首先，各区政府的规划方案均是考虑本区的河段沿岸开发，各自为战，苏州河两岸并没有真正被作为一个整体，从城市发展的全局来统一规划。这将会造成苏州河两岸在各区段的风貌相互之间不协调，产生不和谐的反差或突然的断层，最终导致城市整体面貌怪异。

其次，每个区对苏州河沿岸的产业建筑改造方案，思路雷同，手法重复，社会结构功能简单，多为创意产业和文化娱乐项目，或者就是高档餐馆酒店及跨国集团地区总部等高品位现代服务产业。这样势必会造成自我封闭，除相关人群和周边居民外，无法调动整个城市的积极性和参与热情。的确，部分由个人对个别产业建筑的改造取得了一定成功，但是若要从城市发展的战略角度出发，就不能单纯模仿过去成功的个案，不加选择和取舍地复制粘贴，导致改造方案庸俗化。上海目前有 50 个创意产业集聚区，基本都是由近代产业建筑改建的。苏州河沿岸的产业建筑未必要大量改造成创意产业、艺术产业或者高端商务服务业。长此以往，苏州河畔的产业建筑会失去被改造的动力，而改造的价值也会因为过多的重复而越来越小，最后导致全盘的失败。

### 6.4.4 同国外优秀产业建筑改造和再利用实例的差异

与国外产业建筑改造和再利用案例相比较，我们可以看到不小的差距。

● 在总体战略规划上，国外优秀的产业建筑及其地段的保护、改造再利用大都是采用政府主导、规划先行、基础设施改善优先、投资者和开发商参与互动并协商配合的“自上而下”的方式，且全社会对文化遗产保护的认识比较一致。因此，有时即使一些产业建筑及地段改造再利用的经济投入产出不如新建建筑，仍然可以达到保护改造的社会目的，他们看重的是历史文化和环境可持续性的价值。而苏州河沿岸产业建筑改造在很长一段时间里走的是“自下而上”、艺术家和开发商主导的路子，现在虽然有政府规划的介入，但是规划方案尚不成熟，且缺乏整体的逻辑性。

● 在国外这些经典的产业建筑改造案例中很好地体现了改造再利用的整体性、系统性和环境的友好性，注重场地环境景观和场所性营造。而苏州河沿岸产业建筑改造再利用主要集中在单体建筑本身的利用实效性和经济性方面，对城市因素和社会环境的整体改善考虑较少。

• 国外经典案例中，大多都由市政府直接干预，通过谈判协商，吸纳多元化的国内国际企业、集团、机构以及多种业态入驻，将其作为地区复兴和再开发的催化剂。这样就有可能成规模地改造利用场地及其建筑，相对容易在较短的时间内取得实施的成效，实质性地推进城市功能的优化重组和生活品质的提高。而苏州河两岸产业建筑的改造定位不准，缺乏吸引力和凝聚力，在政府规划中被一厢情愿地冠以文化、创意产业基地，或者是高档高品位的商务中心之名，却将大多数市民拒之门外，除少数景观节点能吸引附近居民外，在上海境内蜿蜒 54 公里之长的苏州河，两岸仍然一片寂寥。与国外的经典相比，这体现了我们的政府对产业建筑及地段作为遗产的价值在认识上的差距。❶

### 6.4.5 苏州河沿岸产业建筑适应性改造和再利用的方向

从地理位置上看，苏州河地带仿佛是上海的腰。不难想象它有多么重要。腰如车轴，活似车轮。腰不活，则上下不通，身形散乱。苏州河在历史上先后成为主要航道和工业摇篮，前者固然是由河道本质决定，而后者则是因为苏州河占据了上海的显要地位。如今上海正全力塑造自己的国际大都市形象，腰部的建设理应成为重中之重。

随着工业区的外移以及近年来相关部门的大力治理，苏州河水质已经明显改善，日渐清朗。苏州河与粗线条的黄浦江相比，它的优势还在于其亲切怡人的尺度，与市民生活的紧密关联，以及那优美灵动，婀娜婉转的曲线，仿佛一条飘逸的丝带系于佳人腰间。苏州河毫无疑问应该成为上海的一条美丽的城中之河。

苏州河沿岸的发展还将借世博会的召开而更进一步。在上海申办 2010 世博会成功后的第二年，即 2002 年，《苏州河滨河景观规划》正式经市政府批准。“这份规划不仅在从黄浦江至中山西路桥全长约 13.3 公里的岸线上，明确了吴淞路桥、浙江路桥、乌镇路桥、恒丰路桥、昌化路桥、曹杨路桥 6 个滨河景观节点地区，更强调了苏州河两岸开发要合理控制滨河建筑高度与退界的开发原则，还将加强苏州河沿线滨河绿带建设，作为勾勒苏州河两岸自然与人文相结合的滨河美景的重要一环”。世博会期间上海将涌入大量国际、国内游客，作为城中河的苏州河必定成为世人瞩目的焦点，城市如何让生活更美好，想必人们会在苏州河畔找到答案。多年以后，在人们的心目中不仅有巴黎的塞纳河，伦敦的泰晤士河，墨尔本的亚拉河……还应有上海的苏州河。

总之，无论从地理位置、水质水文状况，还是城市发展战略上来看，苏

---

❶ 此处观点借鉴 王建国，彭韵洁，张慧 . 瑞士产业历史建筑及地段的适应性再利用 . 世界建筑，2006（5）：29.

州河都已具备了为上海成为国际一流大都市注入新鲜动力的能力和条件。

所以我们认为，对苏州河沿岸产业建筑的适应性改造和再利用应在保护近代产业建筑历史遗迹的前提下，将尽可能多样化的业态引入其中，包括居住、办公、商业、餐饮、旅游、摄影、教育、体育、宗教、艺术、剧院、博物馆、展览馆、适当的创意产业等，提高苏州河沿岸地区的市民参与度，丰富这里的生活气息和文化氛围；将产业建筑周围的大量空地改造成市民广场、景观绿地，运动场所等，利用产业建筑的景观效应提升河岸的美感；在整条苏州河流域开发观光旅游，让游客可以领略上海充满活力的都市面貌，感受怀旧与时尚完美结合的海派风情，体验城市让生活更美好。

倘若苏州河流域能重新成为市民重要的生活、工作、娱乐、休闲、旅游场所，那么上海将被富有活力的人流贯通，仿佛打通任督二脉，盘活整条中央地带的机能，继而带动周边各区域的发展。苏州河两岸曾经被时代遗弃的产业建筑，如若完成了真正意义上的适应性改造和再利用，必将转变为上海都市战略前进的发动机，苏州河也将进入历史上又一次兴盛时期。

# 第七章　启示与前瞻

## 7.1　细部与装饰是地域性建筑的重要载体

近年来，细部、装饰这些曾经被现代主义者批判的东西，作为一种风格又出现在建筑中。这些在美学上被长期排斥，在道义上受到谴责的“多余东西”，重新出现在一些最引起争议的作品中（图 7-1~ 图 7-5）。借助符号学及现代技术的帮助，设计师们以独特的造型及富有内涵的细部处理来表达他们的理念。

图 7-1　上海威斯汀大饭店
（图片来源：http：//www.ztbs.cndispbbs.aspboardid=58&id=5056）

图 7-2　金茂大厦细部
（图片来源：http://hiphotos.baidu.com/lansechitanglsct2007/pic/）

这是一个在长期压抑后正在觉醒的愿望。在西方经历了几代“方盒子”式的功能主义设计之后，装饰的合理性正在得到重新肯定。越来越多的建筑师、规划师、艺术家们开始有意识地突破“现代主义”排斥装饰的戒律，对细部和装饰的追求现在成了时尚。这恰好与“现代主义”鼎盛时期的保守行为形成了鲜明对比。

其实，装饰是人类文明进步的一个标志，是爱美人类最基本的天性，至少在人类史前文明中就已有着毋庸置疑的证明。将装饰运用于建筑造型艺术，也是顺理成章的现象。从古至今的各个历史时期，装饰艺术都融入了建筑之中。人们总是将自己的大部分精力、财力用于建筑中，装饰丰富本身就是高档次建筑的一个标志。只是到了20世纪初，现代主义者为了与当时占统治地位的“古典主义”抗衡，才提出了“装饰就是罪恶”的口号，现代派反对装饰的真正动机是排斥那些矫揉造作的装饰。然而，他们从一个极端走向另一个极端，在世界各地出现了类似的“方盒子”式建筑，相同的“盒子”、相同的街道、文化的差异性被掩盖了，地域特征也随之消失，这并不是人类文明的发展方向。如今，人们正利用装饰或装修将建筑美化并强调对文脉的尊重，单调而乏味的现实因装饰而充满生机而富有意义。所以，在某种意义上，细部与装饰已成为表达建筑意义的重要手段。

图7-3　金茂大厦入口
（图片来源：http://www.abbs.com.cn/bbs/post/）

图7-4　新建西班牙风格别墅
（图片来源：http://www.abbs.com.cn/）

图7-5　科技馆细部
（图片来源：http://www.abbs.com.cn/bbs/post/view?bid）

### 7.1.1 细部、装饰与功能

从严格的功能意义上讲，有些装饰、细部不是“实用”。装饰不能支撑一件东西，也不能使它更实用。但尽管这种装饰独立于功能之外，在实际生活中，它仍具有十分重要的作用，最明显的特征之一就是识别性强，这显然有利于人类的识别、定向等生存的基本要求（图 7–6、图 7–7）。

图 7–6 上海广学会大楼（建于 1932 年）

图 7–7 东平路 5 号（建于 1924 年，现为上海音乐学院附小图书馆）

分析一下上海近代建筑，从外滩的“风景线”到精美的西班牙式住宅，从 ArtDeco 到里弄住宅，甚至在产业建筑上，丰富的细部处理总有让人留恋的地方。而现代化的高层建筑似乎经常含有敌意、另类，表现出和个人意愿相矛盾的世界。在二者之间似乎总是多了些什么，又少了些什么。

尤其是那些纯粹功能主义的建筑，耸立在世界上以自我为中心，它们缺乏生命力或现实感，而且除了追求有限的欲望之外，没有客观世界价值的暗示或隐喻。因此，功能不是建筑的唯一基本特征，一座建筑物应当表现一种风格或式样，而且，我们可以在城市文脉中理解这种形式。同样，也不能完全用单纯功能的观点去理解建筑的本质。

于是，我们的目标应该是这样的建筑：它符合大众的审美观，便于人们理解并相互吸引，这样的建筑反映了公共秩序和价值观。在这个世界里，人不仅仅是被满足了，而且被理解了。

获得这种建筑的有效途径之一，就是恰当地使用细部与装饰，把装饰融合在细部处理中，使细部更有表现力。这样，建筑就更多地“引人注目”而富有生命力。“精雕细刻”本身对环境的积极贡献可以上升到“道德性”层面并洋溢着浓厚的“人情味”。

甚至，倘若建筑中每个细部都是生气勃勃的、可爱的，那么即使有不甚完美的构图，我们也会原谅它；而那些虽具有完美的比例而缺乏细部的建筑，将是令人讨厌的。事实证明：一个精巧、生动的细部可以与一般的形式共存而依然表现出自身的美。

### 7.1.2 细部与装饰的价值

对细部的欣赏重要的是其过程而不是结果，由于细部体现了人类的劳动，体现了人们对形的爱憎，因此其形式具有一种特殊的生命力。正是这些迹象，在许多建筑中注入了生机，它们因为有内在的联系而变得生机勃勃。所以，上海很多近代建筑尽管很高、很大，然而由于有精美的细部与装饰，它们不像玻璃摩天大楼那样令人沮丧而没有人情味，我们无不为摩恩堂、汇丰银行、沙逊大厦的精美而感叹（图 7-8~ 图 7-12）。

我们应该认识到细部是使空间或造型丰富的有效手段。英国著名哲学家罗杰 · 斯克鲁登指出，使用装饰线脚可使线条更为鲜明或柔和、加强或减弱，并能获得宁静或动态感，它能以某种方式表达出其本身含义的累积，帮助我们认识建筑所表现出的成就，进而认识到可以将美学要求转变为一种灵活的语言符号。现代建筑师在抛弃了装饰线脚之后必须寻找一种有效的代替手段，否则将导致刻板和枯燥。

装饰将人的观念和幻想外化和凝聚在这些所谓“装饰品”上，这是物态化的活动。在建筑中，细部与装饰以一种机械形式所没有的方式接近我们，它能与人类生活的思想动机相一致。相反，机器制造的对象是人类意图的结果，它不可能表达人类行为和思维。因此，建筑细部所表达的信息直接影响到建筑自身的品质，建筑的风格、品位一目了然。

这里应说明，机器绝不是人类异化的原因，而正是其主要的补救方法。人情化建筑，唯一要做的事就是要完全说明机器能解决人类需要的问题。我

图 7-8 沙逊大厦室内

图 7-9 沙逊大厦外立面以竖向线条为主

图 7-10 沙逊大厦檐部装饰

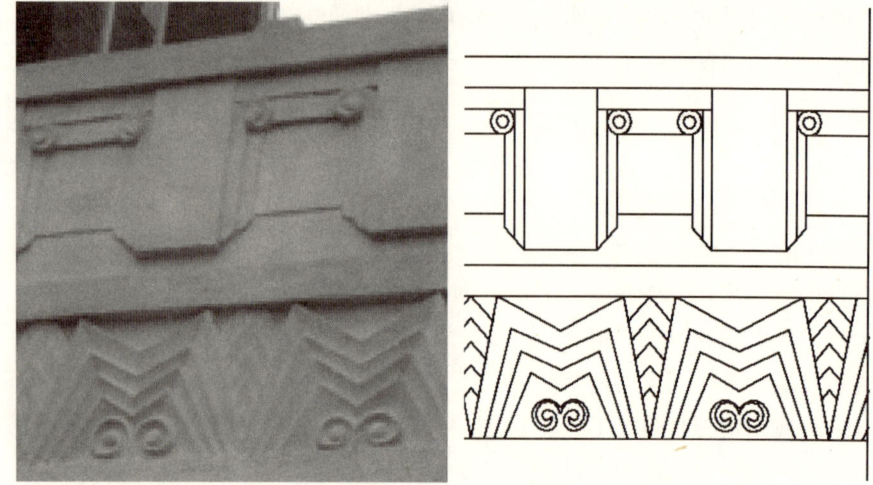
图 7-11　峻岭寄庐门楣

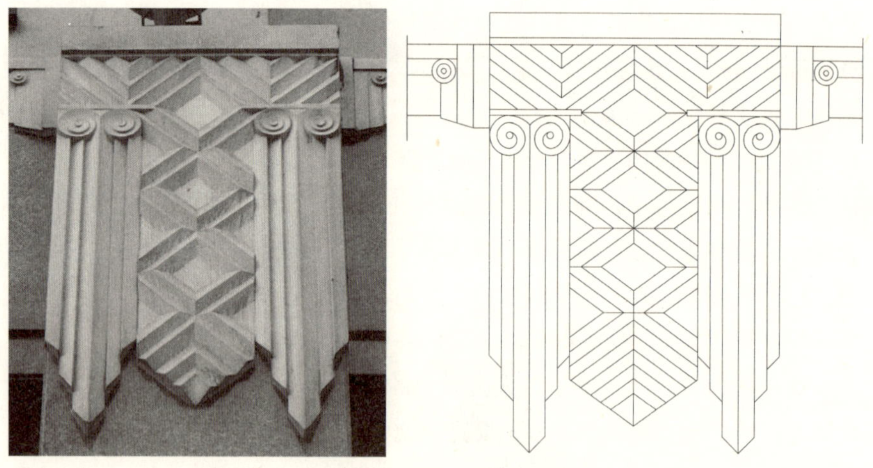
图 7-12　毕卡第公寓装饰母题

们可以通过追求富有人情味的细部，追求每个部分都有明确易懂的理由，赋予各种无生气的材料以活力。

### 7.1.3　细部与装饰的应用

在建筑史中，有许多可以借鉴的细部与装饰手法。巴洛克建筑曾因为违背结构逻辑而受到人们的批判，但是我们不得不承认，在细部处理方面，巴洛克建筑还是有可取之处的。巴洛克建筑师并未求助于任何宏伟的体量，他们主要是通过细部变换，如在形状上改变或将栏杆、檐口、壁龛和柱子删减，通过建筑各部分的全面调整来增加优美。结果，形成的体量适应了狭窄的街道转角或弯曲的街道，加强了地方性建筑的连绵轮廓线，而流动的空间与形态形成了独具特色的场所。

巴洛克建筑师这种对于细部的尊重使他们得心应手地处理空间，他们的惯用做法是流畅、易变而有质感。在这里，并不是它的多变立面吸引人，而是其获得的方法吸引人。每一部分都使人联想起古典语言的制约，但整个建筑独特之处就在于各个受制约的细部构件中都蕴藏着活力。

当然，现代建筑不可能重走巴洛克之路，因为，巴洛克建筑毕竟是特定历史条件下的产物。信息时代，人们对美的理解已发生了很多变化，一方面，我们没有时间也没有精力去追求繁琐的细部与装饰；另一方面，许多受到好评的当代建筑并没有依靠额外的装饰，它们的成功之处在于忠实于材料性能，在于追求材料的质感、色彩的搭配，在于将体形与功能有机结合。可见装饰与细部在不同时代具有不同的含义及处理方法。赖特、密斯、扬恩等人就是在这些方面打动人心的。

赖特的作品以严谨、浪漫、富有几何趣味而著称，他的作品造型优美、细部丰富、形式多样又不脱离现代生活。他认为即使是现代的建筑，手工制作也是可行的，他追求的是现代化与手工制作相关联的可能性。1910年，他在“芝加哥艺术及手工业社会”的演讲中，表达了许多关于机器的艺术和工艺的观点，提倡忠实于材料的本性。在创作的初期阶段，赖特运用不同材料做过不少项目，展示出细部处理的高超技巧。反对赖特的人曾指责他的手法带有怀旧情绪，已经过时了。但现在看来，只有当我们积累了丰富经验之后，才能理解这位充满感情和想象力的人物，他的理想绝不是过了时的，而是超现实的、永恒的。

另一位以细部著称的现代大师是密斯，他的西格拉姆大厦，在窗棂的外皮贴了工字钢，无论在结构上还是功能上都是多余的、过分的，但是事实证明，在美学上它们是必须的，一点也不多余。直到今天，西格拉姆大厦仍然是纽约最美丽的摩天大楼之一。

扬恩以其独具特色的高层建筑引起世人瞩目，他的作品一改通常高层建筑方整、单调乏味的形式而追求象征，追求表达意义，他常利用屋顶及形体转接处的细部处理赋予建筑以个性。

赖特、密斯与扬恩的共同之处在于，他们使用的装饰或细部都是为了表达某种意念，他们没有把细部、装饰与功能对立起来。他们的细部与装饰都与建筑的空间、功能、结构、构造等有内在联系，细部与装饰成为一种表达文化传统或个性的有效手段。可见一个成功的建筑，其细部与装饰应是建筑设计内容的一部分，是一种深入设计的结果，所使用的细部应是功能要求的，装饰不是毫无目的、可有可无的。装饰融合在细部处理中，装饰与细部一起共同形成了一定的建筑风格与美学趣味。

在精致的细部与装饰中，各种材料不只是作为愿望的载体，而是作为自在的存在物。人们借助于对细部的感觉，使建筑形式和材料变为有目的、富有意义，也正是通过这种细部的感觉，建筑的意义可以逐渐被人们所体会、所知晓。

#### 7.1.4 细部处理的关键——恰当

在建筑中，滥用细部是不可取的，高层次的细部处理就是要求每个细部都要和别的部分有恰当的联系，这种恰当意味着一个部分的存在是另一部分存在的前提。阿尔伯蒂在《建筑十卷》中将建筑恰当的基本的组织原则之一定义为“装饰”，因此，培养对恰当的感觉要比对任何纯粹比例或形式的追求更为重要。

如果说一个成熟建筑师应具有某种风格的话，那么，首要因素是风格能使他运用恰当这个概念产生更好的效果。风格不是细部的累积，而是细部恰当的安排。国际式风格也有独特的细部——金属窗组合、转角玻璃窗、底层架空、横向长窗等，这些细部相互呼应，不能仅仅看成是共存。如果抛开恰当贯穿全部，那么我们很难理解什么是风格。

然而，同其他表达审美反映的概念一样，“恰当”也不可能有明确的定义。由于我们做任何事情的目的并不能决定实施的方式，所以不同的细部可能同样都合适。因此，通过认识多种选择性并寻求其中的潜在规律，我们对“恰当”的判断力就会不断提高。

恰当的感觉作为一种内在的品质，既客观存在，又难以捕捉。要获得恰当的感觉，就只有在大量实践经验的基础上提高审美修养。我们不要追求死板的细节，而应追求一种自在的灵活性，追求一种敏感、合适和贴切的感觉。通过恰当的感觉使“上帝存在于细部之中”。

在上海，提出建筑细部与装饰问题有一定的现实意义，因为上海历来追求时尚，而且它或许是上海建筑师仅能强制实现的东西。由于受到规范、地形和业主需要的限制，建筑的平立面往往是由那些超越建筑师控制能力之外的因素决定，而细部则常常处于建筑师的“权限”之内。通过装饰与细部的研究，建筑师可以将那些常见的、乏味的体量赋予优美和人性。

细部处理既可以体现出当代的建筑技术水平，又是展示上海文化精神的有效途径，它将有利于解决建筑形式创作中的单调与毫无个性的抄袭问题。当然，细部丰富就意味着建筑师要多付出心血，在当前生活节奏越来越紧张的异化世界里，我们有责任用细部与装饰为人们创造富有诗意的环境！

## 7.2 “全球化”背景下的“地域性”建筑

上海作为我国对外交流最为频繁的国际化大都市之一，自开埠以来不断地受到外来文化的冲击与影响，国外的先进材料、现代技术及设计理念无不在第一时间影响了上海的建筑与城市发展。这一社会背景孕育了辉煌的上海近代建筑，外滩、苏州河、里弄住宅及产业建筑等构成了上海独特城市形态及风貌的主体。

上海地域特色的构成元素主要体现在以下几个方面：国际化、商业化、殖民化及多元化发展，时尚、包容、重功利。即所谓的："注重功利、追求时尚、海纳百川"。以外滩为代表的商业街区，体现着现代化的技术、国际化的风格，最大利益的商业化形成了外滩的建筑风格和街区形态：周边式的布局、"古典复兴"及 ArtDeco 的式样。里弄住宅则充分体现了中西交流、现代与传统的结合，在满足商业利益的前提下确定了一种新的居住模式及生活空间：明确的边界、行列式的布局、"鱼骨状"路网及装饰符号的表达。上海近代的产业建筑在现代材料与技术的基础上重点体现了对功能及建筑形象的追求。这些区域依托着蜿蜒的苏州河构成了近代上海城市风貌的主体。此外，租界的繁荣所带来的建筑或城市特色，其本身就具有明显的异域风格。

特定的历史机遇、城市结构、社会经济等共同作用，孕育出上海独特的社会心态、生活方式及价值观。在上海，社会结构及生存空间的"非正常尺度"挤压出特殊的社会心态及价值观，必然会影响到城市空间和建筑。

本书所探讨的几个专题，仅仅是上海优秀近代建筑中的一小部分。作者希望有关上海城市地域特色的研究更多应该关注这些近代建筑。从某种意义上讲，这些近代建筑的未来状态决定了上海现代城市更新的进程。

### 7.2.1 "地域性"建筑的价值

有关建筑地域性特征的表达，在建筑历史的各个阶段都有所体现。因为建筑体现了不同地区人们对生存方式的不同选择，因而它就必然表现出各地的地域特征。所以，"地域性"建筑无论在过去还是未来都有它存在的价值。上海当代建筑能否凸现出"地域性"的特征已成为建筑理论界所关心的焦点之一，而且，它还将成为未来上海建筑发展的主要活力点。正如邹德侬教授所指出的"在中国建筑创作 50 年的曲折进程中，有一种似断还连的创作努力，清晰地表现出它是一种成就巨大、尚有局限但前景无限的创作倾向，这就是中国的地域性建筑"。❶

毫无疑问，"地域性"建筑在弘扬民族传统、体现地方特色、适应环境气候等方面起到了相当大的作用。而且地域特征构成了建筑赖以生存的根基。第一代现代建筑大师中阿尔瓦 · 阿尔托的创作倾向就明显地体现出地域性的特征，并因此在现代建筑大师中独领风骚，显然，北欧优美的自然环境赋予阿尔托以无穷的智慧来源。此外，日本、东南亚及拉美地区的建筑师们也

❶ 邹德依等. 中国地域性建筑的成就、局限和前瞻［J］. 建筑学报，2002（5）.

都在尝试着将本地区的地域特征融汇到他们的建筑作品之中,使之成为与“现代建筑”抗争的有力手段。如印度的一些建筑师们就较好地解决了地域特征与现代技术的关系，而日本具有民族神韵的当代建筑也不失为成功的范例。

在中国，“地域性”建筑的发展有着特殊的历史背景。在20世纪的30年代和50年代都曾出现过对“地域性”的追求，但那时强调民族性、传统及地域性主要是为了表现意识形态方面的差异，而非真正地体现地域对建筑的影响。进入20世纪90年代，在“全球化”趋势日益高涨的背景下，在现代科技高度发展的今天，建筑的趋同性日益明显，导致了城市特色的沦丧。于是，越来越多的学者开始深层次地关注“地域性”建筑的价值。

实际上，信息时代日益普遍的文化交流已使建筑的“地域性”特征逐步减弱，但是在全球化背景之下更有必要加强地域性建筑的研究。就上海建筑的未来发展而言，真正有所作为的仍然是那些能够体现内在上海城市精神的作品。

### 7.2.2 “地域性”与“全球化”的关系

在这里,我们有必要对“地域性”及“全球化”的概念进行重新的认识。

首先,要抛弃“全球化”的统一性概念。“全球化”并不意味着对“地域性”的完全否定，换句话说，我们现在所看到的“全球化”并不是真正的“全球化”所为。“全球化”并不是有些人所想象的那样，是全球各个民族的政治、经济及文化等全部价值体系走向一体化或单一化的过程，而是全球各个文化之间的交汇和共生，是一种协调和平衡的过程。同样，建筑的“全球化”不仅意味着世界建筑必须遵循某种“统一”的法则，更意味着对“民族性”与“地方性”的尊重。

其次，要改变对“地域性”概念的狭义理解。“全球化”的趋向已使世界各地的地区差异逐步缩小。在当今的信息时代，地域的概念已经发生了改变。比如，以往人们常常说自己是德国人、法国人或日本人，但现在他们则常常更喜欢称自己是欧洲人或亚洲人。的确，随着欧共体、APEC、海湾合作组织、非洲联盟等组织的出现，地域的概念正在扩大。在建筑设计领域，中国的建筑师正在广泛使用着西洋建筑的符号，法国的建筑师在设计中国的国家大剧院。此外，中国人在过圣诞节，麦当劳、专卖店随处可见，维也纳的金色大厅里举行着中国民乐音乐会……种种迹象表明，随着文化交流的日益迅速和广泛，全球文化的整体性和趋同性正在加强，由此导致了传统与个性的相对丧失，地域文化的差异因此而缩小。这一现象似乎验证了文化人类学家有关“文化在传播中相互交融”的学说。

事实上，用今天的眼光来看，各个地域文化都应从属于全人类。莫扎特的音乐、莎士比亚的戏剧、老子的思想……都属于全人类，“地球人”的概念正在形成。由此，很自然地就出现了“地球村”的概念，我们是一家人！随着现代科技的发展，我们必将能够大大超越环境与地域的限制而创造出更为经济、合理的建筑形式。同时，全球化市场经济的发展模式也影响到人们的思维方式和行为方式。随着世界贸易体制的建立和不断完善，随着国际范围的人员流动及现代传媒的影响，所有的地区文明都将融入世界大文明之中才能生存和发展，全球化是大势所趋。各个地区的人民必须改变他们传统的世界观、价值标准和风俗习惯。但是我们还应该看到，人类在整体富强之后应该走向文化的繁荣。其实，人类学家很早就惊奇地发现，同样的“基本思想”分布在世界的各个地方，同样的建筑手段也出现在世界的各个地方。从历史的进程来看，建筑的趋同现象并不是只在今天才有，但历史上的建筑并没有因为这种“趋同性”而千篇一律。

显然，我们不必为全球一体化所带来的影响而担忧，这同世界语的发展有某种相似之处，今天已不再有人担心世界语的出现会使地球上的其他语种消失。在一体化的框架下，同样会有丰富多彩的语言，同样也会存在丰富多彩的建筑。金茂大厦就是一个很好的例证。由 SOM 设计的金茂大厦可以认为是“全球化”建筑在中国的一个代表作品，但是，该建筑所体现的地域特征反倒成了上海建筑师学习的榜样。所以，“全球化”同样可以为地域文化服务。因此，“全球化”并不意味着“一元化”，而且更为重要的是，有关在“全球化”背景下如何保持“地域性”的研究实际上才刚刚开始，应该有多种解决方案在等待着我们。上海当代城市的发展应引领我国大城市发展的方向，这正是建筑理论界所应当关注的问题。

### 7.2.3 新时代的新精神

人类步入了信息时代，“全球化”已成为大势所趋，“地域性”建筑在维护地域建筑文化、反抗“全球化”所带来的抽象特征中具有一定的积极意义。但是以往的地域主义建筑风格仅仅采用某些特定地点的特征要素来缓解“全球化”的冲击，仍然只是在形式上做文章，因而不够彻底。

在西方学者看来，后工业时代人类的主要精力多放在修复工业时代所造成的创伤之上。对于尚未实现工业化及现代化的中国来说，套用后工业社会的理论似乎是超越了时代。但作为对工业社会的总结和反思，后工业社会的思想必然会对中国的现代化进程具有某种指导意义。

在后工业社会，功能与形式的关系已变得越来越非理性化、非清晰化和多元化，而且，功能逐渐成为艺术品的主体，形式退居次要地位。通信事业的发展就是一个很好的实例，随着 Email 的出现，传统的信封、信纸必将逐渐淡化，信息交流的功能保留着，通信的形式被时代削弱了。又例如，如今人们已难以想象宇航员仍然享用传统形式的食物，他们需要的只是维持生命的营养成分。同理，对地域建筑的理解也应转变观念：抛开形式，直指核心。因此，有关“地域性”建筑的研究重点应有所改变，即应由单纯的形式研究转向功能、意义及人类的生活空间的研究。

### 7.2.4 对传统的再认识

事实表明，以传统文化作为生活目标的世界已经难以维持了。生活在变，技术也在变，人们应当在心理上有所准备，适应这些变化。这其中，生活方式的变化势必会影响建筑形式的变化。

当推土机将成片的石库门住宅夷为平地，当塔吊构筑起成片的高层住宅，有多少人在痛惜传统的消失。我们的传统真的消失了吗？我们游历在老街区中，常常感受到了那种温馨和凝重。但是，在形象的外表后面我们还感受到了什么？也许是巧合，在老城区中，听到居民对老房子抱怨最多的恰恰是现代街区的“强项”。如果抛开这些老房子的外表，它们给人类留下的是什么？是地理位置，是生活圈，是生活方式，或者是气氛和秩序（Order），总之，它应该是一种非物质化的东西，一种让人们为之感动的精神氛围。

我们以往对传统的关注似乎太注重它的物质性表象。实际上，在作者看来，老街区中真正让我们感动的应该是存在于其中的生活空间或者称之为生活秩序，一种经历千百年的积淀而形成的生活秩序。该秩序与建筑空间之间存在着相互对应的关系。感知并表达这一秩序应成为建筑师奋斗的目标，同样也是摆脱城市与建筑发展困境的良策之一。因为，“建筑、城市作为一种自主、独立的实体，作为人类生活的舞台而呈现在我们面前。在它的背后，是永恒的人类生活，……而建筑、城市则是这一理性的产物和象征”。

近年来，在上海的旧街区改造过程中，大量强调的依旧是表面的形象，忽视的正是对传统生活空间及老房子科学因素的研究。于是，在一片片由坡屋顶、红砖墙围合而成的空间中，场所并未形成。因为，仅仅使用符号难以真正地保持建筑的“地域性”，这也许就是我们城市建设中的最大失误。当然，随着社会和时代的发展，技术的进步，营造空间的手段会发生变化，生活方式也会发生变化，但生活方式与生活空间的对应关系是不会轻易发生变化的。这就要求我们以一种全新的观点来理解建筑，来理解建筑的“地域性”。

### 7.2.5 上海“地域性”建筑向何处去

文化的多样性、气候的差异造就了都市文化的丰富多彩，因此在不同城市、不同地区应有不同的建筑处理方式。此外，建筑并不只是一个国家或地区经济实力及技术水平的体现，更是文化的载体。地域特征的延续也不仅仅是文化传承的要求，更是心理层面的要求。而且，地域特征并非单纯只是象征性的表达，更多的是空间的体验。

作为不可再生的特色资源，上海近代建筑及街区在城市更新过程中的价值已得到政府及社会广泛的认同。但是，80 年过去了，一方面，支持这些建筑的物质基础已接近使用寿命的极限；另一方面，生活方式的改变也要求传统建筑及街区必须满足新的功能而更新。

有研究指出，随着城市空间尺度的不断扩大，高层及大跨度建筑难以也无需表达地域特征。在上海，这种现象十分明显，由此造成“历史记忆的城市片段”正在被破坏。其实，“高度和大跨度除了表达了经济实力和技术材料之外，对城市空间及城市生活仍然应有积极的意义”。统计数字显示，到 2009 年底，上海的城市化已达到 85% 的水平，规模建设已接近顶点。如何在已建成的城市空间中做精做细，整体提升城市的环境品质，这就需要决策、管理部门和设计师们保持清晰、正确的思路。

上海城市及建筑在近代的发展走过了一条独具特色的道路，形成了独特的地域特征，在远东乃至世界建筑史中占据了重要的位置。近 20 多年的发展，虽然有自 2005 年开展的“1966 结构”及中心城区旧城改造的“双增双减”原则，取得了相当辉煌的成就。但是，应该指出的是，上海部分区域的发展失去了原有的内在“秩序”——对地理地貌的尊重、对历史文脉的尊重、对日常生活的尊重和对多元文化的尊重，而被权力和金钱所左右。“贵族化”的倾向又将百姓的日常生活剥离出城市空间，剩下的只是一具“空壳”。永康里改造后的“失落”多少说明了这个问题。原有的生活方式很难保留在“更新”过的街区中，内在的品质被置换了，生活的主体发生了变化。而且，昂贵的“更新”维护费用也无法依靠居住模式甚至商业模式来支撑。

更有甚者，在前一时期，对地域特色的追求竟然转向了“异域风格”。卫星城镇的设想原本是解决中心城区过大的有效手段，借助现代交通及服务，减少中心城区人口压力、提升环境品质。然而无奈的是，上海自 2001 年开展的“一城九镇”计划，明显的“水土不服”。以在“九镇”中占据重要位置的松江泰晤士小镇和嘉定安亭新镇为例，虽然在建筑风格及空间形态上模仿欧洲，但“贵族化”的生活方式则与国情相背。简单的复制与拼贴表面上表达了异域的特征，然而既非真正的欧洲城镇，又不能满足国内的“约定俗成”，如东西朝向问题、开放空间等问题。此外，原住居民的边缘化以及新住户的低入住率，使得商业及服务设施发展缓慢。于是乎，前者建成后变成了“婚纱摄影基地”，而后者则“人烟稀少”缺少人气。两个小镇至少在短时间内无法对缓解中心城市压力提供积极的支持，与前期的设想相差甚远，更浪费了宝贵的建设周期。

在旧城区的更新改造方面，2001 年的上海市总体规划中明确提出“保护历史文化名城的整体风貌和环境，保护历史遗迹，挖掘城市内涵，促进历史与未来相融合，展现上海中西文化兼容并蓄的建筑特色”。目前，中心城区有 12 片，共 27 平方公里的历史文化风貌保护区。市区已有 4 批 1632 处，共 2138 幢优秀历史建筑，144 条历史风貌保护街道。郊区已有 32 片，共 14 平方公里的历史文化风貌保护区。新天地、1933、M50、建业里等都是较好的更新改造项目。应该说，这些建筑及区域的改造对维护上海的城市肌理作出了巨大贡献，但还远远不够。那些非保护的“编外”建筑及区域在一轮又一轮的城市化进程中破坏殆尽。

城市与建筑的发展轨迹必然受到地域文化的影响，建筑形态和建造活动必然与人类的习俗、文化模式和社会结构有着密切的关系。在当今条件之下，建筑形象及空间形式已成为表达建筑地域特征的主要手段。以形象为例，我们常用上海石库门特有的联排屋顶形式来表达其特有的地域特征。其实，在材料与技术之外，屋顶则更多地体现了建筑与“苍天”的联系。于是，抛开技术层面，在建筑的顶部应该有一个对话的“元素”，其形象则是随着时代的变迁而有所变化。这样，我们既为“第五立面”的存在找到了依据；同时又可以为大屋顶的隐退提供了理由。至此，我们就没有必要去争论那些各式各样的“屋顶”、“飘板”究竟是神似还是形似，因为它们仅仅是一个“元素”而已。

就上海而言，在那些有保护价值的老街区，不仅要重点保护好典型的老建筑，还应保护好典型的老居住区、有代表性的街巷及生活模式。对这部分传统精华，应高标准地保护，原汁原味地保留。以此满足文化的延续、城市肌理及旅游观光的需求。老城区周边的其他建筑的重建，应以中低层为主，并注意同老建筑在形式及风格上的协调。此外，还应组织力量探索上海近代建筑中的科学性成分，并运用在旧城区的更新改建之中。例如，传统建筑中同生活方式相适应的街道形态、空间类型、生态环保手法等。

在上海的新城区，未来发展模式应该是抛开历史，抛开形式，注重功能，轻装前进。在这里，抛开历史意味着不死抱传统，而是用一个相对的、动态的和全球化的概念来理解传统；抛开形式，并不是不要形式，而是顺其自然，不为形式而形式；注重功能则意味着关注新的生活方式和生活空间，从更高层次来满足各地区人类的生存，达到诗意的居住。即以新时代的生活需求为出发点，利用高科技，建设新家园。因此，在各个新城区的建设中，“地域性”的影响将会更加概念化和非物质化。

上海近代建筑构成了城市肌理的重要组成部分。作为都市文化重要发育时期的建筑风格，上海近代建筑必然长期控制及影响到后来的城市形象。而且，我们应该看到，城市形象不仅仅是建筑形式的拼贴，更深藏着城市历史、审美趋向及价值观。城市形象不单纯是空间的概念，更是文化的概念，体现着文化与形象的关联性。城市形象的力量是伟大的，在这种场景下成长起来的一代又一代，必然会感知到上海近代建筑的力量，必然会注入某些主观印象，决定着他们的行为和喜好。

上海的近代建筑大多数采用钢筋混凝土结构，建筑基础良好而且施工质量很好。这些优秀的近代建筑不但有华丽而有个性的外观，更有坚固的内部结构。保护好这些优秀的文化遗产并加以利用，不但不会妨碍我们的城市更新，相反它会加强我们城市的文化氛围，维护我们的城市肌理。这是地域文化传承的需要，也是文化积累的必要手段。

上海近代建筑根植于本土的自然、社会环境和文化土壤，是城市历史记忆的真实场所遗存，自然成为延续城市记忆、保持城市个性的有效依托，成为城市核心竞争力和可持续发展的重要基石。因此，这些建筑的保护并非是单向度的为了自身的存在空间，更与现代城市的健康发展、和谐发展息息相关。这些老建筑不是现代城市发展的负担，而是独一无二的、不可再生的宝贵资源。

当前，上海正经历着“旧貌换新颜”的大转变，“一年一个样，三年大变样”一度成为许多城区的建设目标。但是，这种思维模式的基点是要建立一个“新结构”，而不是设法维护一个相对稳定而又富有意义的既有形态。城市建设在“发展是硬道理”的口号下，变成了“拆是硬道理”。大面积的城市肌理被破坏，人们熟悉的街道、场景消失了。场所从外在形式到内在精神都被加以置换。生活方式也随之变化，而且人们难以在短时间内适应这些变化。城市环境在很短的时间内被政客和房产商速成，趋同的经济、趋同的建筑和环境，相互间的模仿和移植使得我们的城市越来越丧失地域特征。这是人们所不愿看到的，也不符合人类文明传承的要求。

需要强调的是，在信息社会，文化特色的保存正在成为一个城市最大的资产。作为中国最具活力的城市之一，上海正处在从工业社会向后工业社会的过渡区域，要提高城市的综合实力，满足后工业社会的价值取向，就必须在城市更新过程中加强地域文化的作用。而采取怎样的政策来协调和引导各方利益、规范法制、建立科学有效的政策，使得近代建筑在上海新的城市文脉中焕发光彩，并使它们与新建筑编织、交叠成新的城市形象是我们应该迫切思考和实践的。

# 参考文献

[1] 杨永生 . 建筑百家评论集 [M] . 北京：中国建筑工业出版社，2000.

[2] 支文军，徐千里 . 体验建筑——建筑批评与作品分析 [M] . 上海：同济大学出版社，2000.

[3] 潘祖尧，杨永生 . 建筑与评论 [M] . 天津：天津科学技术出版社，1996.

[4] 郑时龄 . 建筑批评学 [M] . 北京：中国建筑工业出版社，2001.

[5] [美] 阿纳森 . 西方现代艺术史 [M] . 邹德侬等译 . 天津：天津人民美术出版社，1994.

[6] 李浴 . 西方美术史纲 [M] . 沈阳：辽宁美术出版社，1980 .

[7] 郑时龄 . 上海近代建筑风格 [M] . 上海：上海教育出版社，1999.5.

[8] 罗小未，伍江. 上海弄堂 [M]. 上海：上海人民美术出版社，1997.

[9] 薛理勇 . 外滩的建筑与历史 [M] . 上海：上海社会科学院出版社，2002.

[10] 胡景初，方海，彭亮编 . 世界现代家具发展史 [M] . 北京：中央编译出版社，2005.

[11] 上海市静安区地名志 [M] . 上海：上海社会科学院出版社， 1988.

[12] 蔡育天 . 回眸——上海优秀近代保护建筑 [M] . 上海：上海人民出版社，2001.

[13] 张复合 . 中国近代建筑研究与保护（三）[M] . 北京：清华大学出版社，2003.

[14] 张复合 . 中国近代建筑研究与保护（四）[M] . 北京：清华大学出版社，2004.

[15] 张复合 . 中国近代建筑研究与保护（一）：1998 中国近代建筑史国际研讨会论文集 [M] . 北京：清华大学出版社，1999.

[16] 伍江.上海百年建筑史(1840—1949)[M].上海：同济大学出版社，1997.
[17] 常青.大都会从这里开始——上海南京路外滩段研究[M].上海：同济大学出版社，2005.
[18] 乐正.近代上海人社会心态1860—1910[M].上海：上海人民出版社，1991.
[19] 曹聚仁.上海春秋[M].上海：上海人民出版社，1996.
[20] 潘谷西.中国建筑史[M].北京：中国建筑工业出版社，2001.
[21] 娄承浩，薛顺生.老上海经典建筑[M].上海：同济大学出版社，2002.
[22] 沈福煦，黄国新.建筑艺术风格鉴赏——上海近代建筑扫描[M].上海：同济大学出版社，2003.
[23] 尹定邦.设计学概论[M].长沙：湖南科学技术出版社，2001.
[24] 葛红兵.城市批评上海卷[M].上海：文化艺术出版社，2002.
[25] 胡铭，秦青.民国社会风情图录——建筑卷[M].南京:江苏古籍出版社，2004.
[26] 娄承浩，薛顺生.消逝的老上海建筑[M].上海：同济大学出版社.2002.
[27] 彼得·罗，关晟.承传与交融[M].北京：中国建筑工业出版社，2004.
[28] 邹德侬.中国现代建筑史[M].北京：机械工业出版社，2003.
[29] 邓肯·A，翁德明.装饰派艺术[M].远流出版事业股份有限公司，1992.
[30] 娄承浩，薛顺生.老上海经典公寓[M].上海：同济大学出版社，2005.
[31] 李欧梵.上海摩登——一种都市文化在中国1930—1945.[M]北京：北京大学出版社，2001.
[32] 王绍周.上海近代城市建筑.[M]南京：江苏科学技术出版社，1989.
[33] 刘先觉主编.现代建筑理论[M].南京：东南大学出版社，1999.
[34] 上海市徐汇区房屋土地管理局编.梧桐树后的老房子：上海徐汇历史建筑集锦[M].上海：上海画报出版，2001.
[35] 陈海汶，郑时龄编.传承：上海市第四批优秀历史建筑[M].上海：上海文化出版社，2006.
[36] Kim编著.饱蘸激情：装饰派艺术风格[M].高晶，张滨江译.天津：天津科技翻译出版公司，2002.
[37] 汪坦，张复合主编.第四次中国近代建筑史研究讨论会论文集[M].北京：中国建筑工业出版社，1993.
[38] 范文兵.上海里弄的保护与更新[M].上海：上海科学技术出版社，2004.
[39] 徐汇区志编纂委员会编.徐汇区志[M].上海：上海社会科学院出版社，1997.

[40] 张水根主编 . 上海优秀历史建筑 · 长宁篇 [M]. 上海 : 上海三联书店，2005.

[41] 娄承浩，薛顺生，张长根编 . 老上海名宅赏析 [M]. 上海 : 同济大学出版社，2003.

[42] 薛顺生，娄承浩编 . 老上海花园洋房 [M]. 上海 : 同济大学出版社，2002.

[43] 曹炜 . 开埠后的上海住宅 [M]. 北京：中国建筑工业出版社，2004.

[44] 李振宇 . 城市 · 住宅 · 城市：柏林与上海住宅建筑发展比较（1949—2002）[M]. 南京：东南大学出版社，2004.

[45] 汤国华 . 广州沙面近代建筑群 [M]. 广州：华南理工大学出版社，2004.

[46] 楼庆西 . 中国传统建筑装饰 [M]. 北京：中国建筑工业出版社，1999.

[47] 王受之 . 世界现代建筑史 [M]. 北京：中国建筑工业出版社，1999.

[48] [意] L · 本奈沃洛著 . 西方现代建筑史 [M]. 邹德依等译 . 天津：天津科学技术出版社，1996.

[49] 曼弗雷多 · 塔夫里 . 建筑学的理论和历史 [M]. 郑时龄译 . 北京：中国建筑工业出版社，1991.

[50] 琳恩 · 伊丽莎白 . 新乡土建筑：当代天然建造方法 [M]. 吴春苑译 . 北京：机械工业出版社，2005.

[51] [英] 凯瑟琳 · 斯莱塞 . 地域风格建筑 [M]. 彭信苍译 . 南京 : 东南大学出版社，2001.

[52] 张锡昌，张炜 . 老弄堂 [M]. 上海：上海书店出版社，2001.

[53] 沈华 . 上海里弄民居 [M]. 上海：同济大学出版社，1995.

[54] 郭博 . 正在消失的上海弄堂 [M]. 上海：上海画报出版社，1996.

[55] 武云霞. 日本建筑之道 [M]. 哈尔滨：黑龙江美术出版社，1997.

[56] 杨嘉佑 . 上海老房子的故事 [M]. 上海：上海人民出版社，2003.

[57] 马克第亚尼编著 . 非物质社会 [M]. 滕守尧译 . 成都：四川人民出版社，1998.

[58] 聂兰生 . 21 世纪中国大城市居住形态解析 [M]. 天津：天津大学出版社，2004.

[59] 娄承浩，薛顺生 . 老上海石库门 [M]. 上海：同济大学出版社，2004.

[60] 杨秉德，蔡萌 . 中国近代建筑史话 [M]. 北京 : 机械工业出版社，2004.

[61] 沈福煦，沈燮癸 . 透视上海近代建筑 [M]. 上海 : 上海古籍出版社，2004.

[62] 诺伯格 · 舒尔兹 . 西方建筑的意义 [M]. 北京 ：中国建筑工业出版社，2005.

[63] K · 弗兰姆普敦 . 现代建筑：一部批判的历史 [M]. 张钦楠译 . 北京：三联书店出版社，2004.

[64] 罗小未 . 上海建筑指南 [M]. 上海 : 上海人民美术出版社，1996.

[65] 王绍周，陈志敏．里弄建筑［M］．上海：上海科技技术文献出版社，1987.

[66] 胡炜．上海市黄浦区地名志［M］．上海：上海社会科学院出版社，1989.

[67] 刘延枫．低层居住群空间环境规划设计［M］．天津：天津大学出版社，2001.

[68] 克莱尔·库泊·马库斯，卡罗琳·弗朗西斯．人性场所——城市开放空间设计导则［M］．北京：中国建筑工业出版社，2001.

[69] 阮议三，王景慧，王林．历史文化名城保护理论与规划［M］．上海：同济大学出版社，1999.

[70] Jencks C. *Post–modernism— The New Classicism in Art and Architecture* [M]. Lodon: Academy editions, 1987.

[71] Arwas Victor. *Art Deco* [M]. London: Academy, 1992.

[72] Suzanne Lussier. *Art Deco Fashion* [M]. Bulfinch Press，2003.

[73] Frederick Gutheim. 1857–1957 *One Hundred Years of Architecture in America: Celebrating the Centennial of the American Institute of Architect* [M] *s*. New York: Reinhold, 1957.

[74] George Kubler, Martin Soria. *Art and Architecture in Spain and Portugal and Their American Dominions* 1500–1800 [M]. Harmondsworth: Penguin Books,1959.

[75] James C. Massey, Shirley Maxwell. *House Styles in America: the Old–House Journal Guide to the Architecture of American Homes* [M]. New York: Penguin Studio, 1999, c1996.

[76] 罗小未，张晨．建筑评论［J］．建筑学报，1989（8）.

[77] 朱大明．建筑评论的基本要素［J］．华中建筑，2003（2）.

[78] 余立．建筑评论的基本框架［J］．建筑学报，1995（9）.

[79] 孙钊．建筑评论模式［J］．新建筑，1995（2）.

[80] 徐千里．建筑何为：本体的追问［J］．华中建筑，1995（4）.

[81] 徐千里．建筑的存在方式及其美学涵义——当代建筑美学的批评与思考［J］．华中建筑，1998（4）.

[82] 胡异．评论何为——评作为文化现象的建筑批评［J］．新建筑，1998（1）.

[83] 崔勇．关于建筑评论学的思考与构想［J］．建筑，1999（12）.

[84] 常青．从建筑文化看上海城市精神［J］．建筑学报，2003（12）.

[85] 郑时龄．全球化影响下的中国城市与建筑［J］．建筑学报，2003（2）.

[86] 张松，周瑾．论近现代建筑遗产保护与制度建设［J］．建筑学报，2005（7）.

[87] 向欣然．现代建筑有地域特色吗？［J］．建筑学报，2003（1）.

[88] 伍江．旧上海外籍建筑师［J］．时代建筑，1995（4）.

[89] 程乃珊 . 绿屋情缘 [J] . 建筑与文化 , 2004 (8) .
[90] 吴焕加 . 现代化、国际化、本土化 [J] . 建筑学报 , 2005 (1) .
[91] 朱晓明，周芃. 试论历史建筑的保护与改建 [J]. 新建筑，2002 (4) .
[92] 王富臣 , 莫天伟. 上海新式里弄民居文化分析 [J]. 新建筑，2002 (4) .
[93] 蔡红 . 中国城市老年社区的空间与环境 [M] . 建筑师，2003，8 (104) .
[94] 张剑敏、马怡红 . 新世纪初上海老年人住房需求调查研究 [J] . 住区，2001 (3) .
[95] 吕梁思 . 青岛市老年公寓个案研究 [J] . 老龄问题研究 , 2005 (4) .
[96] 徐立群 . 邬达克的上海手印 [J] . 建筑 , 2006 (10) .
[97] 邹德侬等 . 中国地域性建筑的成就、局限和前瞻 [J] . 建筑学报，2002(5).
[98] 石玉蓉 , 董杨 . 新型遮阳百叶应用的经验 [J] . 建筑知识 , 2004 (5) .
[99] 谢浩 . 实施墙面垂直绿化 , 构筑良好热工环境 [J] . 福建建材 ，2005 (2).
[100] 沈福煦 . 钟灵毓秀——上海近代建筑的意义 [J] . 同济大学学报 , 社会科学版 2002 (1).
[101] 候建设 . 上海近代历史建筑保护修复技术 [J] . 时代建筑，2006 (2) .
[102] 刘加农 . 上海 “老房子” 的新课题：保护性修缮 [J] . 上海城市管理职业技术学院学报，2003 (4).
[103] 沈福煦 . 上海建筑文化刍议 [J] . 同济大学学报 ( 自然科学版 )，1990 (2).
[104] 张复合. 圆明园 “西洋楼” 与中国近代建筑史 [J]. 新建筑，1986 (2) .
[105] 郝曙光 . 当代中国主流建筑文化的新趋向 [J] . 新建筑，2005 (1).
[106] 谢璇 , 骆建云 . 趋向地区性的建筑创作观及其实践的评价 [M] . 建筑师，2003，8 (104).
[107] 张为城 . 后殖民主义情势下的后现代主义——评上海建筑的 “欧陆风情” 风 [J] . 时代建筑 ,2000 (1) .
[108] 董卫 . 一座传统村落的前世今生 [M] . 建筑师，2005，6 (115) .
[109] 赵国文. 中国近代建筑史的分期问题 [J]. 建筑学报，1987 (3) .
[110] 徐千里 . 全球化与地域性—— 一个 “现代性” 的问题 [M] . 建筑师，2004，6 (109).
[111] 左琰 . 德国柏林工业建筑的低能耗改造 [J] . 时代建筑 , 2006 (2) .
[112] 郝林 . 千年中心 [J] . 世界建筑， 2004 (9) .
[113] 黄一如 , 毛伟 . 拆留之间——上海啤酒公司建筑修缮工程设计回顾 [J] . 时代建筑，2006 (2).
[114] 沈克宁 . 批判的地域主义 [M] . 建筑师 , 2004，10 (111) .
[115] 卢永毅 , 杨燕 . 化腐朽为神奇——德国鲁尔区产业遗产的保护与利用[J]. 时代建筑，2006 (2).
[116] 李丹，等 . 人工湿地与生态景观组合系统在梦清园活水公园中的实践

［G］. 中国环境科学学会学术年会优秀论文集，2008.

［117］高斯 · 罗卡斯尔 . 适应性的再利用［J］. 世界建筑，2006（5）.

［118］王建国，彭韵洁，张慧 . 瑞士产业历史建筑及地段的适应性再利用［J］. 世界建筑，2006（5）.

［119］毛伟 . 过程的意义［D］. 上海 : 同济大学，2006.

［120］黄妍妮 . 苏州河东段优秀历史建筑的立面研究［D］. 上海 : 上海交通大学，2007.

［121］上海市城建档案管网和平饭店网页 . http://www.shanghaipeacehotel.com/ind_2.htm.

［122］南京民国建筑专辑网 . http://www.jllib.cn/olread/special/mgb/.

［123］佚名，福新面粉厂老建筑将得到保护 .http://news.sohu.com/20051029/n227332173.shtml.

［124］上海市地方志办公室 .http://www.shtong.gov.cn/node2/index.html.

［125］胡慧平 . 日本是如何保护古建筑的，维普资讯 . http://www.cqvip.com.

# 后 记

在城市化高速发展的今天，上海的近代建筑面临着诸多方面的困境。首先是使用时间长，急需维护及政策、资金和技术的支持。二是当代生活方式的变化脱离了原有的空间形态，需要调整和修正。三是城市扩张及更新的步伐加大，原有街区的“容量”剧增，指标压力和利益驱动迫使“近代建筑”退场。于是，成片的街区在一轮又一轮的建设中被推倒更新。除了那些列入“优秀近代建筑”及保护街区名单的，大量的上海“编外”近代建筑都面临着被“替换”的危险。

作为都市文化重要发育时期的建筑风格，上海近代建筑必然长期影响到今后的建筑及城市形态，它们是不可再生的独一无二的宝贵财富，是文化特色的重要载体，是城市综合实力的基石，其价值早已得到社会各界的认同。

以往，关于上海近代建筑的研究多侧重于空间及形象方面，更多关注的是心理及生活价值，已取得了丰富的成果。但是，对上海近代建筑的研究还应进一步地深化，尤其应顺应时代的需求，侧重在节能、环保和可持续改造方面的研究，体现出对社会价值及环境价值的关注。在某种意义上，抛开情感及政策方面的因素，上海近代建筑的未来能否凸现出节能与低碳的理念决定了它们的去留。

本书所列章节主要是近年来所写论文的修改汇总，再加上建筑评论课程论文，斗胆成书，抛砖引玉，谬误在所难免，恭请各位斧正。

感谢各位同仁的参与和帮助，感谢各位现场调研的同学们，感谢参考资料的各位作者们。书中图片及文献数据的出处，作者尽力注明，如有疏漏，敬请谅解指正。

最后还要感谢中国建筑工业出版社的李东禧主任和唐旭编辑，正是在他们的帮助下，本书才得以顺利出版。

**夏 明 武云霞**

2010 年 4 月 8 日于上海